水利水电施工

SHUILI SHUIDIAN SHIGONG

2024 年第 3 册

中国电力建设集团有限公司
中国水力发电工程学会施工专业委员会　主编
全国水利水电施工技术信息网

U0238115

中国水利水电出版社
www.waterpub.com.cn
·北京·

图书在版编目（CIP）数据

水利水电施工. 2024年. 第3册 / 中国电力建设集团
有限公司，中国水力发电工程学会施工专业委员会，全国
水利水电施工技术信息网主编. -- 北京 ： 中国水利水电
出版社，2024. 10. -- ISBN 978-7-5226-2895-0

Ⅰ. TV5-53

中国国家版本馆CIP数据核字第2024TJ0138号

书 名	水利水电施工 2024 年第 3 册 SHUILI SHUIDIAN SHIGONG 2024 NIAN DI 3 CE	
作 者	中国电力建设集团有限公司 中国水力发电工程学会施工专业委员会 主编 全国水利水电施工技术信息网	
出 版 发 行	中国水利水电出版社 （北京市海淀区玉渊潭南路 1 号 D 座　100038） 网址：www.waterpub.com.cn E-mail: sales@mwr.gov.cn 电话：(010) 68545888（营销中心）	
经 售	北京科水图书销售有限公司 电话：(010) 68545874、63202643 全国各地新华书店和相关出版物销售网点	
排 版	中国水利水电出版社微机排版中心	
印 刷	北京印匠彩色印刷有限公司	
规 格	210mm×285mm　16 开本　11.25 印张　451 千字　4 插页	
版 次	2024 年 10 月第 1 版　2024 年 10 月第 1 次印刷	
定 价	36.00 元	

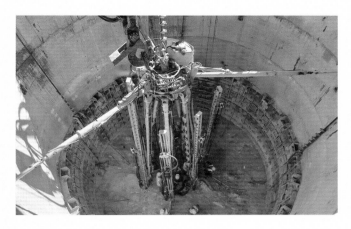

滇中引水大理段竖井伞钻钻孔施工，由中国水利水电第十四工程局有限公司（以下简称"水电十四局"）承建

滇中引水昆明段小鱼坝倒虹吸拱桥拱圈吊装完成，由水电十四局承建

滇中引水昆明段小鱼坝倒虹吸拱桥，由水电十四局承建

河南鲁山抽水蓄能电站厂房岩壁梁钢筋施工，由水电十四局承建

河南鲁山抽水蓄能电站厂房岩壁梁施工，由水电十四局承建

柬埔寨上达岱 C2 标调水洞出口，由水电十四局承建

拉哇水电站厂房岩壁吊车梁混凝土镜面效果，由水电十四局承建

拉哇水电站主厂房开挖完成，由水电十四局承建

石鼓水源工程地下泵站蜗壳吊装，由水电十四局承建

石鼓水源工程进水塔，由水电十四局承建

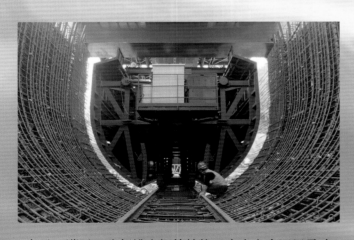

亭子口灌区二分部槽身钢筋结构，由水电十四局承建

亭子口灌区一分部液压爬模施工，由水电十四局承建

向家坝灌区一期一步工程高滩泵站，由水电十四局承建

旭龙水电站地下厂房2号支洞开挖效果，由水电十四局承建

引江补汉8标多臂钻施工，由水电十四局承建

引江补汉8标凿岩台车爆破孔施工，由水电十四局承建

硬梁包水电站引水隧洞蚀变岩地段掌子面初喷封闭，由水电十四局承建

硬梁包水电站栈桥滑模台车，由水电十四局承建

渝西水资源项目临江镇埋管段临时用地复垦，由水电十四局承建

云阳抽水蓄能电站5号施工支洞洞口生态环境，由水电十四局承建

云阳抽水蓄能电站进厂交通洞转弯段光面爆破效果，由水电十四局承建

成眉线工程箱梁架设，由水电十四局承建

廊坊市政项目曹官营一路与科展西道十字路口阻车桩安装，由水电十四局承建

深圳地铁 12 号线海上田园南站，由水电十四局承建

西藏察雅公路项目右岸 1 号、2 号交通洞 1 号支洞，由水电十四局承建

西藏察雅公路项目右岸 2 号交通洞，由水电十四局承建

重庆沿山项目部 B 匝道石方破碎施工，由水电十四局承建

华能道孚亚日光伏电站工程光伏支架安装，由水电十四局承建

华能道孚亚日光伏电站工程光伏组件安装，由水电十四局承建

石柱风电沙子风电场 7 号风电机组吊装，由水电十四局承建

重庆石柱风电沙子风电场 7 号风电机组吊装，由水电十四局承建

本书封面、封底、插页照片均由中国水利水电第十四工程局有限公司提供

《水利水电施工》编审委员会

前　言

　　《水利水电施工》是全国水利水电施工行业内反映水利水电工程施工前沿技术、创新科技成果、科技情报资讯和工程建设管理经验的综合性技术丛书。本丛书以总结水利水电工程前沿施工技术、推广应用创新科技成果、促进科技情报交流、推动中国水电施工技术和品牌走向世界为宗旨。《水利水电施工》自 2008 年在北京公开出版发行以来，至 2023 年年底，已累计编撰发行 96 分册，深受行业内广大工程技术人员的欢迎和有关部门的认可。

　　为进一步提高《水利水电施工》丛书的质量，增强丛书内容的学术性、可读性、价值性，自 2017 年起，对丛书的版式由杂志型调整为丛书型。调整后的丛书版式继承和保留了国际流行大 16 开版本、每分册设计精美彩页 6～12 页、内文黑白印刷的原貌。

　　本书为《水利水电施工》2024 年第 3 册，本分册为中国水利水电第十四工程局有限公司专辑。全书共分 7 个部分，分别为：地下工程、地基与基础工程、混凝土工程、试验与研究、机电工程、交通与市政工程、企业经营与项目管理，共包含各类技术文章和管理文章 32 篇。

　　本书可供从事水利水电施工、设计以及有关建筑行业、金属结构制造、路桥市政建设以及轨道交通施工行业的相关技术人员和企业管理人员学习借鉴和参考。

编者

2024 年 6 月

目　录

试验与研究

机电工程

交通与市政工程

企业经营与项目管理

Contents

Preface

Underground Engineering

Foundation and Foundation Construction

Concrete Engineering

Test and Research

Electromechanical Engineering

Roads, Bridges and Municipal Projects

Enterprise Operation and Project Management

审稿人：张正富

滇中引水 TBM 穿越凝灰岩蚀变带（火山灰）地层加固方案探索与研究

管庆波　张灿锋　刘　彦/中国水利水电第十四工程局有限公司

【摘　要】 TBM 被广泛运用到水利工程中，并取得了重大成效，但遇到不良地质对 TBM 掘进影响也是巨大的、灾难性的。因此找到针对性的加固方法，将 TBM 施工风险降到最小，加快工程建设，确保施工质量就尤为重要。本文主要通过 TBM 穿越凝灰岩蚀变带（火山灰）地层的施工过程中情况，采用了不良地层的 TBM 加固、掘进方案，保证了 TBM 顺利穿越该不良地层。

【关键词】 TBM 施工　不良地层　火山灰　加固方案

1 引言

滇中引水工程是以解决滇中地区城镇生活用水及工业用水为主，兼农业灌溉用水和生态环境补水，是国家"十四五"规划要求建设的重大引调水工程、云南省"十四五"兴水润滇工程规划的首要骨干工程。

香炉山段隧洞工程更是滇中引水施工中的"上甘岭"，地质条件在世界引调水工程中最为复杂：跨越多个复杂地质构造单元，广泛存在高地下水、高地应力、软岩大变形、活动断裂等问题。因此为了保证隧洞施工的安全性及施工效率，根据地质条件选用了 TBM 施工。

本文主要对 TBM 穿越凝灰岩蚀变带（火山灰）地层采取的加固方案、恢复掘进技术进行探索和研究，为此类型地层 TBM 穿越提供借鉴作用。

2 工程概况

香炉山 TBM 施工段围岩主要为二叠系下峨眉山组（Pβ）青灰色夹灰绿色玄武岩，夹有凝灰岩，凝灰岩呈夹层状，揭露凝灰岩为紫红色或灰绿色，性软且大多

呈块裂—层状结构，微细裂隙较发育，充填物胶结一般，凝灰岩宽度 0.5～1.0m 不等。总体为微风化，岩层面（流面）产状 330°～340°∠20°～30°，岩体呈块状、块裂状结构。围岩中有产状 290°～300°∠30°～35° 及 250°～260°∠60°～65° 的裂隙发育，开挖过程中凝灰岩有掉块、掉渣现象。

2.1 地质超前探测

TBM 搭载式 SAP 超前探测方法用于预报隧洞前方 0～120m 范围内及周围临近区域地质状况，预测掌子面前方围岩的类别；主要用于划分地层界线，查找大型地质构造，探测断裂、岩溶、破碎带等不良地质体的位置和范围。

TBM 搭载式 SAP 超前探测方法的原理是弹性波在岩石中传播时，遇到波阻抗界面会产生反射波，界面两侧围岩的波阻抗差别越大，则反射波能量越强、越容易被探测到。由于波阻抗的变化通常发生在不良地质体分界面处，因此通过分析隧洞边墙布设的高灵敏度地震检波器所接收到的地震信号，根据地震波的传播路程和旅行时间，通过相应的数据处理，即可确定发生弹性波反射的岩层界面的位置，进而探明隧洞掌子面前方不良地质的位置、形态和规模等情况。探测成果见表 1。

表1   探 测 成 果 表

桩号	长度/m	物 探 成 果	地 质 推 断
DLⅠ18+172～ DLⅠ18+232	60	纵波波速在2400～3400m/s范围内变化，横波波速在1000～1900m/s范围内变化，存在明显正负反射。特别在DLⅠ18+177～DLⅠ18+189、DLⅠ18+203～DLⅠ18+222桩号附近，地震波速出现降低，存在明显正负反射	该段围岩与掌子面相比相差不大，围岩较破碎，结构面较发育，围岩自稳能力较差，易发生掉块或塌腔。特别在DLⅠ18+177～DLⅠ18+189、DLⅠ18+203～DLⅠ18+222桩号附近，围岩质量变差，围岩破碎程度加剧，开挖时易出现塌腔
DLⅠ18+232～ DLⅠ18+272	40	纵波波速在2600～3500m/s范围内变化，横波波速在1500～2000m/s范围内变化，正负反射较弱，在DLⅠ18+265～DLⅠ18+272桩号附近，地震波速出现降低	该段围岩与上一段相比略有提升，围岩完整性差—较破碎，结构面较发育，围岩自稳能力一般，易发生掉块。在DLⅠ18+265～DLⅠ18+272桩号附近，围岩质量变差，围岩破碎程度加剧，开挖时易出现掉块或塌腔

2.2 TBM实际施工过程中情况

TBM掘进至桩号18+233.4时，渣土量变大，进仓后发现刀盘前方掌子面出现围岩破碎、持续垮塌现象，且有大量粉砂状火山灰通过刮渣孔和刀孔涌入刀盘内部，刀孔被糊，导致刀盘卡死且无法正常转动（土仓刀孔被火山灰糊实景见图1），经过研究确定停机进行加固处理。

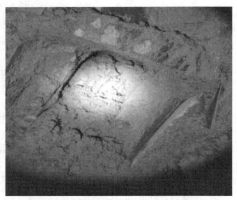

图1 土仓刀孔被火山灰糊实景

2.3 凝灰岩蚀变带（火山灰）地层特性

根据地质超前探测成果和实际揭露地层的对比，发现新揭露的火山灰地层在不扰动的情况下比较密实，反射波反映较弱，加固可灌性差，注浆不渗透；TBM掘进扰动后，地层整体性被打破，随着刀盘旋转快速形成塌腔，松散渣体卡刀盘，这时加固注浆浆液渗透较好，有比较好的加固效果；火山灰地层遇水后黏性强，易糊刀孔及开口。

3 凝灰岩蚀变带（火山灰）地层加固方案优化

从2023年5月12日出现凝灰岩蚀变带（火山灰）不良地层开始，至2023年12月1日前后半年时间共经过11个循环的超前加固处理，过程中尝试了各种加固方案，最终总结了一套加固周期短、加固效果好、适合该地层的施工方案，避免了以后类似地层的加固走弯路。

3.1 加固方案统计

加固方案统计对比见表2。

3.2 第一阶段加固方案

3.2.1 加固思路

（1）用TBM自带水锤钻机探测松散地层深度，制定加固方案。

（2）根据管棚的原理，利用加固后管棚的棚效应，支撑上方松散渣土，保证TBM一次通过该不良地层。

（3）注浆材料采用化学灌浆为主（高发泡低强度＋不发泡高强度）。

3.2.2 加固措施

（1）在刀盘内部刀孔和刮渣孔位置采用手风钻打设$\phi25\times5mm$自进式中空注浆锚杆（不含注浆），杆体单节长1m，钻孔深度3～6m，对刀盘外侧凝灰质火山灰及坍塌体径向和斜向前钻孔进行化学灌浆（高发泡、低强度），形成刀盘前方和上部约3.0m厚的隔离防护层，防止后续灌浆过程中浆液窜至刀盘、护盾形成包裹，刀盘内手风钻钻孔见图2。

表 2   加固方案统计对比表

加固方案	钻孔数量/个	加固周期/d	掘进长度/m	穿越地层地质	备注
刀盘＋超前管棚加固（主要采用化学浆液）	23＋7	69	7.13	粉状火山灰地质	第一阶段
双排密集超前自进式锚杆加固（水泥浆或双液浆＋化学浆液相结合）	39＋28	17	3.52	粉状火山灰地质	第二阶段
刀盘＋单排超前自进式锚杆加固（水泥浆或双液浆＋化学浆液相结合）	22＋14	18	6.83	粉状火山灰地质	第三阶段
刀盘＋单排超前自进式锚杆加固（水泥浆或双液浆＋化学浆液相结合）	15＋2	4	5.12	粉状火山灰地质	
单排超前自进式锚杆加固（水泥浆或双液浆＋化学浆液相结合）	7	6	7.03	粉状火山灰地质	最终阶段（每次钻孔7~13根）
	12	8	4	粉状火山灰地质	
	12	5	3.42	地质与前面不同且又变差，松散体粒径变大，地层更不稳定	
	7	3	1.74		
	12	5	2.8		
	12	6	6.2		
	13	5	穿越不良地质	地层变好，进入玄武岩	

图 2   刀盘内手风钻钻孔

图 3   水锤钻机钻孔

（2）采用 TBM 上配置的水锤钻机，在桩号 DLⅠ18＋226.7 处的顶护盾上方采用 φ110 钻机钻孔（φ108×6mm，R780 无缝钢管跟管，单节长 1.5m），入岩角度为 8°~10°，钻孔范围为顶拱 120°，间距 80~100cm，钻孔深度 15~45m（孔深根据现场实际钻探情况确定），作为卡机脱困不良地质段化学灌浆通道，同时进一步探测塌腔范围，水锤钻机钻孔见图 3。

3.2.3　加固效果

因 TBM 掘进过程中前方渣体不断变化，随着刀盘掘进向前延伸，渣体始终距离刀盘 2m 左右，坍塌体量大，且管棚前方没有支撑点，想利用管棚抬起上方的落渣体根本不可能实现。

加固用的管棚管也掉落土仓，造成扭矩增大，且对皮带刮伤有很大的风险，使加固周期延长。因此该循环加固方案效果不佳，未能按照预期一次通过不良地层，

该加固方案不可取。管棚折断卡在刀盘开口周围及皮带上出来的管棚见图 4。

3.2.4　方案优缺点

优点：TBM 配置的水锤钻机是目前比较先进的钻孔设备，钻孔深度可达 50~80m，可在 TBM 施工过程中探测前方地质情况时钻孔使用。

缺点：水锤钻机钻孔慢，角度固定且偏小，加固周期长，效率低，不能在打设注浆管时使用。

3.3　第二阶段加固方案优化

3.3.1　加固思路

（1）采用双排密集自进式长锚杆，通过多点注浆加固松散地层，来保证加固效果，起到管棚效应，使 TBM 可以顺利掘进。

（2）注浆采用注高发泡低强度化学浆液和水泥浆结

图4 管棚折断卡在刀盘开口周围
及皮带上出来的管棚

合的方式对松散体进行加固。

（3）为了保证锚杆强度、成孔和注浆效果，自进式中空锚杆由 $\phi25$ 改成 $\phi32$。

3.3.2 加固措施

（1）在护盾后方（第一排）部位打设自进式中空锚杆（$\phi32\times6$mm，杆体单节长 1.5m），入岩角度 8°～15°，钻孔范围为顶拱 120°、间距 20cm，40 个孔，钻孔深度为 12～15m（孔深根据现场实际钻探情况确定）。采用组合聚醚多元醇材料（高发泡、低强度）进行超前化学灌浆，隔离防护刀盘和护盾，防止后续灌浆浆液窜至刀盘、护盾形成包裹，同时对坍塌堆积体进行固结加固，灌浆压力为 4～6MPa。加固钻孔实景见图 5。

（2）在护盾后方（第二排）部位使用手风钻打设自进式中空锚杆（$\phi32\times6$mm，杆体单节长 1.5m），入岩角度 15°～20°，钻孔范围为顶拱 90°、间距 20cm，28 个孔，钻孔深度为 14～17m（孔深根据现场实际钻探情况确定）。采用注水泥浆和双液浆，对护盾、刀盘保护层

上部和前方坍塌堆积体和空腔进一步进行超前固结和充填灌浆加固，灌浆压力不大于 6MPa。

图5 加固钻孔实景

3.3.3 加固效果

因钻孔间距较小，钻孔相当于把地层切割分开了，反而对地层进行了严重的破坏，加固周期也较长，注浆加固未达到预期的效果，最终掘进也不理想，未通过该地层。

3.3.4 方案缺点

钻孔数量过多，把地层进行了切割，对地层进行了破坏，注浆串浆多，另火山灰对浆液注入渗透不佳，注浆效果没有达到理论中的固结成为一个完整的整体的效果。因钻孔多，地层坍塌，锚杆也随着渣土进入土仓，对皮带造成撕裂风险。锚杆卡在开口周边实景见图 6。

3.4 第三阶段加固方案优化

3.4.1 加固思路

通过前几个循环的加固总结，结合恢复掘进的实际情况，坚持"小步、快跑"的原则，采取"打短孔、快加固、短进尺"的方案。一个循环钻孔 7～13 个，采取注化学浆液＋水泥双液浆的方式，注浆加固一段并掘进

图 6　锚杆卡在开口周边实景

3～5m 后，再次进行加固、掘进，依次稳步向前推进。

3.4.2　加固措施

（1）在 TBM 刀盘内部刀孔和刮渣孔处使用手风钻打设自进式中空锚杆（ϕ32×6mm，杆体单节长 1.3m），入岩径向约 90°，长短结合钻孔深度为 1.5m、2.5m，8 个孔，灌注化学加固材料对刮渣口上部塌腔体进行固结，并对刀盘形成保护层，灌浆压力不大于 6MPa。

（2）在护盾后方主梁上搭设超前灌浆施作平台，使用手风钻打设自进式中空锚杆（ϕ32×6mm，杆体单节长 1.5m），入岩角度 15°～20°、钻孔范围为顶拱 75°、间距 80cm，13 个孔，钻孔深度为 12～16m。采用化学灌浆、水泥浆液和双液浆相结合的方式进行加固。单号孔先灌注化学加固材料对刀盘上部及刀盘前方围岩的坍塌堆积体和松散体进行空腔回填固结灌浆加固支护，灌浆压力不大于 6MPa。双号孔再采用注水泥浆和双液浆，对围岩的坍塌堆积体和松散体进行空腔回填及固结加固，灌浆压力不大于 6MPa。

3.4.3　加固效果

掘进后基本达到预期效果，根据对比每次都能掘进 3～7m，保证了 TBM 持续稳步掘进，同时也减少了工人的劳动强度，降低了 TBM 施工成本。

3.5　最终阶段加固方案

3.5.1　加固思路

坚持"小步、快跑"的原则，采取"打短孔、快加固、短进尺"的方案，根据地层情况进行一些优化，取消了刀盘内打孔。随着 TBM 慢慢往前掘进护盾已经进入不良地层，护盾上方地层松散，钻孔采取了长短结合的方式，短孔注入化学灌浆材料加固护盾上方渣体形成防护层防止卡护盾，长孔注入水泥浆＋双液浆加固固结刀盘前方渣体。

3.5.2　加固措施

（1）在 TBM 主梁上搭设超前灌浆施作平台，使用手风钻打设 ϕ32×6mm 自进式中空注浆锚杆（不含注浆），入岩深度为 5～7m，入岩角度 15°～20°，钻孔范围为顶拱 75°、间距 150cm。以此自进式中空注浆锚杆作为灌浆通道，进行不良地质洞段超前充填化学灌浆，对护盾上部松散围岩进行充填，灌浆压力为 4～6MPa。

（2）在护盾后方使用手风钻打设 ϕ32×6mm 自进式中空注浆锚杆（不含注浆），入岩深度为 12m 左右，入岩角度 15°～20°，钻孔范围为顶拱 75°、间距约 80cm，与短孔交叉布置。以此自进式中空注浆锚杆作为灌浆通道，灌注水泥浆，根据灌浆情况灌注双液浆或进行化学灌浆，对刀盘前方上部围岩进行超前固结灌浆加固，水泥浆灌浆压力不大于 6MPa。

3.5.3　方案优点

（1）钻孔比打管棚加固周期短、速度快，节省了大量的时间。

（2）采用 YT28 风钻＋自进式锚杆，轻巧方便。

（3）先采用化学灌浆保护刀盘和护盾，再灌注水泥浆、双液浆，加固效果比较明显。

（4）通过观察，利用盾尾后部孔先灌注化学浆液，同样可以对刀盘上部塌腔体进行隔绝防护及固结，这就避免了在刀盘狭小空间内施工。

3.6　钻孔注浆施工工艺

注浆施工工艺见图 7。

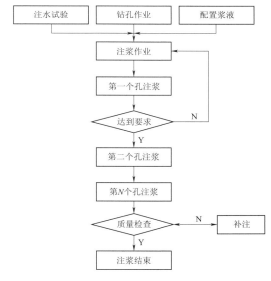

图 7　注浆施工工艺图

3.6.1　单液浆及双液浆注浆注意事项

（1）钻孔：保证钻孔的角度。

（2）浆液制作：按设计和现场值班工程师提供的配合比拌制好浆液（水泥浆液水灰比为 0.5：1），浆液的比重符合要求，添加剂按试验人员确定的参量进行添加，并保证水泥浆液的配制质量。

（3）开注浆机：在一切工作都做好后方可开始进行注浆，注浆过程中主要通过听声音、看压力、看注浆量来判断注浆的实施效果；听声音是否有异常，看压力是否过高，看注浆量是否达到设计的注入量；这个过程主要靠注浆司机来控制。另外，值班技术人员还要做好注浆记录，并保证记录的真实性。

（4）双液混合：双液注浆一般把浆液的凝固时间控制在30～60s，主要根据注浆要求和作用的不同，通过调整浆液的配比和水泥液的浓度比重来调整浆液的凝固时间。双液注浆是在注浆机的混合器处混合的，理论上浆液比例是1∶1，但有时由于注浆机的一些原因会造成比例相差较大。所以现场要经常做试验，必要时从混合器处取浆液来做试验，以保证合理的浆液凝固时间。

（5）清洗及文明施工：在注浆完毕后要及时清洗注浆机和各种管路，这是一项非常重要的工作，不能马虎；另外要做好现场的文明施工工作，做到工完料净场地清。

（6）现场施工如有变动，需经现场值班技术人员同意。

（7）现场值班人员应该准确地记录好注浆材料的消耗和每个孔的材料用量，在刀盘范围内，要控制注浆量不能多注，时刻关注刀盘内情况，灌浆压力过大或浆液渗入刀盘即停止该孔位的灌注。

（8）施工前由监测组在拱架上布置变形监测点，监测注浆施工期间拱架的变形情况。

3.6.2 化学注浆注意事项

（1）现场安装好气动注浆泵后，先进行试运行，检查气动二联件、空气凝结器、油雾化器等是否工作正常，检查进风软管是否干净，待各系统正常工作后方可开始注浆。

（2）双液注浆管路做好A、B料标记，始终做到每次管路与泵出浆口对应连接。

（3）分别把A料缸和B料缸的进料管和回料管置于各自的料桶内。

（4）慢慢开启气动注浆泵进风控制阀，开始工作，此时A、B两种液料（1∶1）分别在两个料桶中循环，尽量使A、B进料管中的气泡排净，检查进料系统和进料配比，确保整个系统正常。

（5）系统正常后，停泵，按规定的连接方式组装枪头，管路连接到专用混合器，开始注浆。注浆先低速，工作面未出现跑、漏浆等异常情况时根据实际情况提高注浆速度，达到闭浆条件时再放低速度，直至闭浆停泵。必要时根据灌注情况可往组合聚醚（白料）添加不大于3%的催化剂，用于加快化学反应。

（6）为防止浆液过度扩散，采用间歇式灌注法注浆，当注浆压力达到6MPa时，保持压力持续灌注5～

10min即可结束该孔，改灌其他孔位。

4 TBM穿越凝灰岩蚀变带（火山灰）地层的掘进措施

（1）TBM刀盘被卡，大多是掌子面塌方卡死刀盘，再次启动刀盘均需要后退刀盘，减小刀盘的摩擦才能启动刀盘，后退前必须检查掌子面及岩石情况，确定是否后退及后退距离。

（2）当TBM被卡时，如是滑落石块造成TBM刀盘被卡，刀盘顶小范围塌方，有一定自稳，可将TBM后退20～30cm，能转动刀盘后，再向前掘进。如果刀盘前为不良地层带，可能渣土随刀盘后退不断流向刀盘，此时不能轻易后退，必须将掌子面及刀盘前方加固处理后再掘进通过。

（3）刀盘掘进在过塌方不良地层时，因顶部往往有较厚松散渣料，且掌子面前方渣料较破碎，所以采取低转速、大推力、高扭矩，大贯入度掘进通过。当刀盘扭矩过大时，会导致刀盘无法转动，电机超限安全锁跳开，此时可采取原地排渣降低刀盘扭矩、调整电机安全限制比率增大整体扭矩，然后再向前推进。

（4）过不良地层前，全面检查TBM各部件，存在问题及时修复，确保各部件完好，尤其是电机需要全部完好，过不良地层期间非必要不停机维护，快速一次通过不良地层，通过不良地层后再进行维护修复。

（5）拖出护盾后，采取加密拱架及钢筋排，拱架间采用一定刚度的型钢连接，型钢与拱架焊接形成一个整体，承受顶部松散渣料压力。

（6）撑靴位置采用喷混凝土或者模筑混凝土，及时将拱架包裹固定，防止顶部压力过大拱架发生较大变形，拱架后侧大空腔采用喷锚料回填。

（7）由于拱架后侧大多是松散渣料，在喷混凝土后及时回填灌浆和浅层固结灌浆加强支护，确保施工安全。

（8）掌子面及刀盘上方的加固，在无水或者渗水较小的情况下，可以采用水泥灌浆加水玻璃的方式进行加固；当水大、有一定压力或者不良地层含泥量较多时，采用聚氨酯化学灌浆加固效果较好。

（9）由于过不良地层，护盾压力均比较大，需将护盾外伸到最大，过程中往往会被压缩，油缸长时间泄压，需要定期增加油缸压力，适当向外顶升护盾。

（10）拱架安装时，尽量将拱架安装到设计位置，如安装不到位，外加顶部渣料会压沉拱架，导致净断面缩小，会严重影响TBM后配套通过，严重时往往需要对TBM后配套台车上干扰部件进行改造，耗时长，影响进度。

（11）针对恢复掘进火山灰糊刀孔、开口问题，采用盾构使用的泡沫剂对渣土进行改良。对加水系统进行改造，在刀盘前方加入泡沫剂，改善渣土的内摩擦角，使渣土流塑性增大，便于出渣。

5　实施效果

通过多轮超前加固处理，施工工艺逐渐成熟，能较快地根据围岩情况完成超前加固处理，达到超前加固的预期效果。表 3 为最终超前加固方案实施情况。

表 3	超前加固方案实施情况
加固方案	单排超前自进式锚杆加固情况（水泥浆或双液浆＋化学浆液相结合）
钻孔数量	第一排 6～12 个孔
加固工期	边钻孔边注浆，工期共 6d
施工效率	每个班打 3 个孔，注浆 2 个孔
掘进加固段时间	掘进 1～2d，掘进长度 3～8m

超前加固恢复掘进后，对掘进穿越围岩及时安装监测点，并按要求对揭露围岩进行监测。监测结果显示，围岩整体稳定，收敛变形在允许范围内并逐步趋于稳定，达到预期效果。图 8 为香炉山隧洞 TBM 穿越超前处理段桩号 DL I 18＋507.5 断面收敛值累计位移-时间过程线。

6　结语

该工程以下经验可为今后类似工程提供参考。

（1）超前地质探测采取多种相结合的方式，尽可能把前方地质情况探测清楚，以便采取更合理的加固措施。

（2）提前停机进行超前加固。在 TBM 刀盘扭矩波动较大时就立即停机进行超前加固，可减少刀盘脱困时间（若等刀盘被卡死后再进行加固，恢复掘进时要耗大量的时间进行清理刀孔、开口脱困，为了脱困最长耗时 30d）。

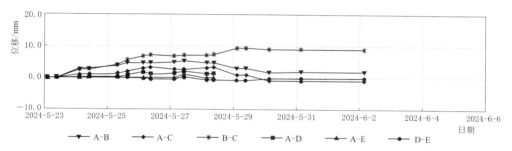

图 8　桩号 DL I 18＋507.5 断面收敛值累计位移-时间过程线

（3）新型加固材料的应用。在常规加固材料的基础上，还需进行市场调研，寻找效果更好的加固材料，提高加固效率。

参考文献

［1］郭毅，胡畔，刘骅彪，等．超前地质预报在夹岩水利枢纽工程长石板隧洞开挖中的应用［J］．水利水电快报，2020，41（9）：13－16．

［2］贾良，张宇，杨泽，等．基于隧道施工中的地质环境影响预报分析及 TRT 技术应用研究［J］．粘接，2023，50（6）：158－161．

［3］张学军，胡军，张泽甫，等．深埋特长隧洞 TBM 施工超前地质预报关键技术研究［J］．铁道勘察，

2023，49（3）：48－55．

［4］吴亮，颜治国．水平袖阀管注浆加固方案及效果分析［J］．科技创新导报，2009（35）：79．

［5］苏珊，曹海．新疆某隧洞开挖 TBM 卡机原因及脱困处理措施［J］．水利水电技术，2018，49（2）：77－85．

［6］梁峰．基于 TBM 掘进隧塌方洞段处理措施［J］．黑龙江水利科技，2018，46（6）：56－59．

［7］尹雪波．岩溶隧道超前地质预报综合预报技术的应用效果分析［J］．四川地质学报，2022，42（2）：313－316．

［8］徐虎城．断层破碎带敞开式 TBM 卡机处理与脱困技术探析［J］．隧道建设（中英文），2018，38（S1）：156－160．

极富水软岩地层深大竖井
同步掘衬施工技术

李志明/云南省滇中引水二期工程有限公司

杨海清/云南省滇中引水工程有限公司

张　楚/中国水利水电第十四工程局有限公司

【摘　要】　滇中引水工程大理Ⅰ段香炉山隧洞竖井为新增通道，竖井自上而下穿越白云质灰岩、安山质玄武岩，岩溶突水及渗涌水问题突出，存在较高的外水压力问题。为预防开挖过程中井壁塌方及掉块，本文采用一掘一衬施工工艺，实现同步衬砌施工，在确保施工安全的前提下，极大地提高了施工效率。

【关键词】　富水　软岩　竖井　同步掘衬

1　引言

水利工程建设中，受地质条件的影响，极富水软岩地层深大竖井施工风险高、工效低、成本高，难度极大，通过同步衬砌施工，可有效形成竖井井壁的稳定，降低竖井施工风险，提高施工工效，减少施工成本。

2　工程概况

滇中引水工程大理Ⅰ段香炉山隧洞竖井施工地处云南省丽江市玉龙县太安乡红麦村附近，汝南河断层槽谷底部左岸山体内。竖井位于香炉山隧洞交点桩号DLⅠ26＋988，井口地面高程2567.00m（不含井口超高0.5m），井底高程2001.75m，井深565.25m（不含井口超高0.5m），净断面直径9.6m，其中Ⅲ类、Ⅳ-1类、Ⅴ-1类围岩开挖直径11.5m，衬砌厚度0.8m；Ⅳ-2类、Ⅴ-2类、Ⅴ-Ⅰ类围岩开挖直径12.0m，衬砌厚度1.0m。

香炉山隧洞竖井主要穿越地层为三叠系北衙组灰岩、白云质灰岩以及第三系侵入岩安山质玄武岩，围岩为Ⅲ类、Ⅳ类、Ⅴ类围岩，其中Ⅲ类围岩占比12%；Ⅳ类围岩占比58%；Ⅴ类围岩占比30%；围岩稳定条件较差，地下水丰富，隧洞穿越灰岩中岩溶突水及安山质玄武岩中渗涌水问题突出，局部存在软岩变形问题，有较高的外水压力。

3　工艺原理

极富水软岩地层深大竖井施工中，面临井壁围岩稳定性差、突涌水、高外水压力、软岩大变形等不良地质问题，施工风险高、工效低，常规先掘后衬施工方法不再适用。在双绞车凿井提升机运输、伞钻钻孔、回转式抓岩机及坐钩式吊桶出渣等机械化掘进作业下，采用整体下滑式液压金属模板进行混凝土同步衬砌，在确保施工安全前提下，也能提高施工效率。

4　施工方案

4.1　施工工艺流程

极富水软岩地层深大竖井同步掘衬施工工艺流程为：竖井单仓掘进及支护→竖井钢筋施工及混凝土衬砌→下一循环掘衬施工。

4.2　施工方法

4.2.1　竖井掘进及支护

（1）掘进。采用建井机械化快速施工，伞钻钻孔进行爆破作业。根据围岩条件，采用一炮一喷支护方式，实施循环作业，每循环掘进进尺Ⅲ类、Ⅳ类围岩为3.5m，Ⅴ类围岩为1.75m。

钻爆设备及材料为：SYZ8-12型伞钻凿岩，B25×159mm中空六角合金钢钎，配φ55mm"十"字形合金钻头；岩石乳化炸药，导爆管和毫秒延期非电雷管，脚

线长度6m。采用光面、光底、弱震、弱冲深孔爆破技术。设计围岩爆破参数详见表1～表3、爆破炮眼布置

详见图1～图3。井身段可根据岩性及时合理调整爆破参数，以便达到最佳爆破效果。

表1　　　　　　　　　　　　　　　　　　　　Ⅲ类围岩爆破参数表

圈别	每圈眼数 /个	眼深 /mm	每眼装药量 /(kg/眼)	炮眼角度 /(°)	圈径 /mm	总装药量 /kg	眼间距 /mm	起爆顺序	联线方式
1	5	4500	3.0	90	1000	15.0	650	MS1	
2	8	3500	2.0	90	2900	16.0	800	MS3	
3	12	3500	2.0	90	4600	24.0	800	MS5	
4	16	3500	2.0	90	6300	32.0	800	MS7	并联
5	20	3500	2.0	90	8000	40.0	800	MS9	
6	24	3500	2.0	90	9700	48.0	800	MS11	
7	55	3500	1.2	88	11300	66.0	650	MS13	
合计	140					239			

表2　　　　　　　　　　　　　　　　　　　　Ⅳ类围岩爆破参数表

圈别	每圈眼数 /个	眼深 /mm	每眼装药量 /(kg/眼)	炮眼角度 /(°)	圈径 /mm	总装药量 /kg	眼间距 /mm	起爆顺序	联线方式
1	6	4500	3.0	90	1000	18.0	600	MS1	
2	12	3500	2.0	90	2900	24.0	750	MS3	
3	19	3500	2.0	90	4500	38.0	750	MS5	
4	26	3500	2.0	90	6100	52.0	750	MS7	
5	32	3500	2.0	90	7700	64.0	750	MS9	并联
6	39	3500	2.0	90	9300	78.0	750	MS11	
7	46	3500	2.0	90	10900	92.0	750	MS13	
8	64	3500	1.2	88	12100	38.4	600	MS15	
合计	244					404.4			

表3　　　　　　　　　　　　　　　　　　　　Ⅴ类围岩爆破参数表

圈别	每圈眼数 /个	眼深 /mm	每眼装药量 /(kg/眼)	炮眼角度 /(°)	圈径 /mm	总装药量 /kg	眼间距 /mm	起爆顺序	联线方式
1	6	2250	1.5	90	1000	9.0	500	MS1	
2	14	1750	1.0	90	2900	14.0	650	MS3	
3	22	1750	1.0	90	4500	22.0	650	MS5	
4	30	1750	1.0	90	6100	30.0	650	MS7	
5	38	1750	1.0	90	7700	38.0	650	MS9	并联
6	46	1750	1.0	90	9300	46.0	650	MS11	
7	54	1750	1.0	90	10900	54.0	650	MS13	
8	78	1750	0.6	88	12500	46.8	500	MS15	
合计	288					259.8			

井筒施工采用压入式通风方式，风机设在井口以外，风筒从封口盘盘面以下采用井壁固定引入井下。选用2台FBD－No7.1型（2×45kW）对旋凿井专用风机配2路φ1200mm风筒向工作面进行压入式通风；风筒沿井壁固定，风筒从封口盘盘面引入井下，风机设在井口20m以外的合适地点。

竖井井筒施工时，当施工废水量及涌水量小于10m³/h时，采用工作面风动潜水泵将工作面的水排至

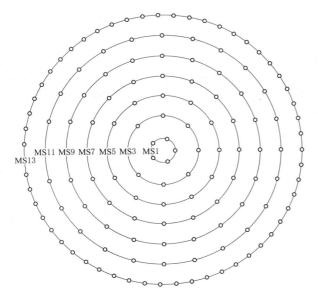

图1 井身段Ⅲ类围岩爆破炮眼布置图（单位：mm）

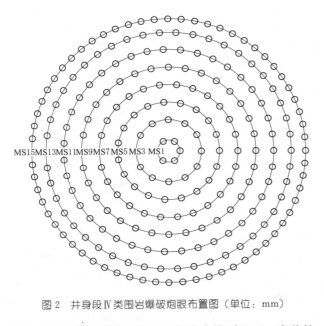

图2 井身段Ⅳ类围岩爆破炮眼布置图（单位：mm）

吊盘上设置的吊桶内，再由吊桶将水排到地面。当井筒施工废水量及涌水量大于 10m³/h 时，在吊盘中层安装一台 MD85-100×7 多级耐磨离心泵，由工作面风动潜水泵排水至吊盘水箱，再由多级泵排水至竖井口污水处理系统。

（2）装岩排渣。基岩段采用中心回转抓岩机装渣至吊桶，并采用人工清底，吊桶提升后翻渣至卸料平台，再通过自卸车二次转运至渣场。

（3）支护施工方法。

1）钢支撑施工。钢支撑采用工25a 工字钢加工制作，Ⅳ类围岩间距 75cm 布置 1 榀、Ⅴ类围岩间距 50cm 布置 1 榀，钢支撑采用 C25 螺纹钢@50cm 竖向焊接连接成整体。

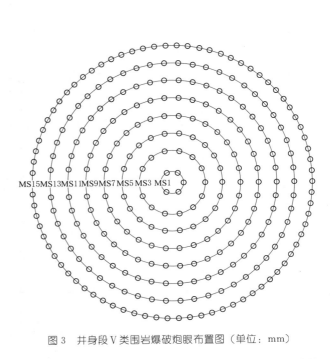

图3 井身段Ⅴ类围岩爆破炮眼布置图（单位：mm）

安装前，先根据安装位置，在接头位置安装钢支撑加固插筋（或锚杆）。在插筋（或锚杆）标出钢支撑外侧的安装位置。第一节钢支撑安装就位后，先采用点焊加固筋焊接牢固，进行检查无误后，进行加焊并安装不少于 3 根的纵向连接筋进行加固。依次逐节安装至整榀安装结束，再加密安装纵向边接钢筋并将锁脚锚杆（系统锚杆）与拱架按设计要求牢固焊接，后对所有连接螺栓进行全部检查拧紧。

钢支撑之间采用挂网喷混凝土至设计厚度进行防护。

2）挂网施工。挂网钢筋采用 A6.0 圆钢加工制作，间排距为 10cm×10cm。钢支撑部位安装时，将网片铺设于钢支撑纵向连接筋外侧，采用铅丝绑扎牢固。所有钢筋网片搭接长度不小于 20cm，且每根均必须绑扎或焊接。

3）砂浆锚杆施工。Ⅳ类围岩砂浆锚杆型号为 C25mm，L 为 4.5m，环向间距为 2.0m，纵向排距为 0.75m，梅花形布置；Ⅴ类围岩砂浆锚杆型号为 C25mm，L 为 6.0m，环向间距为 4.0m，纵向排距为 0.5m，梅花形布置。砂浆锚杆施工工艺流程见图4。

a. 钻孔。根据标示的锚杆点位，采用 YT-28 手风钻进行造孔施工，钻孔孔位偏差不大于 100mm，钻孔直径应比锚杆直径大 15mm 以上，钻孔结束后进行孔内冲洗和孔位验收并做好相关验收记录，进入注浆环节，若暂不进行下一环节施工时，孔口应进行覆盖或堵塞保护。钻孔方向原则上垂直于设计开挖面，在有断层或大的结构面等特殊情况时，经监理工程师批准，可垂直于结构面钻孔，以利于结构体的锚固效果。

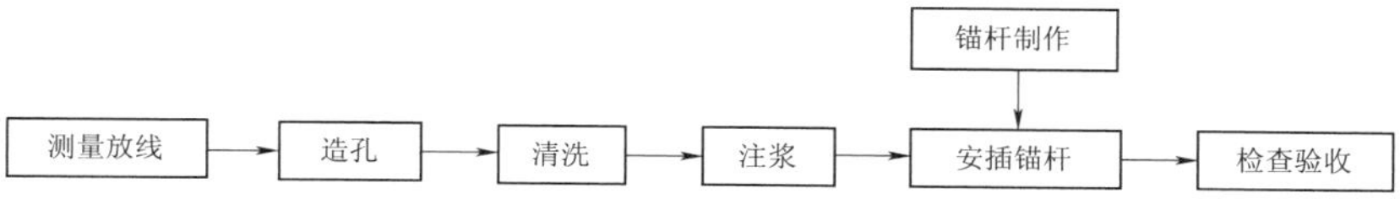

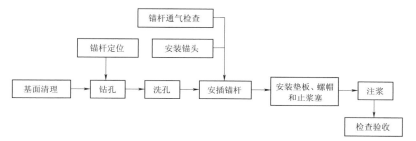

图 4 砂浆锚杆施工工艺流程图

b. 注浆及插杆。锚杆注浆砂浆按照设计要求的砂浆强度、稠度配比进行拌制浆液（配比经室内试验设计后经监理单位报批使用）。锚杆均采用"先注浆、后插杆"的施工方法。注浆时将注浆管插入至孔底再拔出约 5cm 后开始注浆，注浆时人工轻轻推注浆管，由注浆压力将注浆管推出管外，不得人为抽出，注浆至孔口约 20cm 停止（具体长度根据实际施工过程中总结得出，在保证注浆饱满的条件下，尽量减少砂浆的溢出，达到成本控制和文明施工的要求）。孔内注浆结束后立即进行锚杆安插，锚杆由人工直接安插，缓慢插入，插入困难时，采用风钻辅助插入，不得旋转，不得采用反铲等

设备辅助插入。为预防浆液倒流，孔口采用水泥纸堵塞。

c. 质量验收技术指标。锚杆工程质量检验与验收标准应符合《岩土锚杆与喷射混凝土支护工程技术规范》（GB 50086—2015）表 14.2.3 - 1 的规定，包含钻孔规格的抽检、材质检测、注浆密实度检查、拉拔力试验。

4）中空注浆锚杆。V 类围岩中空注浆锚杆型号为 C25mm，L 为 6.0m，环向间距为 4.0m，纵向排距为 0.5m，梅花形布置。

中空注浆锚杆施工工艺流程见图 5。

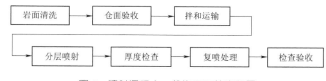

图 5 中空注浆锚杆施工工艺流程图

a. 钻孔和洗孔。同砂浆锚杆施工。

b. 安装锚杆、垫板和螺母。钻孔和清孔完成后，将中空锚杆插入孔内，并检查锚杆是否居中，安插是否到位。检查完成后安装止浆塞、垫板和螺母。

c. 注浆。中空注浆锚杆所注砂浆按照设计要求的砂浆强度、稠度配比进行拌制浆液，必要时可掺入速凝剂（配比经室内试验设计后经监理单位报批使用）。

中空注浆锚杆孔位向下倾斜时，采用锚孔底出浆、锚孔口排气的排气注浆工艺；中空注浆锚杆孔位向上倾斜且仰角大于 30°时，采用锚孔口进浆、锚孔底排气的排气注浆工艺，注浆完成后，立即安装堵头。

注浆工艺须经注浆密实性模拟试验，密实度检验合格后方能在工程中实施。

d. 质量验收技术指标。锚杆工程质量检验与验收标准应符合《岩土锚杆与喷射混凝土支护工程技术规范》（GB 50086—2015）表 14.2.3 - 1 的规定，包含钻孔规格的抽检、材质检测、注浆密实度检查、拉拔力试验。

5）喷射混凝土。喷射混凝土采用 C25 混凝土，厚度 20cm。喷射混凝土一般施工工艺流程见图 6。

图 6 喷射混凝土一般施工工艺流程图

a. 准备工作。埋设好喷射混凝土厚度控制标志，喷前要检查所有机械设备和管线，确保施工正常。

钢支撑喷混凝土厚度以钢支撑内表面作为控制标志；Ⅱ类、Ⅲ类围岩厚度控制标志采用电钻钻孔，埋设钢筋头作为控制标志，安装间距不大于 3m。

对渗水较大部位，采用钻孔埋管的方式集中引水，将水引出岩面，必要时安装预埋排水盲沟将水引至底板，以保证喷混凝土质量。

b. 清洗岩面。清除开挖轮廓面的石渣和堆积物。Ⅳ类、Ⅴ类围岩等遇水易潮解的泥化岩层，采用高压风清扫岩面。

c. 拌和及运输。喷混凝土料由混凝土拌和系统统一拌制，拌和配料严格按监理批复的配合比执行，配合比详见表 4，井外采用 8.0m³ 混凝土搅拌运输车运输，井内转 3.0m³ 料斗运输到掌子面。

表 4 C25 混凝土配合比

混凝土强度等级	每方混凝土材料用量/(kg/m³)					
	水泥	人工砂	碎石	减水剂	速凝剂	水
C25	498	959	784	4.98	34.86	192
	1.00	1.93	1.57	0.01	0.07	0.39

拌和用水泥选用符合国家标准的普通硅酸盐水泥。拌和用细骨料应采用坚硬耐久的粗、中砂，细度模数宜大于2.5，含水率控制为5%~7%；粗骨料采用坚硬耐久的卵石或碎石，粒径不超过15mm。拌和用水应符合规范及设计文件规定。速凝剂的质量应符合施工图纸要求并有生产厂家的质量证明书，初凝时间不得大于5min，终凝时间不得大于10min，选用外加剂须经监理人批准。

d. 喷射混凝土。采用TK650混凝土湿喷机进行喷射混凝土施工。① 喷射混凝土作业分区分段依次进行，区段间的接合部和结构的接缝处做妥善处理，不得漏喷。② 喷射顺序自下而上，一次喷射厚度按3~5cm控制；分层喷射时，后一层在前一层混凝土终凝后进行，若终凝1h后再进行喷射，先用风水清洗喷层面，喷射作业紧跟开挖工作面，混凝土终凝至下一循环放炮时间不少于3h。③ 为了减少回弹量，提高喷射质量，喷头应保持良好的工作状态。调整好风压，保持喷头与受喷面垂直，喷距控制为0.6~1.2m，采取正确的螺旋形轨迹喷射施工工艺。刚喷射完的部分要进行喷厚检查（通过埋设点），不满足厚度要求的及时进行复喷处理。喷混凝土后预埋厚度标志点不得有钢筋头外露，挂网处无明显网条。

e. 养护。喷射混凝土终凝2h后，应喷水养护，养护时间一般不得少于14d，气温低于5℃时，不得喷水养护。

（4）钢筋施工。

1）钢筋运输。在钢筋加工厂加工成型的钢筋采用载重汽车运输至竖井井口后，人工装卸至5m³吊桶内，采用提升机通过吊桶将钢筋运输至井下工作面。钢筋下放时按规格及型号分类堆放整齐，运输采取"先用先运"。井下钢筋运输、堆放时禁止放置于淋水区域，堆放时间尽量缩短，必要时采用彩条布进行密封覆盖，以防生锈。

2）钢筋安装。测量放线控制高程和安装位置，做好标记后按施工详图和有关设计文件进行钢筋安装。钢筋安装过程中需固定好，在混凝土浇筑过程中安排专人看护、检查，防止钢筋移位和变形。

现场钢筋的连接采用机械连接和绑扎搭接，为提高工效、节约材料，对于能够采用机械连接的部位，优先考虑机械连接。钢筋机械连接应用前，先进行生

产性试验，合格后经监理工程师批准，方用于现场施工。钢筋接头分散布置，并符合设计及相关规范要求。

（5）衬砌混凝土。井身衬砌采用整体下滑式液压金属模板，该模板由井口平台4台JZ-16/1000型凿井绞车配合4条钢丝绳进行悬吊。将液压脱模机与模板上的4条液压油缸进行连接，开动脱模机，液压油缸回收，模板逐渐脱离混凝土衬砌面呈悬吊状态。由班组长通过对讲机与井口信号工进行联系，通过其操作稳车集中控制台将4台模板稳车下放钢丝绳，直到模板底部至井底基础面；然后下放井筒中心线，通过调整4条悬吊绳控制模板尺寸满足设计要求（井筒净半径4.8m），然后开启脱模机将液压油缸伸出将模板支撑至设计尺寸。

1）混凝土运输及入仓。混凝土为C40W8F100，采用工区营地的拌和系统集中进行拌制，配合比详见表5，该生产系统主要配置有1座HZS120和1座HZS75型拌和站及其配套设施，通过8m³混凝土搅拌罐车运至香炉山隧洞竖井井口，通过3m³吊罐入仓。

表 5 C40 混凝土配合比

混凝土强度等级	每方混凝土材料用量/(kg/m³)						
	水泥	粉煤灰	人工砂	小石	中石	减水剂	水
C40	389	97	718	764	191	4.86	176
	1.00	0.25	1.85	1.96	0.49	0.012	0.45

2）混凝土浇筑及振捣。每循环衬砌进尺Ⅲ类、Ⅳ类围岩为3.5m，Ⅴ类围岩为1.75m。混凝土经拌制完成后由3m³吊罐运至吊盘上的缓冲器内，然后经过分灰器和竹节筒入模板合茬中导入模板。

混凝土在模板上部19个合茬窗口入模。振捣器通过每个分块模板合茬窗口入模振捣，混凝土浇筑必须严格按分层、均匀、对称浇筑。混凝土正常施工按分层300mm一层进行，采用插入式振捣器振捣，避免直接振动钢筋及模板，振捣器插入深度不得超过下层混凝土内50mm。上一模混凝土浇筑完成后、下一模混凝土浇筑前，在落模板调平找正时，将模板与上模混凝土下沿重合100mm，混凝土浇筑到模板上口时，将第一个模板合茬窗口向上收缩，振捣器通过第二个模板合茬窗口进行振动。然后以此类推。按顺序逐个关闭模板合茬窗口，对混凝土接茬口浇筑振捣密实。整体下滑式液压金属模板结构见图7。

4.2.2 下一循环掘衬施工

上一个循环混凝土浇筑结束6h后即可进行下一循环挖掘施工，下一循环掘衬施工采用相同一掘一衬工艺，确保开挖井壁在初支后及时浇筑钢筋混凝土，实现安全稳定施工。

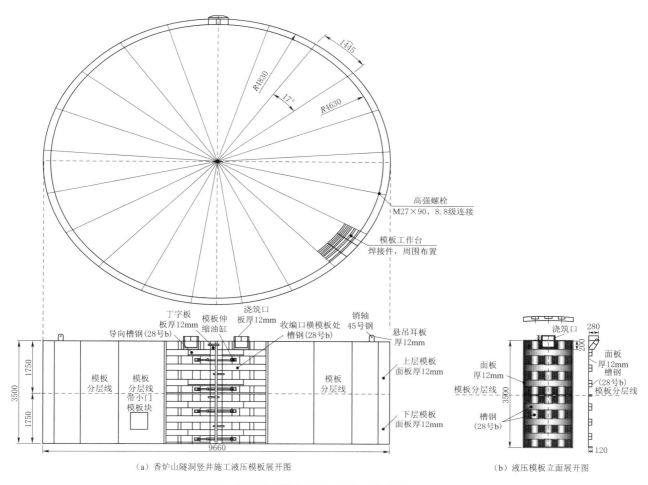

（a）香炉山隧洞竖井施工液压模板展开图　　（b）液压模板立面展开图

图 7　整体下滑式液压金属模板结构图（单位：mm）

5　同步掘衬施工技术实施效果

香炉山隧洞竖井于 2021 年 9 月 26 日开始施工，2023 年 8 月 19 日竖井井身掘衬至桩号 JS0＋534.375，实施工期 692d，综合同步掘衬进尺指标约 38.85m/月，其中最大月同步掘衬进尺为 69m。竖井质量验收单元工程合格率 100%，优良率 90.85%；井筒超挖半径控制在 15cm 以内、无欠挖。由于同步掘衬施工工序循环时间快，井壁围岩监测时差短，监测数据无变形。竖井同步掘衬施工过程中未发生安全事故，人员、设备安全均得到了保障。

6　结语

云南省滇中引水工程大理Ⅰ段香炉山隧洞竖井采用同步掘衬施工工艺，有效避免了井壁塌方及掉块，及时形成了竖井井壁稳定性，技术可行，经济效益和社会效益较好。

参考文献

[1]　王延峰，张修银. 运输绞车提升系统改造及应用 [J]. 价值工程，2015，34（16）：157－158.

[2]　刘林林，徐辉东. 新型竖井全液压凿井伞钻的研究 [J]. 煤矿机械，2017（7）：80－82.

[3]　杨建江. 大型抓岩机在立井施工中的作用优化 [J]. 机械管理开发，2017：53－54，67.

[4]　郝宗报，杨悦. 液压滑升金属模板在深立井套壁施工中的应用 [J]. 山西建筑，2011，37（4）：105－106.

[5]　冯若谦，周文杰，张书荃. 中国白银山隧道施工技术 [J]. 宁夏工程技术，2003，（2）：181－183.

[6]　中华人民共和国水利部. 水利水电工程锚喷支护技术规范：SL 377—2007 [S]. 北京：中国水利水电出版社，2017.

超前灌浆在斜井软岩大变形处理中的应用

普国江　宋　军　和丽媛/中国水利水电第十四工程局有限公司

【摘　要】 滇中引水工程香炉山隧洞 4 号施工支洞在开挖施工中遇到极富水软岩大变形地层，为保障施工质量、安全和进度，本文采用循环超前灌浆的加固方式，有效提高了围岩自稳能力，解决了软岩大变形处理难题。

【关键词】 超前灌浆　斜井　软岩大变形

1　引言

目前，我国对地下水工隧洞遇极富水软岩大变形地层的掘进无较为通用的方式处理，这一棘手难题仍处于探索时期。滇中引水工程中通过循环超前灌浆的加固方式对掌子面前方围岩进行干预来解决这个问题。所以，把循环超前灌浆的加固方式引入现行地下水工隧洞的围岩加固稳定分析中很有必要，但验证其是否具备为隧洞的开挖支护保驾护航的实操性及科学性也面临不小的挑战。

2　工程概况

滇中引水工程香炉山隧洞 4 号施工支洞属滇中引水工程第一陡斜井，长约 1132m，支洞倾角约 27.1°，断面为城门洞形，净断面尺寸为 6.5m×6.0m（宽×高），洞口底板高程 2502m，与香炉山隧洞的交点桩号为 DLⅠ23＋840，交点处的支洞底板高程为 2016m，高差约 486m。

香炉山隧洞 4 号施工支洞穿越丽江—剑川断裂带的中支（F_{11-2}）及东支（F_{11-3}）主断带及影响带，主要为碎裂玄武岩、灰岩角砾岩等，岩质较坚硬、岩体完整性差、较破碎，围岩类别以 Ⅴ 类为主，围岩稳定问题突出。该洞段岩体较破碎，透水性相对较好，存在涌水突泥风险，尤其是断层主断带；丽江—剑川断裂中支（F_{11-2}）主断带及其相邻影响带洞段揭示有弱的承压水，存在高外水压力问题；丽江—剑川断裂及其影响带岩体破碎松软且胶结较差，存在大变形问题，造成隧洞开挖难度极大。

3　施工原理及施工参数设计

针对 4 号施工支洞大纵坡长斜井、岩层条件差、承压水头高、大变形成洞困难等一系列问题，为有效控制掘进中发生掌子面垮塌和突泥涌水状况，降低初支后产生变形的风险及工期压力，通过咨询国内行业专家，并借鉴以往施工经验，采用循环超前灌浆支护施工技术来解决成洞困难的技术难题。

3.1　施工原理

施工原理为：超前灌浆→循环开挖、支护→大循环。施工程序为：第一循环（15～35m）超前灌浆完成→第一循环（1m）开挖、支护→最后循环开挖、支护完成→第二循环（15～35m）超前灌浆完成→最后循环开挖、支护完成→掘进结束。洞内注浆是在隧洞掌子面造孔，对前方待开挖的隧洞围岩体进行灌浆，在待开挖洞段形成相对不透水且稳定的固结圈，以达到减小涌水、塌方及变形的目的。每注浆处理一段，跟进掘进一段，并以此循环。每循环注浆长度根据前方围岩条件判定，一般控制在 15～35m，开挖长度为预留不小于 2m，作为安全岩盘控制和前后排灌浆段的搭接长度，并起到下段灌浆段止浆盘的作用。

每循环超前灌浆的主要程序为：在掌子面浇筑止浆墙，首先在止浆墙布设 4 环超前灌浆孔，并设孔口管进行分段灌浆；其次沿开挖轮廓线布设一环超前大管棚进行注浆，固结掌子面前方围岩，并在预定范围内形成棚架的支护体系；最后再根据出水情况布设掌子面深排水孔，达到有效堵排结合效果。它的效果可大致归纳为：①加固围岩效果，保证掌子面围岩具有一定的自稳能力；②梁效应，先行施工的管棚，以掌子面和后方支撑为支点形成一个梁式结构，并形成帷幕固结圈，防止围岩的松弛和崩塌；③堵排结合，将远水堵住，在接近部位将近水引排泄压。

3.2 施工参数设计

结合洞径大小及根据实践经验，掌子面全断面超前灌浆孔布置 4 环，共 46 个灌浆孔，开孔孔径 φ110mm，灌浆孔径 φ91mm，孔深以固结厚度 8m 及本段循环长度控制（15～35m）；超前管棚参数为：φ108mm×6mm、R780 无缝钢花管，管棚环向间距为 30cm，与洞轴线夹角控制在 15°～20°，长度以本段循环长度控制（15～35m），共计 60 根。

4 超前预支护施工

4.1 掌子面超前灌浆施工

（1）每循环超前灌浆掌子面设置 2m 厚的 C25 混凝土止浆墙。

（2）沿止浆墙面布置 46 个灌浆孔，灌浆洞段长度根据实际情况分为 15m、20m、25m、30m，保证灌浆圈厚度为 8m，具体布置见图 1，其中第一环 17 个灌浆孔，第二环 16 个灌浆孔，第三环 10 个灌浆孔，第四环 3 个灌浆孔，具体布置见图 2。

（3）灌浆孔开孔孔径 φ110mm，镶嵌 φ108mm×6mm、L 为 3.0m 孔口管，孔口管后段钻孔孔径 φ91mm。

（4）灌浆采用分段前进式灌浆方式，自孔口向孔底逐段进行循环式灌浆，第一段（不含孔口管）沿洞轴线段长 4m，第二段沿洞轴线段长 4～6m，以后各段沿洞轴线段长 5～8m；第一段灌浆压力 1.5～2.0MPa，第二段灌浆压力 3.0～5.0MPa，第三段及以后各段灌浆压力 6.0～8.0MPa。

（5）灌浆材料根据现场钻孔揭露涌水情况合理选用：①涌水量不大于 20L/min 时，选用普通 1：1～0.5：1 的纯水泥浆灌浆；②涌水量大于 20L/min 且小于 100L/min 时，选用水泥-水玻璃双液浆灌浆，水泥浆与水玻璃体积比为 1：1，水玻璃采用 40°Be，模数 3.0～3.4；③涌水量不小于 100L/min 时，选用动水抗分散注浆材料，灌后扫孔再采用普通水泥浆灌浆。

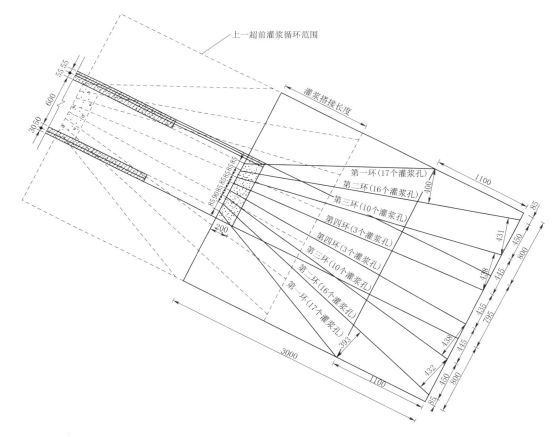

图 1　超前灌浆孔纵剖面布置图（单位：mm）

4.2 掌子面超前管棚施工

（1）超前管棚参数为：φ108mm×6mm、R780 无缝钢花管，为增强管棚强度，单根管棚内插 3 根 C25 钢筋及 1 根 φ32mm×3.5mm 注浆管（Q235B 无缝钢管）；施作范围为顶拱及底板以上 1.0m 边墙范围内，管棚环

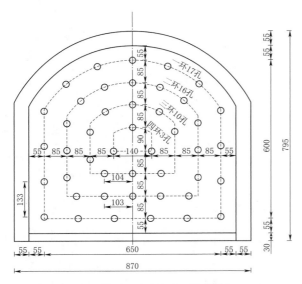

图 2　超前灌浆孔开孔孔位布置图（单位：mm）

向间距为 30cm，与洞轴线夹角控制在 15°～20°，长度 L 为 30m，共计 60 根，具体布置见图 3。

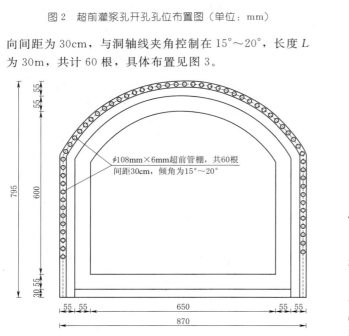

ϕ108mm×6mm超前管棚，共60根 间距30cm，倾角为15°～20°

图 3　超前管棚孔开孔孔位布置图（单位：mm）

（2）管棚注浆材料采用水灰比为 1∶1～0.5∶1 的纯水泥浆或水泥-水玻璃双液浆（水泥浆与水玻璃体积比为 1∶1，水玻璃采用 40°Be，模数 3.0～3.4）灌浆，灌浆压力 0.5～2.0MPa。

4.3　掌子面超前排水孔施工

超前管棚实施完成后，距离止浆墙面 2m 桩号处初期支护断面施作 6 个深排水孔，具体布置见图 4，两侧边墙及顶拱各 2 个，单个排水孔钻孔深度分别为 25m、31m、35.5m、40m，排水孔与洞轴线外插角度 45°，排水孔采用跟管施工，排水管为双层套管结构，外套管直径 108mm，壁厚 6mm，孔口段 16m 范围内不开孔，其

后段范围为花管，花管段管壁打梅花孔，孔径 15mm，间距 48mm，排距 60mm，开孔率不小于 6%；内套管直径 76mm，壁厚 3.5mm，管壁外侧焊接直径 6mm 的钢筋 8 根，沿内套管外侧均匀布置，全长为花管，钢筋之间打设长 30mm、宽 8mm 的长条孔（形状可灵活调整），间距 100mm，开孔率不小于 3%；内套管外裹 2 层钢丝网，钢丝网目数为 20 目，丝径为 0.25mm、孔宽 1mm；内套管孔口 50cm 长度范围采用 230g/m² 丙纶机织土工布包裹后与外套管紧密结合。排水孔开孔位置、孔径及开孔形状可适当调整，但需满足开孔率要求。二衬混凝土浇筑前将外套管进行接长至衬砌临空面。

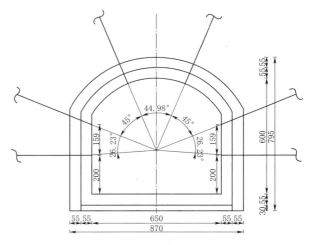

图 4　排水孔布置图（单位：mm）

4.4　灌浆效果检查

全断面超前灌浆施工完成后，在掌子面布设检查孔、物探孔并进行效果检查。

（1）检查孔布置根据灌浆孔钻进和涌水量等情况综合确定，检查孔开孔孔径为 ϕ110mm，镶 ϕ108mm×6mm、L 为 3m 孔口管（R780 无缝钢花管），孔口管后钻孔孔径为 91mm。

（2）物探孔布置根据灌浆孔钻进和涌水量等情况综合确定，物探孔开孔孔径为 ϕ110mm，镶 ϕ108mm×6mm、L 为 3m 孔口管（R780 无缝钢花管），孔口管后钻孔孔径为 ϕ91mm，全孔内插 ϕ70mm PVC 管，钻孔深度 30m。

5　施工效果评价

经过超前灌浆处理，对每循环开挖、支护初支结构进行变形观测，多点位移计孔口累计位移为 −1.19～1.19mm，月变化量为 −0.96～0.94mm。多点位移计变化较小，围岩深部位移稳定。表 1 为 K0＋650～K0＋660 桩号段多点位移计监测成果。

表 1 K0＋650～K0＋660 桩号段多点位移计监测成果

桩号	时间	测点深度	不同部位监测值/mm				
			左侧边墙	右侧边墙	左侧拱座	右侧拱座	顶拱
K0＋650	2024 年 3 月 3 日	12m	−0.50	0.02	−0.94	0.85	0.10
		6m	0.85	0.83	−0.94	1.00	−1.19
		2m	−0.18	−1.04	−1.00	0.85	0.33
		孔口	−0.31	0.62	1.08	1.08	0.31
	2024 年 4 月 3 日	12m	−0.88	0.29	−0.87	0.30	1.06
		6m	−0.46	−0.65	0.31	1.02	0.04
		2m	0.75	−0.10	−0.78	−0.02	−0.76
		孔口	0.50	−0.20	0.45	1.17	−0.93
	月变化量		0.38	−0.27	−0.07	0.55	−0.96
K0＋655	2024 年 3 月 3 日	12m	−0.72	1.07	0.49	0.53	−0.81
		6m	0.26	0.18	0.62	0.33	0.87
		2m	−0.11	0.67	−1.11	0.83	0.28
		孔口	−0.97	−0.06	0.71	−0.58	−0.24
	2024 年 4 月 3 日	12m	−0.32	0.13	−0.20	0.12	0.01
		6m	−0.47	0.58	1.08	−1.02	0.16
		2m	−1.07	0.46	0.65	−0.20	−0.83
		孔口	0.72	0.68	1.05	−0.39	−1.09
	月变化量		−0.41	0.94	0.68	0.41	−0.82
K0＋660	2024 年 3 月 3 日	12m	1.12	−0.29	−0.46	0.87	0.17
		6m	−0.96	0.24	−0.45	−0.07	0.04
		2m	−0.15	0.56	−1.05	−0.90	0.75
		孔口	0.66	−0.40	1.20	−0.05	0.50
	2024 年 4 月 3 日	12m	0.26	−0.43	1.10	−0.43	−0.19
		6m	−0.72	0.83	0.21	−0.75	0.79
		2m	0.28	−0.12	0.11	0.62	−0.83
		孔口	−0.93	0.88	0.35	0.26	1.19
	月变化量		0.86	0.15	−1.56	1.31	0.36

通过检查孔取芯来看，水泥结石较多，多数岩芯成块状，说明材料对碎粉岩、碎裂岩胶结程度良好，胶结强度高。检查孔整体透水率小，经过灌浆逐序加密，地层逐步被填充密实，大的孔隙被堵住，灌浆起到了明显效果。检查孔钻孔过程中，钻进正常，钻孔完成后，检查孔基本无涌水。检查孔、排水孔钻进过程中未发生卡钻孔故障，成孔率高，说明通过灌浆固结处理地层稳定性得到一定的提高，地层涌水情况得到了有效控制，大的地下水被堵至远端。

综合上述分析，循环超前灌浆固结圈内灌浆效果较好（透水率较低、成孔率较高、涌水量较小），说明灌浆后地层稳定性得到一定的提高。

以往在软岩大变形斜井中施工，开挖过程掌子面围岩自稳能力极差，极容易发生塌方，且初支段也容易反复变形，处理变形塌方费用较高，占用直线工期，带来了工期、费用的不稳定性，不能满足现阶段的工期要求。

而采用循环超前灌浆施工技术，规避了初支后极容易受围岩挤压变形的风险，且提高了掌子面的自稳能力，降低了安全风险，加快了施工进度。

循环超前灌浆在滇中引水工程香炉山隧洞 4 号施工支洞软岩大变形处理中的效果极为突出，每个灌浆循环能保证顺利开挖 30m 左右，尤其在进度方面得到了建设方和监理方的一致认可。

6　结语

滇中引水工程香炉山隧洞是滇中引水的关键性控制工程，其穿越具有"地质博物馆"之称的滇西北横断山脉，跨越多个复杂的地质构造单元，存在中强岩爆风险，同时存在断层破碎带等软岩洞段大变形问题，Ⅳ类、Ⅴ类围岩约占隧洞长度的69％，是国内外难度最大的隧洞施工项目，洞室围岩稳定问题较为突出。其中香炉山隧洞4号施工支洞在软岩段处丽江—剑川断裂及其影响带内的碎粉岩、胶结差的角砾岩经揉皱挤压呈碎裂～散体结构，局部结构面泥化强烈，隧洞穿越断裂带还叠加丰富的地下水影响，围岩稳定问题极突出。隧洞采用循环超前灌浆技术，加快了施工进度，降低了特殊地质处理费用，且未发生软岩变形侵占二衬净空问题，避免了后期处理二次变形带来的安全风险，保证了隧洞施工质量、安全和进度，带来了良好的经济效益和社会效益。

参考文献

[1] 徐永明. 延水关黄河隧道工程超前灌浆技术应用效果 [J]. 江淮水利科技，2006 (2)：34-35.

[2] 王昆，杜世民. 大朝山电站主要工程地质问题评价及成功处理 [J]. 云南水利发电，2004，20 (2)：13-19.

[3] 张磊磊，钱杰琼，龚国梁，等. 强风化极富水地层隧洞堵水灌浆施工技术研究 [J]. 云南水利发电，2023 (2)：149-154.

[4] 中华人民共和国水利部. 水工建筑物水泥灌浆施工技术规范：SL/T 62—2020 [S]. 北京：中国水利水电出版社，2014.

[5] 中华人民共和国住房和城乡建设部. 建筑工程水泥-水玻璃双液注浆技术规范：JGJ/T 211—2010 [S]. 北京：中国建筑工业出版社，2010.

浅谈预应力锚固在软岩变形
隧洞中的应用

张俊山 李 焯 穆 熊／中国水利水电第十四工程局有限公司

【摘　要】 软岩变形隧洞施工中，为扩大锚固支护的使用范围，引入了普通预应力锚索替代中空锚杆来抑制隧道大变形。为充分发挥锚固支护经济、快速、安全可靠的优点，在大断面、地质构造破坏地段、顶板软弱且较厚、高地应力、地质复杂的软岩隧洞中，使用小孔径深孔的单股预应力锚索进行加强支护，消除了初期支护侵陷、开裂等破坏隐患，控制效果显著。本文结合香炉山隧洞普通单股预应力锚索支护工程实例，通过试验研究分析，提出有效抑制隧洞大变形的设计方案，并在隧洞软岩变形段施工中成功应用。

【关键词】 滇中引水工程　预应力锚固　香炉山隧洞

1 引言

滇中引水大理Ⅰ段香炉山隧洞施工过程中，由于隧道埋深大，且穿越活动断层，断层带内岩体破碎、性软、透水性强，存在软岩大变形和高外水压力问题，易发生突泥涌水，为此，拟采用预应力锚索支护。预应力锚索应用技术是在软岩隧道径向稳定岩层内钻孔安装预应力锚索。锚索前端（锚固段）嵌入稳定岩层中的钢绞线与岩体外尾端的锚具形成可伸缩的固定受拉体，前端锚固段采用树脂锚固剂快速锚固。锚索中部为自由端，采用防腐套管进行保护。锚索尾端通过钢垫板、钢带、锚夹具进行锚固，作用在隧洞围岩的临空面上，与钢拱架和喷射混凝土支护等组成隧洞空间围岩岩体初期支护结构，将不稳定岩层锚固在稳定的岩层中。锚索的锚固深度大，可靠性较好，且可施加预应力，对围岩进行反向约束，把被动支护改变为主动支护。通过分析预应力锚索施工前后断面收敛变形监测数据，使得能在软岩隧道施工过程中及时有效地抑制沉降、收敛变形，改善隧道周边围岩的受力状态，实现隧道软岩大变形可控目标。该工程以单根锚索利用 14 号铁丝按 120°角绑扎 3道 PPR 塑料管（用氧乙炔烘制成锥形）作为导向头和搅拌锚固剂，起到导向、对中和充分搅拌锚固剂的作用。此应用取得了创新性的技术成果。

2 工程概述

香炉山隧洞 3 号施工支洞上游主洞段全长 1239m，隧洞埋深 470～560m，穿越龙蟠—乔后断裂影响带。岩性为三叠系上统砂、泥岩夹片岩，薄层条带灰岩，揉皱强烈，劈理密集发育，岩体破碎，围岩以Ⅳ类为主，成洞条件差。断层带岩体破碎，围岩以Ⅴ类为主，成洞条件差，围岩稳定问题突出。龙蟠—乔后断裂东支为早—中更新世活动断裂，断层带内岩体破碎、性软、透水性强，属特殊不良地质问题集中洞段，存在软岩大变形和高外水压力问题及洞室易涌水突泥风险。

根据现场揭露的地质条件，3 号支洞上游主洞段从桩号 DLⅠ14＋380.40 开始调整为Ⅴ类围岩，逐步向小桩号方向开挖。该段位于龙蟠—乔后断裂东支（F$_{10-3}$）断层上盘影响带内，DLⅠ14＋380.40 掌子面围岩为三叠系上统中窝组（T$_3$z）深灰色至黑灰色薄层至中厚层泥质灰岩、碳质灰岩，局部染手。围岩中褶皱发育，岩层产状有变化，产状为 280°～290°∠20°～30°和 120°～130°∠40°～50°，微风化，局部有溶蚀风化现象。断层影响带表现为长大裂隙不发育，微裂隙极发育，岩体层状结构，岩体完整性差～较差，岩块岩质一般，局部较软。该段围岩总体潮湿，局部有渗滴水，岩层逐渐变薄岩质变软且围岩大部分为褶皱核部，岩体完整性差，开挖过程中围岩易形成不稳定块体，局部易发生掉块、垮塌空腔现象，围岩稳定问题较突出。

DLⅠ14＋377.00～DLⅠ14＋341.68 段拱架持续发生变形，DLⅠ14＋380.40～DLⅠ14＋358.60 段拱架已闭环成圆，DLⅠ14＋351.70～DLⅠ14＋346.00 段拱架已设置中台阶横撑，但仍在持续变形。桩号 14＋369.60 右侧拱肩垂直变形量为 10.4mm，桩号 14＋358.20 左侧拱肩水平变形量为 10.9mm，桩号 14＋350.20 右侧拱腰位置垂直位移为15.6mm，水平位移为19.9mm。为解决隧洞施工过程中围岩稳定性问题，需要研究一种施工技术抑制隧洞变形。本文以研究预应力锚索施工技术适用性作为突破口，通过锚索施工前后的隧洞围岩变形监测数据，判断锚索施工的成效，研究软岩变形隧洞中预应力锚索施工的可行性。

3 试验目的

一方面按照既定的施工参数，进行锚索施工模拟试验。通过对造孔、清孔，锚固剂安装及锚固、张拉、注浆等工序多次试验，验证在实施段内采用既定的锚索结构、施工设备、施工工艺是否满足预应力施加、锚索抗拔力的标准要求。必要时需根据试验和检测结果进行锚固力提升试验，以预应力、锚固力达到规定要求为目的，以便更好地保证锚索的施工质量和速度。

另一方面通过锚索施工前后的隧洞围岩变形监测数据，判断锚索施工的成效。

4 预应力锚索施工试验方法

4.1 施工准备

普通单根单股 ϕ21.8mm 预应力锚索结构见图1。其各项材料和施工参数说明如下。

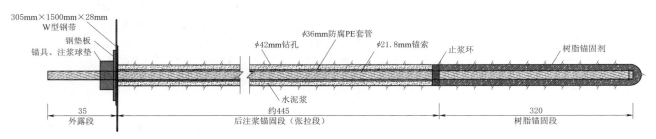

图1 ϕ21.8mm 预应力锚索结构图（单位：cm）

（1）锚索体及参数：1×19S-21.8mm-1860MPa，最大应力不小于583kN，屈服力（0.2%）不小于513kN，最大力总伸长率不小于3.5%，弹性模量为（195±10）GPa。

（2）树脂锚固剂：树脂锚固剂符合《树脂锚杆 第1部分：锚固剂》（MT 146.1—2011），初步采用MSZ3540，直径35mm，长度40cm，每孔8卷，可根据张拉力参数进行调整。

（3）注浆防腐套管：直径36mm。

（4）纯水泥浆采用水灰比0.38～0.45的水泥浆，优选P.O42.5水泥。

（5）垫板尺寸为250mm×250mm×20mm，中心孔直径60mm。

（6）锚具采用矿用系列的自锁锚具，单孔单锚，锥形3夹片式。

（7）W型钢带采用2.8mm厚钢板加工而成，钢板两长边压肋，肋高2cm，肋宽5cm，钢带成型后尺寸为150cm×30.5cm（见图2）。

（8）注浆管为 ϕ20mm×2.0mm PE管，排气管 ϕ10mm×1.2mm软胶管。

（9）注浆球垫、接头采用专用配件。

（10）钻孔直径为32mm，锚索长度为8m，间排布设，环向间距为150cm，纵向间距为125cm，梅花形布置，正常断面每环19～20根。

4.2 试验分组

按照施工参数锚索布设范围为洞周上中台阶254.42°，底拱105.58°范围不设置锚索支护。试验锚索共10束，选取位置及角度见图3。试验组数及试验角度可根据现场实际情况调整。

4.3 施工工艺流程

普通预应力锚索的施工工艺流程：开挖后进行掉渣安全排险（如初喷封闭、随机锚杆等对掌子面进行临时支护等）→测量定位→钻机就位→钻孔→清孔→安装锚固剂→插入锚索→搅拌锚固→等待约1h→安装注浆管和排气管→装入W型钢带→放置锚垫板→安装锚具→张拉锚固→切割外露端锚索→注浆→检查和验收。

4.4 锚索施工

4.4.1 锚索材料制作

在地面制作前，必须对锚索规格型号进行复核，才可进行锚索加工。按设计长度加上锚固端长度进行下料，

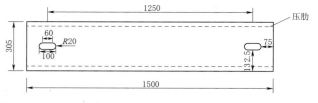

图2 W型钢带加工参数图（单位：mm）

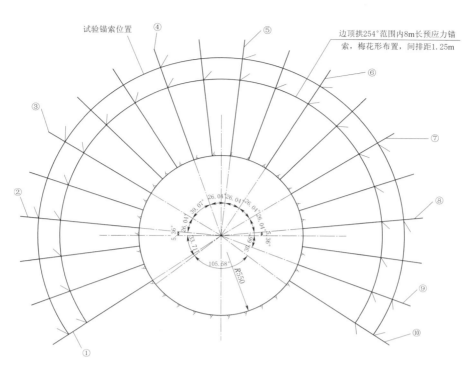

图 3 试验锚索分布示意图

考虑到锚索张拉时千斤顶需要的自由工作长度，所以下料长度为 8m。钢绞线的切割不得采用电焊或用氧焊切割，必须用砂轮切割机，且保证端头平整，不得松散和滑丝。该项目锚索为有黏结锚索，中间为自由端，使用防腐套管进行防腐。为保证锚固质量，减少锚索污染和锈迹对锚固剂和钢绞线连接影响，在下料切割后需对锚索进行保护。现场技术人员要对下料长度、锚索外观质量、锚固端质量进行尺量和目测验收。安装前应对钢绞线进行检查、下料及隔离处理。钢绞线的外观不得有死弯、明显刻痕、松丝散丝等缺陷。若有上述情况应截去缺陷部分，对存在局部锈蚀的钢绞线也不得使用。

4.4.2 钻孔施工

开挖出渣后岩面存在部分松动容易掉块伤人，值班人员及作业人员必须对锚索施工点的岩面进行观察，排除危岩，确保施工人员安全。对于危岩松散易掉块部位，采取必要的安全防护措施，如初喷混凝土封闭、挂网等。防止钻孔掉块，应要求安全员加强观察。确认安全后，技术人员根据设计要求选择钻孔点位，并用红油漆进行标注。锚索的钻孔方向应尽量与岩面垂直或尽可能与岩层大角度相交。钻孔深度的允许误差范围为 ±100mm。两侧帮使用 YT28 钻机和 8m 钎杆及 42mm 一字钻头。顶拱 120° 范围内采用 MQT－130－4.0 煤矿用气动锚杆钻机，连接 B22 钻杆，42mm 旋转式钻头。钻孔直径为 42mm。在钻孔时要尽量保持钻机不挪动，以免钻孔轴线不在一直线上，给锚索安装带来困难。钻孔结束后应及时进行清洗钻孔，用专用风枪吹出浮渣和

孔内积水。如果遇到股状或者线状水，也可以将锚孔作为引水孔，在旁边重新补打钻孔，避免孔壁坍塌和孔底沉渣。锚孔要进行标记和编号。

钻孔是隧洞锚索施工的关键步骤，其质量直接影响到锚索的安装效果和承载能力。在钻孔施工过程中，应确保钻孔直径、孔深和钻孔角度符合设计要求。

4.4.3 锚索安装

（1）工程是在软岩大变形的环境下进行施工，设计为单根锚索锚固。为了提高锚固质量，穿索时为确保锚索顺利穿过钻孔，并避免锚索在孔内弯曲或打折，确保锚索在锚孔中处于中间位置，施工中采用与锚索直径相匹配的 PPR 塑料管作为导向头。塑料管段长 7cm，套入锚索前段 4cm，留 3cm 空的塑料管用氧乙炔火焰烘制成尖型导向头。套入锚索的部分用 14 号铁丝绑扎 3 道，每道绑扎头按 120° 角均匀分布。铁丝的作用是在推进锚索时，同时对树脂锚固剂进行充分搅拌，也起到固定锚索在锚孔中间的支架作用。这个装置成本低，易于现场制作。

（2）在锚索安装前，技术人员要检查钻孔方向和钻孔深度，清点锚索数量，量测锚索下料长度，检查锚固剂数量是否与设计要求相符。当遇围岩破碎并有塌腔，打孔困难，或者孔位塌孔导致穿束不成功时，应及时进行补打孔，保证锚索施工数量与设计相符。

（3）锚固剂的安装由 2～3 人配合用 ϕ25mm PPR 塑料圆管顶住锚固剂，依次缓缓送入钻孔内。期间应注意力度和手感，不能反复抽拉塑料管以免划破锚固剂，最后确认锚固剂全部送到孔底。该项目 3.2m 的锚固段使用

MSZ3540 型锚固剂 8 只，然后用钻机，边推锚索边旋转搅拌。搅拌时间控制在 30～50s，且要保证锚固剂搅拌均匀。

（4）安装锚索后应及时安装注浆防腐套管、回浆管以及止浆垫。每根锚索使用直径 36mm 的防腐套管长度 445mm，与锚索匹配的止浆垫 1 个，直径 10mm、长度 550mm 的回浆管 1 根。回浆管用扎丝固定在防腐套管前段，用直径 30mm、长度 6m 的钢管把防腐套管和回浆管一起送入锚孔。

4.4.4 预应力张拉

预应力张拉是隧洞锚索施工中的关键技术，它可提高锚索的预应力水平，进一步增强锚索的承载能力。锚索安装好并由技术人员验收合格约 1h 后，可进行 W 型钢带、锚垫板、球垫和锚具的安装。安装前，技术人员应检查锚索孔位周围岩面是否平整。平整的岩面有助于锚垫板和岩面紧贴。张拉和锁定过程中，应按照规定的张拉顺序和张拉力进行，确保锚索张拉到位。张拉完成后，应及时进行锁定，确保预应力稳定。

锚索张拉力为 300kN。采用 ZB4-500 型锚索张拉机张拉锚索，配合使用 YDC500Q-200 穿心式千斤顶，设备最大张拉力为 600kN，动力源为电动。锚索径向之间采用 W 型钢带串联。安装时钢带、钢板尽量与岩面紧贴，使用张拉设备对锚索进行预紧和张拉。在搅拌树脂药卷后 1h 上 W 型钢带、锚垫板、球垫及锚具，再张拉锚索。张拉时，先对钢绞线进行预紧后，再张拉，直至张拉到大于设计张拉值，并记录。设计预紧力为 150kN。锚索张拉力不小于 250kN，富水及断层破碎带段落可调为不小于 200kN。锚索抗拔力不小于 350kN，富水及断层破碎带段落可调为不小于 300kN。

4.4.5 注浆管、排气管安装

注浆管、排气管均使用 PE 管，分别采用连接器与注浆球垫和垫板相连。注浆管、排气管长度应满足注浆要求，并应采取有效措施进行保护。

4.4.6 注浆

注浆加固是隧洞锚索施工中的重要环节，它可有效提高锚索与围岩的黏结力，增强锚索的承载能力。注浆材料应选用性能稳定、流动性好的水泥浆或水泥砂浆。注浆过程中，应确保注浆压力、注浆量和注浆时间符合设计要求，避免注浆不足或注浆过量。注浆的作用，一是加固锚索周边的破碎岩体，使其形成受力岩柱，为锚索张拉提供反作用力；二是锚固锚索。上倾和水平锚索孔注浆过程中，当排气管不再排气且有稀水泥浆从排气管压出时，说明锚索孔注浆已满。对于下倾锚索注浆，采用砂浆位置指示器控制注浆位置。

注浆材料采用纯水泥浆，水灰比（W/C）=（0.35～0.45）:1。W/C 值小时，水泥浆的收缩率少，故根据实际情况选择 W/C 值。注浆设备使用专用注浆泵。该注浆泵灌注极浓浆液（W/C=0.35:1），以提高注浆体与孔壁之间的饱满度，减少浆体的收缩率。当 W/C 值小于 0.4 时，可控制浆体固结后收缩率小于 1%。注浆压力宜保持在 0.5MPa 左右，待排气管出浆后，方可停止灌浆。

5 隧洞围岩变形监测

已开挖支护洞段分别收集锚索施工前后的变形监测数据，通过变形量分析锚索施工抑制隧洞变形的效果。变形监测点按 3m 间距进行布设，局部可根据现场情况进行调整。每个断面布设 5 个点，分别为正拱顶 1 个，左右侧拱肩和拱腰各 1 个，变形监测点位分布示意见图 4，通过全站仪进行观测垂直方向和水平方向的监测情况。

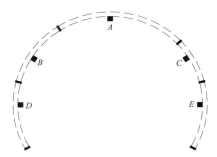

图 4　变形监测点位分布示意图

6 试验计算及数据分析

（1）以压力表读数换算张拉力计算（根据锚具专用千斤顶校准证书得出）。计算公式为

$$Y = aX + b$$

式中：Y 为指示器示值，MPa；X 为测力仪读数，kN；a 为斜率，取 $a=0.101587$；b 为截距，取 $b=0.277571$。

试验时张拉力取 200kN，则根据计算公式，当 X 取 200kN 时，Y 为 20.59MPa。

（2）理论伸长量计算。计算公式为

$$\Delta L = \frac{PL}{E_S A_P}$$

式中：ΔL 为理论伸长量，mm；P 为张拉力，N；L 为锚索自由段长度，mm；E_S 为弹性模量，MPa；A_P 为预应力筋截面面积，mm^2。

查 $1 \times 19S-21.8mm-1860MPa$ 钢绞线相关参数可知，$E_S = 1.95 \times 10^5 MPa$，$A_P = 313mm^2$，当 $P = 2 \times 10^5 N$，L 分别为 6mm、5.6mm、5.2mm、4.8mm 时，ΔL 分别为 19.66mm、18.35mm、17.04mm、15.73mm。

围岩变形监测数据使用全站仪观测，选取锚索施工前后 7d 观测数据，分析计算得出日均变形量（见表 1 和表 2）。由表 1 可知，锚索施工前围岩最大变形速率为 14.25mm/d，位于 B 左侧拱肩发生的垂直位移。由表 2 可知，锚索施工后该观测点变形平均速率为 2.87mm/d，变化值 11.38mm/d。显然，所有观测点日均变形值

都在减小，即在锚索施工后围岩变形得到有效的抑制（见表3）。

表 1　　锚索施工前围岩变形监测统计表

测点桩号	不同测点		不同观测时间的位移/mm							累计值 /mm	日均变形值 /(mm/d)
			1d	2d	3d	4d	5d	6d	7d		
DLⅠ14+373	A 顶拱	垂直相对位移	16.38	9.52	9.32	9.53	10.88	13.7	15.74	68.69	9.81
		水平相对位移	7.86	8.55	6.5	6.43	7.53	10.46	8.65	48.12	6.87
	B 左侧拱肩	垂直相对位移	16.51	18.23	18.66	16.26	17.6	14.76	14.24	99.75	14.25
		水平相对位移	9.53	5.73	9.15	5.42	9.84	9.62	6.91	46.67	6.67
	C 右侧拱肩	垂直相对位移	14.82	11.72	14.45	17.76	11.22	12.69	17.83	85.67	12.24
		水平相对位移	8.64	5.8	8.35	3.44	7.35	7.28	8.55	40.77	5.82
	D 左侧拱腰	垂直相对位移	10.58	5.08	11.35	10.46	10.61	11.44	6.19	55.13	7.88
		水平相对位移	5.75	5.99	5.52	2.84	3.84	3.71	5.26	27.16	3.88
	E 右侧拱腰	垂直相对位移	4.83	8.68	6.35	4.43	9.1	6.61	4.3	39.47	5.64
		水平相对位移	4.5	5.66	3.84	1.42	5.28	4.41	3.63	24.24	3.46

表 2　　锚索施工后围岩变形监测统计表

测点桩号	不同测点		不同观测时间的位移/mm							累计值 /mm	日均变形值 /(mm/d)
			1d	2d	3d	4d	5d	6d	7d		
DLⅠ14+373	A 顶拱	垂直相对位移	4.44	4.13	3.56	2.98	1.83	0.79	0.09	17.82	2.55
		水平相对位移	3.92	3.56	2.5	1.54	0.95	0.56	0	13.03	1.86
	B 左侧拱肩	垂直相对位移	6.8	5.52	3.69	1.81	1.12	0.92	0.26	20.12	2.87
		水平相对位移	2.14	1.93	1.48	1.1	0.48	0.38	0.22	7.73	1.1
	C 右侧拱肩	垂直相对位移	6.98	5.35	3.29	2.08	1.43	0.64	0.5	20.27	2.9
		水平相对位移	2.82	2.26	1.35	1.09	0.48	0.35	0.12	8.47	1.21
	D 左侧拱腰	垂直相对位移	4.35	4.26	4.18	2.62	1.79	1.36	0.95	19.51	2.79
		水平相对位移	1.29	0.93	0.85	0.46	0.17	0.1	0	3.8	0.54
	E 右侧拱腰	垂直相对位移	2.92	1.12	0.47	0.13	0	0	0	4.64	0.66
		水平相对位移	1.56	1.42	0.5	0.15	0	0	0	3.63	0.52

表 3　　锚索施工前后围岩变形监测数据

变形监测点桩号	不同测点		锚索施工前日均变形值/(mm/d)	锚索施工后日均变形值/(mm/d)	锚索施工前后变化值/(mm/d)
DLⅠ14+373	A 顶拱	垂直相对位移	9.81	2.55	7.26
		水平相对位移	6.87	1.86	5.01
	B 左侧拱肩	垂直相对位移	14.25	2.87	11.38
		水平相对位移	6.67	1.1	5.57
	C 右侧拱肩	垂直相对位移	12.24	2.9	9.34
		水平相对位移	5.82	1.21	4.61
	D 左侧拱腰	垂直相对位移	7.88	2.79	5.09
		水平相对位移	3.88	0.54	3.34
	E 右侧拱腰	垂直相对位移	5.64	0.66	4.98
		水平相对位移	3.46	0.52	2.94

7 试验结论

7.1 试验成果

锚索张拉试验通过对比实际伸长量与理论伸长量的差值，并结合锚索张拉时形态，综合分析可知，在富水及断层破碎、软岩变形带锚索预应力张拉力为200kN，当锚固长度为3.2m时，锚索张拉后实际伸长量近似等于理论伸长量，拉拔力满足要求（见表4）。

表4　　　　锚索张拉过程记录表

编号	锚固长度/m	张拉力值/kN	压力表数值/MPa	理论伸长量/mm	实际伸长量/mm
①	2.0	200	20.57	19.66	49.56
②	2.0	200	20.6	19.66	45.41
③	2.4	200	20.57	18.35	37.62
④	2.4	200	20.58	18.35	34.25
⑤	2.8	200	20.59	17.04	28.78
⑥	2.8	200	20.61	17.04	26.84
⑦	3.2	200	20.59	15.73	15.77
⑧	3.2	200	20.59	15.73	15.75
⑨	3.2	200	20.6	15.73	15.68
⑩	3.2	200	20.59	15.73	15.71

锚索施工前后的围岩变形监测数据分析可知，锚索施工对于围岩变形的抑制作用较为明显，可作为围岩发生变形时的有效控制措施。

7.2 建议施工参数

通过该次锚索生产性试验，可得出结论，在隧洞富水及断层破碎、软岩变形带采取 1×19S‑21.8mm‑1860MPa，L 为8m，ϕ21.8mm 预应力锚索施工时，建议施工参数为：张拉力200kN，锚固长度3.2m，锚索张拉理论伸长量15.73mm，实际伸长量为 15.68～5.77mm，可在相关规范的允许范围内上下浮动。

由于地下隧洞围岩较为复杂多变，此次试验参数可为类似工程预应力锚索施工的主要参考依据，施工中可根据围岩揭露情况做适当调整。若围岩揭露情况与此成果描述不符，可重做预应力锚索施工试验。

8 结语

隧洞锚索施工技术是一项复杂的工程技术，需要严格遵循施工规范和技术要求。在施工过程中，应注重材料选择、钻孔施工、锚索安装、注浆加固、预应力张拉、质量检测与控制、安全施工措施和环境保护要求等方面的管理和控制，确保施工质量和安全。

参考文献

[1] 陶志刚，任树林，王丰年，等. 高地应力软岩隧道围岩大变形 NPR 锚索控制方法研究 [J]. 隧道建设（中英文），2020，40（S2）：82‑92.

[2] 国家安全生产管理总局. 树脂锚杆 第1部分：锚固剂：MT 146.1—2011 [S]. 北京：煤炭工业出版社，2011：9.

[3] 曾鹏. 浅谈高速铁路隧道预应力锚索施工技术 [J]. 防护工程，2020（31）：39.

[4] 梅光发. 锚杆锚索注浆加固联合支护技术在小煤柱沿空掘巷中的应用 [J]. 煤，2011，20（11）：30‑31，45.

长隧洞掘进施工中 TBM 测量技术的应用

杨海平　刘　彦　杨才东/中国水利水电第十四工程局有限公司

【摘　要】　本文介绍测量技术在香炉山隧洞 TBM 施工中的应用，隧洞掘进中的方向控制是确保隧洞施工质量的关键因素。掘进轴线的控制是 TBM 掘进施工的一项关键技术，轴线方向控制主要是依靠测量精确性，TBM 掘进过程中的姿态测量主要以 TBM 配备的导向系统自动测量为主，人工检核测量为辅。TBM 采用 VMT 导向系统进行隧洞轴线控制，VMT 导向系统是目前 TBM 掘进施工常用的导向系统之一。

【关键词】　TBM　测量　轴线控制　导向系统　准确性

1　引言

随着技术的发展，大型设备在工程建设中得以广泛应用。TBM 作为隧洞施工的利器，在各大工程隧洞建设中应用广泛，是提高工程进度、减少人工劳动强度的重要工程设备。在 TBM 快速掘进施工的同时，如何保证隧洞轴线施工精度是 TBM 施工的重要环节。本文以滇中引水工程应用实例详细阐述 TBM 测量技术在长隧洞掘进施工中的应用，以期为后续项目提供借鉴。

2　工程概述

大理Ⅰ段施工 2 标位于香炉山隧洞中部，工程范围为香炉山隧洞桩号 DLⅠ13＋900～DLⅠ36＋800 段，长约 22.9km，包括钻爆段长约 8.2km、TBM 段长约 14.7km（TBM 刀盘直径 9.84m）。该标段拟采用 TBM 施工洞段位于 DLⅠ16＋428.88～DLⅠ23＋240 和 DLⅠ28＋800～DLⅠ36＋800 两段，TBM 施工段累计长 14.817km。TBM 施工段隧洞均位于微新岩带，主要穿越玄武岩组（Pβ）、北衙组（T₂b）、中窝组（T₃z）灰岩及白云岩、青天堡组（T₁q）砂泥岩等。根据隧洞围岩详细分类统计，该标段 TBM 施工段Ⅲ₁类围岩累计洞段长 2.886km，Ⅲ₂类围岩累计洞段长 3.793km，Ⅳ类围岩累计洞段长 7.024km，Ⅴ类围岩累计洞段长 0.972km。根据地形地貌、地层岩性、断铍与断裂构造、岩溶与水文地质条件及地应力特征等，将该标段 TBM 施工段分 2 个工程地质段。其中，TBM-1 段桩号 DLⅠ16＋428.88～DLⅠ23＋240 段正在掘进施工。

3　TBM 施工测量

3.1　施工测量任务及规划

隧道施工测量的主要任务是保证隧道开挖按规定的精度要求贯通，因此隧道必须以规定的精度认真、慎重测量，避免产生严重后果，造成浪费和返工。

根据发包人提供的施工控制网资料，首先验证其资料和数据的准确性，然后按国家测绘标准和本标段施工精度要求增设用于直接施工用的平面和高程控制点，并把增设平面和高程控制点资料提交监理人审批，负责承建本工程施工阶段的全部施工测量放样等工作。

测量是确保 TBM 推进轴线与设计轴线一致的保证，是确保工程质量的前提和基础。TBM 掘进进度较快，洞内空间有限而设备众多，车辆行走频繁，用传统测量方法很难满足 TBM 快速、准确掘进的要求。因此 TBM 上配备有 VMT 自动导向系统指导跟踪 TBM 掘进，用于降低人工测量的频率，减少人工计算错误的概率。

洞内导线点以监理提供的测量基准点（线）为基准，按国家测绘标准和本工程施工精度要求，测设用于工程施工的控制网，并将施工控制网资料报送监理人审批。施测采用全站仪边角网完成对导线网、水准网及其他控制点的布设，引测过程执行交叉双导线进洞及多级测量复核制度，确保隧洞贯通精度，同时根据监理提供的测量基准点（线），与监理共同校测其基准点（线）的测量精度，并复核其资料和数据的准确性。

3.2　控制测量

（1）根据工程建筑物布设和现场地形情况，结合施工进度增设施工测量控制网点。以发包人提供的施工控制网为依托，控制点测设严格按有关技术标准进行，其成果资料报监理人审批。

1) 加密布设的施工测量控制网，平面网采用二等边角网，高程网采用二等水准网或光电测距三角高程网。

2) 平面控制网的起始点，选用监理人提供的经过复核的控制点，且选在主要建筑物附近，其坐标系统应保持一致。

3) 平面控制网点选在通视良好、交通方便、地基稳定的地方，且能直接用于施工放样。各控制点均埋设具有强制归心装置的混凝土观测墩。

4) 在观测实施前制定详细的设计方案，严格按技术标准进行测量作业。

5) 平面控制网的成果应进行验算和平差计算。平差计算选用可靠的、经过检定的计算程序进行。

(2) 控制点使用和保护。对施工控制网点要加以保护并定期进行复测，发现移动或破坏及时向监理人报告，并采取补救措施。对责任区域内所有测量控制点的缺失和损坏负责，直至工程完工后完好地移交给发包人。

(3) 洞外平面控制测量。洞外平面控制测量采用全站仪边角网测量技术进行，平面网采用三等边角网，高程网采用三等水准网或光电测距三角高程网。其中作业方法、精度指标、使用仪器均按《水利水电工程施工测量规范》（SL 52—2015）要求进行作业。

(4) 洞内平面控制测量。隧洞进洞后，应建立洞内平面和高程控制网，为洞内 TBM 掘进施工提供基准点，洞内平面控制网应布设成闭合导线环，根据实际情况 500m 左右应进行一次闭合。每次延伸时应以平差后的坐标往前延伸。水准延伸时每隔 200～300m 作一个水准控制点，水准控制点的测量应以二等水准施测。每次水准延伸测量均应闭合。

在隧洞内，导线平均边长达到 500m，采用较长的导线边长，以减少角度传递误差。在导线边长受条件所限而短于 300m 时，两端导线点均采用强制对中方式或三联脚架法，以减少仪器对中误差的影响。施工导线的边长控制在 50m 左右，并每隔数点与基本导线复核，基本导线用于贯通测量，施工导线用于施工放样。由洞外控制点向洞内的引测工作，要求进行不少于 3 次的重复测量，当偏差在误差允许范围内时取各次测量结果的平均值。导线点间视线距隧洞内建筑物以及各种施工机械最短距离不小于 0.3m，以减小旁折光的影响。测量时，现场应保证足够的通风和照明条件。竖井测量在保证洞内清晰度的前提下，停风后进行测量。洞内基本导线应独立地进行两组观测，导线点两组坐标值偏差，不得大于洞内测量贯通中误差的 $\sqrt{2}$ 倍，合格后取两组坐标

值的平均值作为最后成果。

(5) 高程控制测量。地面高程控制网应是在二等水准点下布设的精密水准网。水准点的密度和精密导线点大致相同，应选在离施工场地变形区外稳固的地方，水准点点位应便于寻找、保存和引测，沿施工线路布设成附合路线、闭合路线或结网点。精密水准测量的每一测段采用往测和返测的观测方法，宜分别在上午、下午观测，也可在夜间观测，当往测和返测两次高差超限时重测，如重测成果与原测成果比较，其偏差均不超限时，取三次成果的平均数。对于隧洞施工的高程测量控制，洞内高程测量以支洞、竖井高程传递水准点为起算依据，采用二等精密水准测量方法和精密要求进行施测，限差应在 ±8mm。

4 TBM 隧洞施工测量

4.1 TBM 准备工作

洞内布设地下导线环进行平面控制。地下导线分为基本导线、施工导线两种，基本导线布设成导线环线形式，设主副导线，其边长控制为 300～500m；施工导线的边长控制在 100m 左右，并每隔数点与基本导线复核；洞内的高程控制，采用二等水准测量。洞内高程标石应尽量与基本导线点标石合一，以方便联测校核。每掘进约 1000m 进行一次平面和高程控制测量。

对 TBM 推进线路数据进行复核计算，计算结果由监理工程师书面确认按设计图在实地对 TBM 基座的平面和高程位置进行放样，基座就位后立即测定与设计的偏差。在 TBM 上方留出位置供安装测量标志，并保证测量通视。TBM 就位后精确测定相对于 TBM 推进时设计轴线的初始位置和姿态。安装在 TBM 内的专用测量设备就位后立即进行测量，测量成果应与 TBM 的初始位置和姿态相符，并报监理工程师备查。在 TBM 上方衬砌处安装吊篮，吊篮用钢板制作，其底部加工强制对中螺栓孔，用以安放全站仪。强制对中点的三维坐标通过洞口的导线起始边传递而来，并且在 TBM 施工过程中，吊篮上的强制对中点坐标与隧洞内地下控制导线点坐标相互检核。如偏差超过控制标准，需再次复核后，确认无误后以地下控制导线测得的三维坐标为准。TBM 在推进过程中，需掌握其推进方向，让 TBM 沿着设计中心轴线推进。

4.2 TBM 始发定位测量

TBM 始发前必须进行始发定位测量，测量时使用隧洞底板上的控制点对 TBM 始发托架和反力架进行预定位，待 TBM 吊装到位后，再对整个 TBM 进行位置姿态的精细测量和调整，直至 TBM 的姿态满足始发的要求。始发洞口中心测量点示意如图 1 所示。

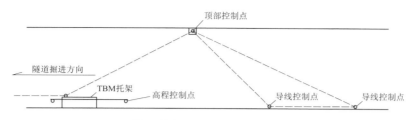

图 1　始发洞口中心测量点示意图

4.3　TBM 掘进测量

（1）TBM 方向控制（VMT 自动导向系统）。隧洞掘进中的方向控制是确保隧洞施工质量的关键因素。

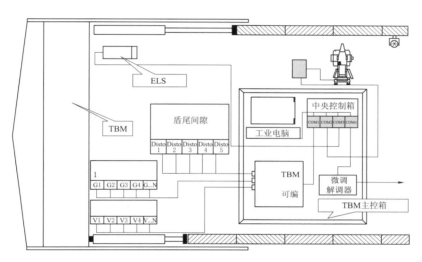

图 2　VMT 自动导向系统

（2）TBM 导向系统移站、托架复测。检测仪器托架的坐标，必须使用隧洞内最靠近 TBM 的控制导线点，引测坐标到仪器和后视定位托架上，然后比对系统内的坐标，如果坐标差超过 5mm 则对系统内的坐标进行修正。托架坐标的检测频率每隔一站就必须检测一次，在有沉降的地段则每移一站都必须检测仪器和后视托架的坐标。

（3）TBM 姿态人工检测。TBM 掘进过程中的姿态测量主要以 TBM 配备的导向系统自动测量为主，人工检核测量为辅。TBM 姿态测量计算数据取位精度要求见表 1。

表 1　TBM 姿态测量计算数据取位精度要求表

测量项目	测量误差/（mm/m）
平面、高程偏差	±1
里程偏差	±10
滚动角	±1
俯仰角	±1
方位角	±1

TBM 正常掘进中根据 VMT 自动导向系统（见图 2）测量数据做好掘进方向的控制。TBM 姿态控制要求为轴线运动轨迹与导向轴线允许偏差满足：水平方向为 ±60mm，垂直方向为 ±40mm。

（4）TBM 掘进方向的控制与偏差调整。

1）TBM 施工洞段允许误差。TBM 掘进洞段轴线水平和垂直方向的施工允许偏差分别控制在 ±60mm 和 ±40mm。

2）掘进方向控制。掘进轴线的控制是 TBM 掘进施工的一项关键技术。轴线方向控制主要是依靠测量的精确性，在实际施工中 TBM 掘进轴线的控制不可能是理想状况，轴线控制不佳的原因是：①地质不均匀引起正面阻力不均匀；②施工操作技术水平不高。控制好 TBM 的掘进轴线，才能使隧洞竣工轴线误差控制在允许范围内。

3）TBM 掘进方向的偏差调整。TBM 配置激光导向系统。掘进过程中随时监测并利用掘进机调向机构调整 TBM 的方向和位置。

a. 激光导向系统主要由激光发射器、激光接收靶以及控制和显示装置组成。全方位激光导向系统通过激光束射在 TBM 激光靶面位置点，经过电脑模块精确计算，提供 TBM 在掘进过程中的准确位置。操作手根据显示屏幕提供的当前位置数字显示、预置位置和导向角来调整 TBM 掘进方向。

b. TBM 方向调整。操作手根据操作室内显示屏提供的 TBM 位置状态来校正机器的方位。单支撑类型 TBM 的方向调整是以大梁为控制梁，以侧支撑作为水平方向调整的支点，以前支撑作为垂直方向调整的支点。

水平方向调整：水平方向调整是借助于以十字销轴方式安装在鞍架内的水平支撑油缸的单方向移动来实现的；TBM 掘进过程中可以连续水平调向。

垂直方向调整：垂直方向调整是靠安装在鞍架和大梁之间的斜向油缸来实现的；当斜向油缸伸长时，大梁相对于水平支撑油缸升高，TBM 将向下掘进，反之，当斜向油缸缩短时，大梁相对于水平支撑油缸下降，TBM 将向上掘进。调向变动的结果随时可在显示器上看到，如当前位置、预测位置、机器导向等均可看到。当显示调向数据在允许范围时，则调向完毕。

该工程 TBM 采用 VMT 导向系统进行隧洞轴线控制，VMT 导向系统是 TBM 掘进施工常用的导向系统之一，设计的目的是使 TBM 操作人员用最少的注意力而获得最多的 TBM 位置信息。该套导向系统基于架设在掘进机上的激光全站仪（激光站）的基准点和主机盾体上的激光靶，通过全站仪发射的激光束测量激光靶棱镜，根据激光靶内安装的传感器可以测量出掘进机的俯仰角和滚动角。由于激光靶和刀盘的几何中心位置关系是固定的，根据坐标转换即可计算出掘进机的姿态，然后导向系统软件依据全站仪测量的激光靶数据计算出掘进机的实时姿态，并在计算机上通过软件以数据和图形的形式显示出来，供主司机操作掘进。

为了保证系统的正常运行，系统本身所采取的措施如下：①为了避免激光束反射所造成的误差，专用的电动棱镜在软件的控制下交替被遮挡或处于显露状态，这保证了每个棱镜可以独立地精确测量。②在恶劣的隧洞施工条件下，为了保证系统操作的正确性，需要采用的特殊手段：为防止干扰，采用特殊的抗干扰系统和措施以及数据的无线传输方式；计算机安置在密封的装置内，并带有防断电装置；所有的电气元件均互相绝缘。

5 工程实施效果

该工程 TBM-1 段施工过程中严格执行导向系统自动测量为主、人工检核测量为辅的测量原则，以人工复核、修正导向系统。掘进时以测量数据为指导，姿态控制为主，综合地质条件调整掘进轴线偏差，采用勤纠、缓纠的方式控制掘进施工。将 TBM 轴线运动轨迹与导向轴线偏差控制在允许范围之内。图 3 为 TBM 掘进轴线偏差曲线图。

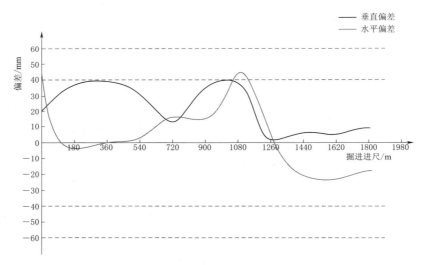

图 3   TBM 掘进轴线偏差曲线图

6 结语

TBM 掘进过程中必须严格控制掘进轴线，随时检查并调整方向和位置，使掘进的运动轨迹在设计轴线允许偏差范围内。若出现偏离指向仪光束的现象，可以自动调整偏离值。隧洞动态管理系统是一种以信息技术与电子技术为基础，并通过对施工管理进行全方位反应迅速且准确的管理操作系统。掘进前完成 VMT 导向系统的全面检查，保证 VMT 导向系统较好的工作状态。加强施工测量复核，人工测量随时校核导向系统的准确性和导向误差。激光导向系统的应用使得隧道采用 TBM 法施工极大地提高了准确性、可靠性和自动化程度。

参考文献

［1］ 史传祥，刘青依，孙建立，等．浅谈水工隧洞施工测量技术的应用［J］．科技推广与应用，2019（4）：27－28．

［2］ 邱学砚．基于水利工程隧洞施工测量的分析和研究［J］．建筑工程技术与设计，2014（10）：565．

［3］ 王世霏，孙永浩，朱玉峰，等．PPS 导向系统在 TBM 中的应用［J］．水利水电技术，2006（3）：31－33．

［4］ 申华伟，李丽．激光导向系统在 TBM 中的工作原理及其影响因素［J］．科技情报开发与经济，2007（19）：196－197．

地下厂房高顶拱混凝土快速施工方法

魏永兵　张采贤　王世全/中国水利水电第十四工程局有限公司

【摘　要】 本文以滇中引水石鼓水源工程进水检修阀室顶拱混凝土施工为例，介绍地下厂房高顶拱混凝土快速施工方法。进水检修阀室顶拱混凝土施工采用在已施工的混凝土牛腿上搭设可移动的自制模板台车作为施工平台，取消重复安拆满堂盘扣式钢管落地脚手架的施工程序，实现流水作业，降低施工成本，提高施工效率，实现项目管理增收创效。

【关键词】 地下厂房　高顶拱混凝土　模板台车　盘扣式钢管脚手架　弧形钢模板

1 引言

地下厂房通常属于大断面地下洞室，具有开挖高度高、开挖体型大的特点，导致其衬砌混凝土施工难度大，特别是顶拱衬砌混凝土施工难度较大。此类大断面洞室混凝土施工一般采用从下往上分层分块施工，顶拱混凝土施工采用满堂脚手架作为模板支撑浇筑混凝土，该方案需重复安拆满堂脚手架，且满堂脚手架搭设高度较高，安拆难度大、危险系数高、施工程序较复杂，不仅施工效率低下，而且施工成本极高。本文依托滇中引水石鼓水源工程进水检修阀室顶拱混凝土施工，通过在牛腿结构上搭设可移动的模板台车，实现顶拱混凝土施工流水作业；在保障混凝土施工安全和质量的前提下，缩短施工工期，降低施工难度和施工成本，使进水检修阀室顶拱混凝土施工安全和进度可控。

2 工程概况

滇中引水工程由石鼓水源工程和输水工程组成，为Ⅰ等工程。石鼓水源工程从金沙江右岸无坝取水，设计抽水流量135m³/s，按一级泵站布置，从位于冲江河河口上游约1.5km的金沙江右岸引水，经长约1.27km的引水渠沉沙后，通过长约3.0km的隧洞和0.8km的箱涵输水至位于冲江河右岸竹园村上游的地下泵站，经提水至连接香炉山隧洞进口的出水池。最大提水净扬程为219.16m，共安装12台离心式水泵机组，总装机功率480MW。

进水检修阀室位于主泵房和主变洞上游，其中心轴线与主泵房和主变洞平行，与主变洞之间岩柱厚度17.8m，进水检修阀室开挖尺寸为199.1m×7.4m×16.75m（长×宽×高），采用C30F100W10混凝土衬砌，边墙衬砌厚度60cm，牛腿以上边墙及顶拱衬砌厚度50cm。进水检修阀室洞身混凝土共设置13道结构缝，纵向设置施工缝，缝内设置止水。根据混凝土结构，进水检修阀室混凝土岩洞轴线方向分14段进行施工，每一段分7层施工（见图1），顶拱混凝土为第七层，层高2.26m。工程施工难点为进水检修阀室顶拱混凝土高度高，跨度较小，净空高度15.4m，跨度6.2m，施工难度大，危险系数高。

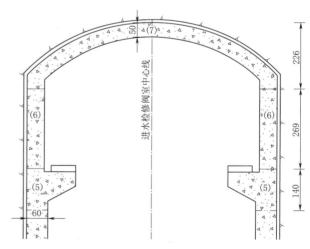

图1　进水检修阀室混凝土施工分层图（单位：cm）

3 模板台车结构

模板台车分为下部结构和上部结构，下部结构主要由行走装置、纵梁、横梁组成，上部结构由盘扣式钢管脚手架、可调顶托、桁架结构、槽钢拱架和3012组合钢模板组成（见图2）。

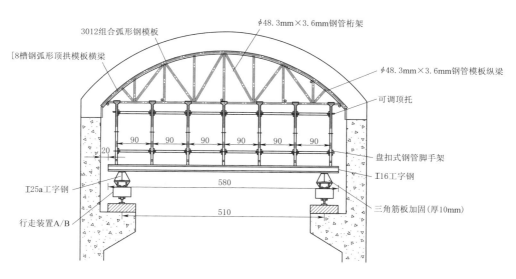

图 2　模板台车结构示意图（单位：cm）

3.1　下部结构

（1）行走装置：轨道使用钢轨 P43，行走装置采用电机作为动力系统，行走系统由 7.5kW×2 台电机组成，并设置减速器；行走速度为每分钟 6～8m，位于两侧行走装置前端（见图 3）。

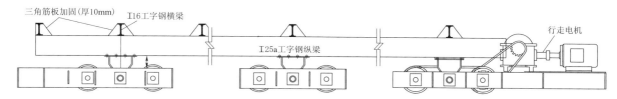

图 3　行走装置示意图

（2）纵梁：纵梁选用工 25a 工字钢，与行走装置之间采用满焊连接，并设置三角筋板。

（3）横梁：横梁选用工 16 工字钢，两端与纵梁满焊焊接，并设置三角筋板，工 16 工字钢间距 90cm，上部焊接钢管用于固定盘架立杆底座，并纵向布置 $\phi 28@90cm$ 的钢筋增加整体性，面层铺设脚手板形成施工平台。

（4）钢结构焊接前须对铁锈和漆面进行打磨。

（5）混凝土入仓采用车载泵泵送入仓，为固定混凝土泵管，模板台车下部结构上设置可移动"灯笼架"，浇筑混凝土时采用千斤顶对灯笼架进行加固，浇筑完毕后拆除千斤顶，"灯笼架"随模板台车移动。为避免混凝土泵送压力过大导致模板台车变形，在堵头模板处设置观察孔兼排气孔，专人进行观察，混凝土浆液涌出观察孔后及时封闭观察孔并停止泵送混凝土。

（6）台车配 2 个卡轨器，浇筑时必须将卡轨器锁紧，防止台车浇筑时移位，并在纵梁下部设置千斤顶，防止浇筑混凝土时纵梁因混凝土冲击导致变形；千斤顶在脱模后拆除。

3.2　上部结构

（1）盘扣式钢管脚手架：盘扣式钢管脚手架搭设参数为 0.9m×0.9m×1.5m，下部布置扫地杆。

（2）可调顶托：立杆顶部设置可调螺旋顶托，顶托调节高度不得超过 40cm，施工过程中通过调整螺旋顶托的方式进行立模和拆模。

（3）桁架结构：桁架采用 48.3mm×3.6mm 钢管进行焊接组装，纵向连接采用焊接或扣件连接（见图 4）。

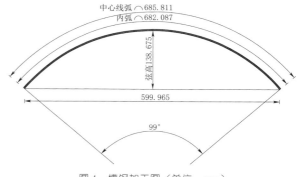

图 4　槽钢加工图（单位：mm）

（4）槽钢拱架：槽钢选用 [8 槽钢（见图 5）。

（5）3012 组合钢模板：组合钢模采用进水支管弧形模板，局部采用木模，与边墙钢模结合处采用木模板拼装。

1）模板材料的选择。组合钢模：型钢、钢板和螺栓均采用 Q235A 号钢，其质量要求符合现行国家标准和行业标准。钢模板面板厚应不小于 3mm，钢板面应尽可能光滑，不允有凹坑、皱褶或其他表面缺陷。在使用前，钢模面板必须除漆除锈。模板的金属支撑件（如拉杆、锚筋及其他锚固件等）材料应符合《水工混凝土施工规范》（SL 677—2014）要求。

堵头模板采用胶合模板，其质量要符合《混凝土用胶合板》（GB/T 17656—2018）。其厚度不小于 12mm，公称厚度偏差 ±0.5mm；垂直度不大于 0.8mm/m；在使用前，采用烤涂石蜡或其他保护材料。

2）模板组合。组合钢模板采用弧形钢拱架作为主梁，钢拱架之间设置 ϕ48.3mm×3.6mm@30cm 的钢管作为小梁（由钢管背肋的形式布置）。模板采用木模板＋3012 弧形钢模板组合，共需 3012 弧形钢模 274 块（见图 5）＋开窗钢模板 14 块（见图 6），局部采用木模板加强，开窗模板用于下料和振捣，混凝土上升至窗口下部及时关闭。模板上对称布置 1.5kW 附着式振捣器，布置参数根据现场实际确定，每一仓施工完毕后根据混凝土成形效果进行调整。

3）模板安装。模板安装前应首先检查面板的平整度，面板不平整、不光滑，达不到要求的不得使用。模板安装时板面应清理干净，并刷好脱模剂，脱模剂应涂刷均匀，不得漏刷。为防止漏浆出现挂帘现象，模板安装就位前，在模板底口粘贴双面胶。

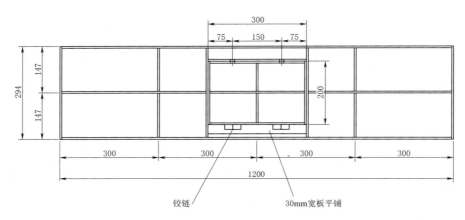

图 5　3012 开窗弧形钢模（单位：mm）

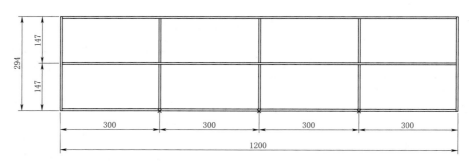

图 6　3012 弧形钢模（单位：mm）

模板安装时，进行测量放样，校正垂直度平整度及起层高程，严格按照混凝土分层高度进行模板安装，确保印迹线、孔位整齐一致。边墙、顶拱的高位模板在下方满堂盘扣架上进行，铺设脚手板作为作业平台，模板支撑到位时利用全站仪投放控制点校模、定位。混凝土浇筑过程中设置专人值班，发现问题及时解决。

模板加固使用方木和 ϕ48mm 钢管做模板外部支撑，视仓位高度采用 Φ22 拉筋、勾头螺栓。

（6）钢结构焊接前须对铁锈和漆面进行打磨。

（7）上部结构两端设置防护栏杆，栏杆高度不低于 1.2m，结实可靠并挂设防护网。

4　结构计算

模板台车下部结构和弧形拱架之间采用承插型盘扣式钢管满堂脚手架支撑，脚手架结构设计须满足《建筑施工承插型盘扣式钢管脚手架安全技术标准》（JGJ/T 231—2021）的要求。其余模板台车构件结构计算如下。

4.1 钢管桁架结构计算

钢拱架计算软件采用 PKPM 钢结构设计软件。

（1）结构简图，见图 7。

（2）钢拱架结构计算信息。结构类型：单层钢结构厂房，按照《钢结构设计规范》（GB 50017—2023）设计，荷载计算考虑混凝土、钢拱架及钢模板自重，$q = 101.45 \text{kN/m}$。

（3）内力计算结果。经计算最大支座反力及应力比如图 8、图 9 所示。

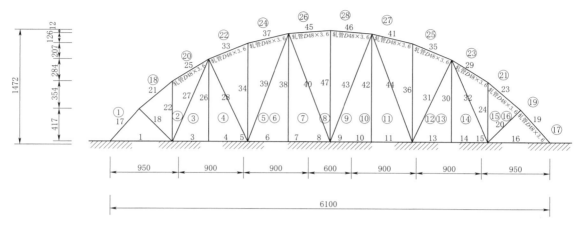

图 7　结构简图（单位：mm）

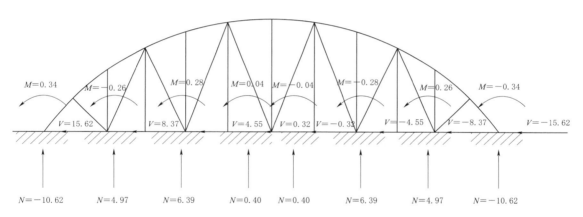

图 8　支座反力图（单位：M：10^{-2}kN；V：10^{-2}kN·m；N：10^{-2}kN）

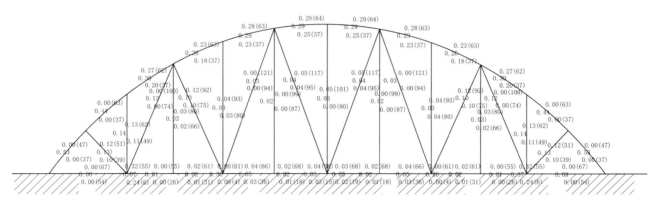

图 9　应力比图

柱左：强度计算应力比；右上：平面内稳定应力比（对应长细比）；

右下：平面外稳定应力比（对应长细比）

（4）构件设计结果。

钢柱1设计结果如下：

截面类型：77；布置角度：0；计算长度：$L_x=$ 1.07m，$L_y=0.86$m；长细比：$\lambda_x=67.2$，$\lambda_y=54.2$。

构件长度＝0.86m；计算长度系数：$U_x=1.24$，$U_y=1.00$。

抗震等级：三级。

无缝圆钢管：$D=48$mm，$T=3.60$mm。

轴压截面分类：X轴：a类，Y轴：a类。

构件钢号：Q235。

验算规范：《钢结构设计规范》（GB 50017—2003）。

强度计算最大应力对应组合号：1，$M=0.2\times10^{-2}$kN，$N=-8.7\times10^{-2}$kN；$M=0.2\times10^{-2}$kN，$N=8.7\times10^{-2}$kN。

强度计算最大应力：61.5N/mm²。

强度计算最大应力比：0.029。

强度计算最大应力：<215.00N/mm²。

拉杆平面内长细比：$\lambda=67\leqslant[\lambda]=300$。

拉杆平面外长细比：$\lambda=54\leqslant[\lambda]=300$。

构件重量：3.42kg。

其余构件参照类似计算方法得出强度及长细比等均满足规范要求。

4.2 工字钢横梁、纵梁强度计算

4.2.1 工16工字钢横梁

（1）基本参数和梁截面计算见表1、表2。

表1　　　　基本参数表

项目	参数
单跨梁型式	两端固定梁
单跨梁长 L/m	5.1
活载标准值 Q_{qk}/(kN/m)	1.2
活载分项系数 γ_Q	1.4
材质	Q235
荷载布置方式	—
恒载标准值 Q_{gk}/(kN/m)	20.438
恒载分项系数 γ_G	1.2
挠度控制	1/250
X轴塑性发展系数 γ_x	1.05

表2　　　　梁截面计算表

项目	计算值
截面类型	工字钢
截面面积 A/cm²	26.11
截面抵抗矩 W_x/cm³	141
抗弯强度设计值 $[f]$/(N/mm²)	215
弹性模量 E/(N/mm²)	206000

续表

项目	计算值
截面型号	工16工字钢
截面惯性矩 I_x/cm⁴	1130
自重标准值 g_k/(kN/m)	0.201
抗剪强度设计值 τ/(N/mm²)	125

（2）荷载计算。

混凝土自重 Q_1：

$$Q_1=SL_{仓位}gr_1=3.94\times14\times10\times2.4=1323.84(kN)$$

式中：S 为顶拱混凝土断面面积；$L_{仓位}$ 为混凝土施工分仓长度；g 为重力系数，取10N/kg；r_1 为C30混凝土系数，取2.4t/m³。

3012模板自重 Q_2：

$$Q_2=n_1m_1gr_2=288\times21\times10\times1.2=72.576(kN)$$

式中：n_1 为3012模板数量，取288块；m_1 为3012模板单位重量，取21kg；g 为重力系数，取10N/kg；r_2 为模板自重系数，取1.2。

盘扣式钢管脚手架（60mm×3.2mm）自重 Q_3：

$$Q_3=L_1x_1=180\times0.15=27(kN)$$

式中：L_1 为盘扣式钢管脚手架数量，取180m；x_1 为盘扣式钢管脚手架延米量，取0.15kN/m。

钢拱架自重（自制）Q_4：

$$Q_4=n_2m_2g=17\times145\times10=24.65(kN)$$

式中：n_2 为自制钢拱架数量，取17；m_2 为自制钢拱架单位重量，取145kg；g 为重力系数，取10N/kg。

小梁自重（$\phi48.3$mm×3.6mm钢管）Q_5：

$$Q_5=L_2x_2r_3g=316.8\times3.97\times1.2\times10=15.092(kN)$$

式中：L_2 为 $\phi48.3$mm×3.6mm钢管数量，取316.8m；x_2 为 $\phi48.3$mm×3.6mm钢管延米量，取3.97kg/m；r_3 为 $\phi48.3$mm×3.6mm钢管自重系数，取1.2；g 为重力系数，取10N/kg。

则工16工字钢横梁承受总荷载为

$$\begin{aligned}Q_{横总}&=Q_1+Q_2+Q_3+Q_4+Q_5\\&=1323.84+72.576+27+24.65+15.092\\&=1463.158(kN)\end{aligned}$$

工16工字钢支座反力 P 为

$$\begin{aligned}P_{gk横}&=[1323.84/14+(72.576+27+24.65\\&\quad+15.092)/14.4]/5.1\\&=20.438(kN)\end{aligned}$$

承载能力极限状态：

$$\begin{aligned}P_{横}&=\gamma_G\times P_{gk横}+\gamma_Q\times P_{qk}=1.2\times20.438+1.4\times1.2\\&=26.206(kN/m)\end{aligned}$$

正常使用极限状态：

$$Q'=P_{gk横}+P_{qk}=20.438+1.2=21.638(kN/m)$$

（3）抗弯验算。

$$M_{max}=P_{横}\times L^2/24=26.206\times5.1^2/24=28.401(kN\cdot m)$$

$\sigma = M_{max}/(\gamma_x W) = 28.401 \times 10^6/(1.05 \times 141 \times 1000)$
$= 191.834(N/mm^2) \leqslant [f] = 215N/mm^2$

（4）抗剪验算。

$V_{max} = P \times L/2 = 26.206 \times 5.1/2 = 66.825(kN)$

$\tau_{max} = V_{max}[bh_0^2 - (b-\delta)h^2]/(8I_z\delta)$
$= 66.825 \times 1000 \times [88 \times 160^2 - (88-6)$
$\times 140.2^2]/(8 \times 1130 \times 10000 \times 6)$
$= 78.973(N/mm^2) \leqslant [\tau] = 125N/mm^2$

（5）挠度验算。

$\nu_{max} = P \times L^4/(384 \times E \times I_x)$
$= 21.638 \times 5100^4/(384 \times 206000 \times 11300000)$
$= 16.376(mm) \leqslant [\nu]$
$= L/250 = 5.1 \times 1000/250 = 20.4(mm)$

（6）支座反力。

$R_A = P \times L/2 = 26.206 \times 5.1/2 = 66.825(kN)$
$R_B = P \times L/2 = 26.206 \times 5.1/2 = 66.825(kN)$

综上所述，工16工字钢横梁强度和结构满足模板台车承载力要求。

4.2.2　工25a工字钢纵梁

（1）基本参数见表3、表4。

表3　基本参数表

项　目	参　数
单跨梁型式	两端固定梁
单跨梁长 L/m	6
活载标准值 Q_{qk}/(kN/m)	1.2
活载分项系数 γ_Q	1.4
材质	Q235
荷载布置方式	——
恒载标准值 Q_{gk}/(kN/m)	51.506
恒载分项系数 γ_G	1.2
挠度控制	1/250
X 轴塑性发展系数 γ_x	1.05

表4　梁截面计算表

项　目	计算值
截面类型	工字钢
截面面积 A/cm²	48.51
截面抵抗矩 W_x/cm³	402
抗弯强度设计值 $[f]$/(N/mm²)	215
弹性模量 E/(N/mm²)	206000
截面型号	工25a工字钢
截面惯性矩 I_x/cm⁴	5020
自重标准值 g_k/(kN/m)	0.373
抗剪强度设计值 τ/(N/mm²)	125

（2）荷载计算。

工16工字钢自重 Q_6：

$Q_6 = L_3 x_3 g = 98.6 \times 20.513 \times 10 = 20.226(kN)$

式中：L_3 为工16工字钢数量，取98.6m；x_3 为工16工字钢延米量，取20.513kg/m；g 为重力系数，取10N/kg。

由于有3榀横梁位于行走装置支座上，不考虑工25a工字钢承受此3榀横梁荷载，即工25a工字钢横梁承受总荷载为

$Q_{纵总} = (Q_1 + Q_2 + Q_3 + Q_4 + Q_5 + Q_6)/17 \times 14$
$= (1323.84 + 72.576 + 27 + 24.65 + 15.092$
$+ 20.226)/17 \times 14$
$= 1221.61(kN)$

$P_{gk横} = Q_{纵总}/L = 1221.61/28.8 = 42.417(kN/m)$

承载能力极限状态：

$Q = \gamma_G \times P_{gk} + \gamma_Q \times P_{qk} = 1.2 \times 42.417 + 1.4 \times 1.2$
$= 52.58(kN/m)$

正常使用极限状态：

$Q' = P_{gk} + P_{qk} = 42.417 + 1.2 = 43.617(kN/m)$

（3）抗弯验算。

$M_{max} = P \times L^2/24 = 52.58 \times 6^2/24 = 78.87(kN \cdot m)$

$\sigma = M_{max}/(\gamma_x W) = 78.87 \times 10^6/(1.05 \times 402 \times 1000)$
$= 186.851(N/mm^2) \leqslant [f] = 215N/mm^2$

（4）抗剪验算。

$V_{max} = P \times L/2 = 52.58 \times 6/2 = 157.74(kN)$

$\tau_{max} = V_{max}[bh_0^2 - (b-\delta)h^2]/(8I_z\delta)$
$= 157.74 \times 1000 \times [116 \times 250^2 - (116-8)$
$\times 224^2]/(8 \times 5020 \times 10000 \times 8)$
$= 89.897(N/mm^2) \leqslant [\tau] = 125N/mm^2$

（5）挠度验算。

$\nu_{max} = P \times L^4/(384 \times E \times I_x)$
$= 43.617 \times 6000^4/(384 \times 206000 \times 50200000)$
$= 14.235(mm) \leqslant [\nu] = L/250 = 6 \times 1000/250$
$= 24(mm)$

（6）支座反力。

$R_A = P \times L/2 = 52.58 \times 6/2 = 157.74(kN)$
$R_B = P \times L/2 = 52.58 \times 6/2 = 157.74(kN)$

综上所述，工25a工字钢纵梁强度和结构满足模板台车承载力要求。

4.3　模板计算

（1）基本参数见表5。

表5　基本参数表

项　目	参　数
面板类型	钢模板
面板抗弯强度设计值 $[f]$/(N/mm²)	235

续表

项　目	参　数
截面抵抗矩 W/mm^3	11980
面板弹性模量 $E/(\text{N}/\text{mm}^2)$	21000
面板厚度 h/mm	4
面板抗剪强度设计值 $[\tau]/(\text{N}/\text{mm}^2)$	235
截面惯性矩 I/mm^4	543000
面板计算方式	简支梁

按简支梁，取 1m 单位宽度计算。

承载能力极限状态：

$q_1 = \gamma_0 \times \{1.3 \times [G_{1k} + (G_{2k} + G_{3k}) \times h] + 1.5 \times \gamma_L \times Q_{1k}\} \times b$
$= 1 \times \{1.3 \times [0.3 + (24 + 1.1) \times 4] + 1.5 \times 1.1 \times 3\} \times 0.8$
$= 122.265 (\text{kN}/\text{m})$

正常使用极限状态：

$q = \{\gamma_G [G_{1k} + (G_{2k} + G_{3k}) \times h]\} \times b$
$= \{1 \times [0.3 + (24 + 1.1) \times 4]\} \times 0.8$
$= 90.63 (\text{kN}/\text{m})$

（2）强度验算。

$M_{max} = q_1 l^2 / 8 = 122.265 \times 0.3^2 / 8 = 1.375 (\text{kN} \cdot \text{m})$

$\sigma = M_{max} / W = 1.375 \times 10^6 / 11980$
$= 114.775 (\text{N}/\text{mm}^2) \leqslant [f]$
$= 235 \text{N}/\text{mm}^2$

（3）挠度验算。

$\nu_{max} = 5ql^4 / (384EI)$
$= 5 \times 90.63 \times 300^4 / (384 \times 21000 \times 543000)$
$= 0.745 (\text{mm})$

$\nu_{max} = 0.745 \text{mm} \leqslant \min\{300/150, 10\} = 2 \text{mm}$

综上所述，3012 弧形钢模板结构计算满足模板台车承载力要求。

5　应用效果

（1）满堂钢管落地脚手架施工工期。进水检修阀室顶拱混凝土共分 14 仓，搭设满堂脚手架高 15.4m；搭设满堂落地钢管脚手架 3d，钢筋绑扎超前施工，占用直线工期 1d，模板安装 1.5d，浇筑混凝土 0.5d，等强 3d，模板及脚手架拆除 3d，按 12d 一仓计算，共计需工期 $12 \times 14 = 168 (\text{d})$。

（2）模板台车施工工期。模板台车和钢筋台车搭设 15d（含满堂脚手架搭设、模板组装等），钢筋绑扎超前施工，不占用直线工期，浇筑混凝土 0.5d，等强 3d，模板台车移动 0.5d，平均 4d 施工一仓，共计需工期 $15 + 4 \times 12 = 63 (\text{d})$。

综上所述，采用模板台车施工相较满堂落地钢管脚手架施工节约工期为 $168 - 63 = 105 (\text{d})$，施工安全得到保障，施工质量达标，经济效益显著。

6　结语

石鼓水源工程进水检修阀室顶拱混凝土属于地下厂房高顶拱混凝土，通过在已浇筑成型的牛腿上搭设可移动模板台车进行施工，减少满堂脚手架和模板重复安拆的施工工序，实现顶拱衬砌混凝土流水化作业，使工程施工安全质量及经济效益均得到保证。模板台车各组成构件均通过结构力学验算，安全性能可靠。该施工方法可为类似工程施工提供借鉴。

参考文献

[1] 杨紫慧. 大断面地下洞室混凝土衬砌施工技术 [J]. 技术与市场，2021，28 (10)：84-85，88.

[2] 鹿洪禹，张雨薇. 新型卡轨器的设计 [J]. 煤矿机械，2003 (2)：10.

[3] 中华人民共和国住房和城乡建设部. 钢结构设计标准：GB 50017—2017 [S]. 北京：中国建筑工业出版社，2017.

[4] 中华人民共和国住房和城乡建设部. 建筑施工模板安全技术规范：JGJ 162—2008 [S]. 北京：中国建筑工业出版社，2008.

威宁赖子河水库取水隧洞施工技术综述

黎晓开　刘六艺/中国水利水电第十四工程局有限公司

陈永升/毕节市水务投资集团有限责任公司

【摘　要】 本文结合威宁县赖子河水库取水隧洞工程实例，从隧洞开挖施工工艺流程、开挖施工要点、小断面圆形隧洞全断面混凝土衬砌施工工艺流程、混凝土衬砌分块及施工顺序、混凝土衬砌要点等方面介绍了小断面引水隧洞施工技术。

【关键词】 赖子河水库　钻爆开挖　定型圆形钢模

1　工程概况

赖子河水库位于贵州省威宁县城东南面的炉山镇溪街村境内，距县城33km，距离炉山镇约4km。赖子河水库是一座以灌溉、供水、防洪为主，兼顾发电为一体的综合性水利工程。该项目充分利用建坝蓄水后形成的水能资源，建小型电站1座，缓解当地用电日益紧张的问题。大坝附属电站工程等别为Ⅳ等，工程规模为小（1）型。取水口布置于大坝上游左岸，采用岸边塔式取水口。进口底板高程1878.00m，设3.0m×4.0m拦污栅和2.0m×2.0m平板闸门各1扇，后接取水隧洞，穿过左岸山体后接发电厂房。取水隧洞总长202.5m，隧洞由渐变段、上平段、下弯段、竖井段、下弯段、下平段、压力管道段组成。渐变段长5m，衬砌后的断面尺寸由2.0m×2.0m（宽×高）变至内径为2.0m圆形断面，渐变段以后洞段的过水断面为内径2.0m的圆形断面。隧洞末端设置长20m压力钢管段，采用"卜"形岔管，连接3台发电机组。

取水口及有压引水隧洞进口段布置在坝址区左岸山坡上，所在河谷左岸坡地形较陡，坡角为50°。上部山坡地形较缓，为10°～25°的缓坡，属浅切中山地形，地貌为侵蚀切割形成的尖棱状山脊地貌。所在坡面上大部分地段基岩裸露，局部地段存在少量第四系残坡积层（Q^{el+dl}），成分为含碎石黏土，厚0～2m。上部地表为耕地，耕植土厚40cm。整个取水口及压力引水隧洞进口段出露地层为二叠系上统峨眉山玄武岩组（$P_2\beta$）地层。未发现有断裂构造穿越，无不良地质现象。地表岩石呈强风化状，受节理裂隙发育影响，岩石完整性一般，地下水为基岩裂隙水潜水，弱风化岩石内发育裂隙为地下水运移主要通道，地下水埋深较大，水量较小，排向河谷，地下水对隧洞进口开挖支护无大的影响。

2　取水隧洞开挖施工

取水隧洞为小断面岩石隧洞，采用钻爆法开挖，从隧洞进口和出口相向开挖，贯通于取水隧洞竖井段位置。

2.1　隧洞开挖施工工艺流程

小断面岩石隧洞钻爆开挖施工工艺流程见图1。

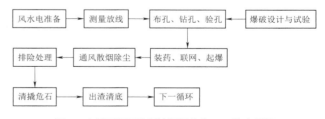

图1　小断面岩石隧洞钻爆开挖施工工艺流程图

2.2　测量放线

隧洞开挖钻孔前，采用全站仪对开挖断面进行测量放样，测出开挖断面的中线、腰线和轮廓线，并根据爆破图标出炮眼位置。控制点测量采用全站仪，进洞后在洞口安装激光指向仪进行隧洞掌子面开挖控制，定期采用全站仪对隧洞洞口激光指向仪进行检查、复核和对隧洞开挖断面进行测量。

2.3 爆破设计与试验

根据经验初选钻爆参数，再通过试验确定最终钻爆参数。Ⅲ类围岩洞段采用全断面开挖，直眼掏槽孔，选取菱形12孔平行掏槽形式。Ⅲ类围岩钻孔参数详见表1。Ⅳ类围岩洞段全断面开挖时，布置6个垂直楔形掏槽孔，孔距50~55cm，孔深1.8m；布置10个崩落孔，孔距60~70cm，孔深1.5m；布置4个底孔，孔距65~70cm，孔深1.8m；布置14个周边孔，孔距45cm，孔深1.5m。

表1   隧洞开挖断面Ⅲ类围岩钻孔参数表

爆孔名称	钻孔参数					备注
	孔径/mm	孔深/cm	孔距/cm	最小抵抗线/cm	孔数/个	
掏槽孔	42	320	10~15	10~15	13	空孔12个
	42	320	10~15	15~20	4	
崩落孔	42	300	55~60	40~50	6	
	42	300	55~60	40~50	12	
周边孔	42	300	45~50	50~55	14	
底孔	42	320	45~50	45~50	5	
小计					54	

根据试验确定的爆破参数（见表2），周边孔孔距为45cm，周边孔采用φ25mm乳化炸药，采用间隔装药结构，底部加强装药。Ⅳ类围岩周边孔线装药密度控制在160g/m，Ⅲ类围岩周边孔线装药密度控制在200g/m。Ⅳ类围岩洞段平均进尺1.26m，掘进爆破炸药单耗1.44kg/m³；Ⅲ类围岩洞段平均进尺2.64m，掘进爆破炸药单耗1.78kg/m³。

表2   隧洞开挖断面Ⅲ类围岩装药参数表

爆孔名称	装药参数						备注
	雷管段数	药卷/mm	装药长度/cm	堵塞长度/cm	单孔药量/kg	各段药量/kg	
掏槽孔	MS1	32	260	60	1.2	1.2	
	MS3	32	260	60	1.2	4.8	
崩落孔	MS5	32	240	60	0.94	5.64	
	MS7	32	240	60	0.94	11.28	
周边孔	MS9	25	260	40	0.5	7.0	200g/m
底孔	MS11	32	260	60	1.0	5.0	
小计						34.92	

炮孔除选用合适的堵塞材料外，需要有一个合理的堵塞长度。掏槽孔和主爆孔堵塞长度均控制在50~60cm，周边孔堵塞长度控制在30~40cm，堵塞材料选用黄泥和砂子（1:3）的均匀混合料或黏土。

2.4 布孔、钻孔、验孔

依据施工方案中的Ⅲ类围岩隧洞开挖断面炮孔布置图进行布孔和钻孔。采用YT-28手风钻造孔，炮眼直径42mm，周边孔间距0.45~0.5m，采用菱形直掏方式可以有效增加爆破中心的临空面，抵抗线由小到大，逐层顺序爆破，见图2。钻孔深度3.0m，单循环进尺2.7m。现场对交底数据确认无误后开始钻孔。现场施工员和质检员对开挖掌子面的钻孔进行间距、角度和深度的检查，检查合格后进行下一工序。

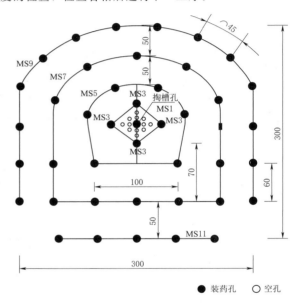

● 装药孔　○ 空孔

图2 取水隧洞开挖炮孔布置图（单位：cm）

2.5 装药、联网、起爆

装药前先用高压空气将炮孔中岩粉吹净，并用炮棍检查炮孔内是否有堵塞物。炮孔经检验合格后，由爆破工依据经监理工程师批准的钻爆方案进行炮孔的装药、堵塞、联网。爆破工从上至下装药，电雷管引爆非电雷管起爆。掏槽孔、崩落孔采用连续耦合装药结构，周边孔采用不耦合间隔装药。为了确保周边孔间隔装药，把φ25mm乳化炸药间隔绑在PVC条片上，然后装入周边孔内。装药联网完成后，由爆破工程师和专业爆破员检查验收，爆破区域安全警戒。起爆前确认工作面人员、设备、材料已撤退至安全位置。

引爆采用微差毫秒非电雷管、导爆索，起爆采用瞬发电雷管。起爆顺序为：掏槽孔→崩落孔→周边孔→底孔。

2.6 通风散烟除尘

爆破后立即启动风机进行隧洞通风散烟。为缩短排烟时间，在爆破后可以直接开通风机两级电机进行通风。必要时在开挖面用雾炮降尘。

2.7 排险处理

爆破工在爆破烟尘消散后对作业面进行安全检查。对掌子面的哑炮,采用高压水冲刷掉炸药或在哑炮周围殉爆距离之内重新钻孔,再由爆破工装药引爆。在检查确认安全后,解除爆破安全警戒,进行下道工序施工。

2.8 清撬危石

通风散烟之后,在隧洞掌子面附近能见度高的情况下,进行爆破后围岩的安全处理,以确保进洞人员和设备的安全。对隧洞掌子面、边墙及拱顶上的危石,由经验丰富的开挖作业人员先进入工作面,用长钢钎清撬。

2.9 出渣清底

危石清撬完毕后,进行出渣清底。采用扒渣机洞内装渣(见图3),四轮驱动矿用运输车运渣至弃渣场。用扒渣机清理干净工作面的积渣,出渣后再次进行安全检查及处理,为下一循环钻爆作业做好准备。

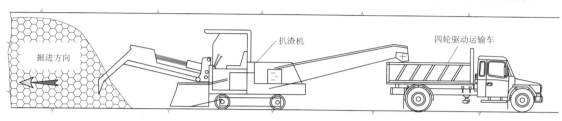

图3 扒渣机装渣示意图

3 取水隧洞混凝土衬砌施工

取水隧洞上平段、直井段及下平段混凝土施工,采用定型弧形钢模全断面混凝土衬砌施工工艺。取水隧洞混凝土衬砌施工流程见图4。

取水隧洞渐变段、上弯段、下弯段采用钢模和木模组拼成全断面模板衬砌混凝土。隧洞衬砌混凝土分块长度为5~12m(见图5)。隧洞下平段衬砌完1仓混凝土后,接着衬砌隧洞下弯段混凝土。下弯段混凝土浇完后,继续采用退管法由内向外衬砌隧洞下平段混凝土。下平段混凝土浇筑完后,再从取水隧洞进口输送混凝土浇筑直井段、上弯段、上平段及渐变段。

3.1 基岩面清理

首先将基岩面上的松动岩石进行撬挖。浇筑混凝土前,清除岩基上的杂物及浮渣,使用高压水枪将基岩面或已喷混凝土表面冲洗干净。对人工凿毛灯向施工缝,及时清除缝面上的浮浆及杂物,并将缝面冲洗干净,然后排净仓内积水,经监理工程师验收合格后绑扎钢筋。

3.2 钢筋制作安装

施工人员根据设计图纸开具钢筋下料单,钢筋加工厂依据钢筋下料单加工制作。加工好的钢筋半成品堆放整齐并挂标识牌。钢筋半成品运输前,不同规格的钢筋分别捆绑牢固并加以标识,用随车吊运输至洞口,人工搬运至工作面进行绑扎焊接。根据测量放出的点线安设好架立筋,在架立筋上标示出环向筋设计位置,即进行钢筋的绑扎和焊接。隧洞环向钢筋接头采用单面焊,焊接长度为10d;分布筋接头采用绑扎接头,钢筋绑扎长度为40d,绑扎点为3个。钢筋接头位置分散错开布置,相邻两钢筋接头焊接断面相距1m以上,并严格控制焊接质量。测量放出圆形模板定位样筋位置,圆形模板定位样筋在加工厂加工制作,现场焊接。

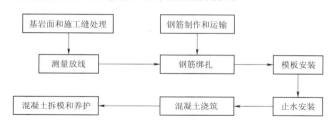

图4 取水隧洞混凝土衬砌施工流程图

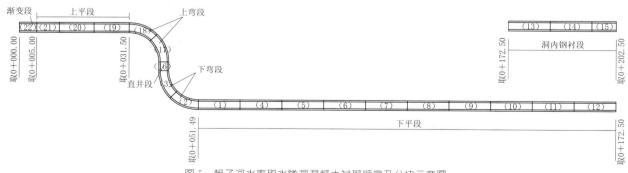

图5 赖子河水库取水隧洞混凝土衬砌顺序及分块示意图

3.3 止水安装

按照设计图纸的要求和现场施工具体情况，设置橡胶止水带。橡胶止水带接头采用硫化热黏接，搭接长度满足设计规范要求。在相应结构变化处设置横向永久变形缝，并设置铜止水片，铜止水片的接头采用双面焊接。在环向施工缝处设置简易的托架、夹具，将铜止水片固定在设计位置上。铜止水片凹槽安放在缝面中间，且使其与堵头模板结合严密，防止在混凝土浇筑过程中发生移位、扭曲及结合面漏浆。橡胶止水带中间鼻子位于施工分缝位置，堵头模板紧贴止水带中间鼻子垂直安装，沿环向每隔 30cm 设 2 根 $\phi6mm$ 短钢筋夹住橡胶止水带，以保证止水带在混凝土浇筑过程中不倾斜、偏位。止水带（片）与堵头模板同时安装，安装前仔细检查有无裂口、孔眼等缺陷。安装过程中无钉孔、穿铅丝等破坏止水带的现象。对外露部分进行保护，防止损坏。仓内止水在混凝土浇筑时人工清除其周围大粒径骨料，并用小振捣器振捣密实。止水带处混凝土表面质量达到宽度均匀、缝身竖直，外表光洁。

3.4 模板安装

模板采用一种小断面圆形隧洞混凝土衬砌定型模板。该模板装置包括弓形架、弧形模板块、弓形架连接组件和平板振捣器（见图 6）。弓形架由 8 号槽钢和

$\phi48mm$ 钢管焊接而成，三个弓形架组合成一个圆形拱架，相邻弓形架之间通过弓形架连接组件连接固定。弓形架外侧沿弓形架弧面安装弧形模板块，圆形拱架外侧的弧形模板块围成一个圆管形模板体。圆管形模板体上开设有若干下料窗口（见图 7），平板振捣器通过固定基座安装在圆形模板体内侧。

堵头部位由于要安装止水，模板采用木模板现场拼装。止水外侧洞壁受超挖影响，平整度较差，止水外侧模板现场加工，止水内侧模板在加工厂进行制作，现场拼装。根据洞径变化计划加工 3～4 套，以满足现场使用要求。

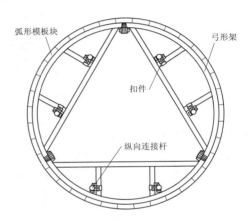

图 6 小断面圆形隧洞混凝土衬砌模板装置结构图

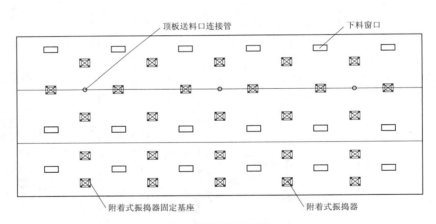

图 7 圆形模板展开图

堵头模板加固采用 $\phi48mm$ 钢管和 8 号槽钢作为横向和竖向模板带，从仓内焊 $\phi12mm$ 拉筋固定。由于边墙顶拱仓面较小，混凝土垂直方向上升速度较快，为了保证不发生跑模、崩模现象，拉筋间距为 60cm。另外，要在边墙及顶拱模板适当位置预留下料窗口（兼做插入式振捣器振捣窗口）。根据混凝土浇筑上升速度，及时盖好下料窗口模板。

3.5 混凝土浇筑

混凝土由项目部拌和站集中拌制。每盘混凝土搅拌

时间为 90s，混凝土中途运输时间控制在 30min 内。采用 $6m^3$ 混凝土搅拌运输车运至洞口，并用布置于洞口的混凝土泵输送混凝土入仓。混凝土泵就位后用高压水冲洗混凝土泵的受料斗及活塞，待输送管安装好后泵送水冲洗管内壁，确保混凝土输送管中无异物且管内壁湿润。检查确认混凝土泵和输送管无异常后，泵送与混凝土同强度等级的水泥砂浆 0.5～1.0m^3，润滑混凝土输送管。

混凝土由混凝土搅拌运输车运至洞口，泵送混凝土由模板下料窗口送至仓内。每层浇筑厚度控制在 30cm

左右，自由倾落高度不超过 2m，两侧对称下料，高差控制在 50cm 内。混凝土入模后，插入式振捣器由边墙及底板上的下料窗口进入并振捣，拱顶采用附着式振捣器振捣。插入式振捣器的移动间距控制在振捣器作用半径的 1.5 倍内，插入下层混凝土内的深度为 50～100mm，插入式振捣器与侧模保持 50～100mm 的距离，并避免碰撞模板、钢筋及止水片（带）等。当振捣完毕后，插入式振捣器竖向缓慢拔出。

3.6 混凝土拆模和养护

混凝土拆除模板时，由人工自上而下进行。在拆除过程中，人工轻击敲打解除模板约束，也可保证混凝土表面和棱角的完整。边顶拱混凝土在浇筑完 3d 后拆模。堵头模板拆除后割除外露拉筋，环向施工缝处混凝土凿毛，并清除止水带上残留的混凝土。

衬砌混凝土终凝后，及时进行养护。在混凝土达到规范要求的拆模时间后，按从上至下顺序将模板拆除。为保证混凝土质量，混凝土拆模后，采用移动养护小车对隧洞混凝土进行洒水养护，使混凝土表面长时间保持湿润。养护小车操作方便、洒水均匀，而且节约用水。

4 工程实施效果

取水隧洞比原施工计划提前 10d 贯通，水平贯通误差和竖直贯通误差均控制在 ±10cm 以内，满足施工合同及规范要求。取水隧洞混凝土衬砌完后，进行单位工程外观质量检查。外观质量评价为：取水隧洞过水断面尺寸符合设计要求，轮廓线顺直，混凝土表面无错台、蜂窝麻面气孔、露筋等缺陷，混凝土外观色泽均匀一致。

小断面圆形隧洞全断面混凝土衬砌与先底板后边顶拱浇筑隧洞混凝土相比，前者施工速度快、施工成本低，整体性好。取水隧洞施工过程中没发生任何质量和安全事故。

5 结语

短距离小断面隧洞开挖，通常采用无轨出渣，洞挖渣料采用扒渣机装渣，四轮驱动矿用运输车运渣。为了提高小断面隧洞开挖施工进度，采取直眼掏槽爆破，增加排炮进尺，减少隧洞开挖爆破次数。对于小断面圆形隧洞混凝土衬砌，既要加快施工进度，又要提高隧洞混凝土外观质量，小断面圆形隧洞全断面混凝土衬砌施工技术必然成为首选。

参考文献

[1] 孙留阳，吴官宏，刘六艺. 土钉＋钢筋混凝土框格梁＋植生袋支护施工技术应用 [J]. 云南水力发电，2022，(5)：51－55.

[2] 李所. 贵州省威宁县赖子河水库大坝坝肩开挖施工技术 [J]. 云南水力发电，2021 (8)：108－111.

[3] 李伯昌. 小断面隧洞开挖施工方法 [J]. 黑龙江水利科技，2014 (1)：33－35.

[4] 蔡葆廉，徐承祥，陈剑. 水工长隧洞小断面开挖爆破施工技术 [J]. 福建建筑，2010 (3)：37－38.

[5] 吴智囊. 增大小断面隧洞开挖单循环进尺探讨 [J]. 水利科技，2008 (2)：43－44.

[6] 陈永. 小断面隧道控制爆破设计及施工 [J]. 建筑施工，2016 (10)：274－275.

[7] 覃海明. 小洞径隧洞间断性混凝土衬砌快速施工技术 [J]. 红水河，2021 (1)：48－51.

[8] 李明，张永，段科峰，等. 小断面隧洞双钢模台车快速衬砌施工技术 [J]. 四川水力发电，2018 (5)：59－61.

[9] 徐强. 浅谈小断面隧洞混凝土衬砌施工技术 [J]. 四川水利，2017 (增2)：29－31.

香炉山隧洞竖井马头门施工技术

杨海清/云南省滇中引水工程有限公司

李志明/云南省滇中引水二期工程有限公司

余恋涛/中国水利水电第十四工程局有限公司

【摘　要】 滇中引水工程大理Ⅰ段香炉山隧洞竖井为新增通道，竖井自上而下穿越白云质灰岩、安山质玄武岩，井底马头门结构复杂，施工期安全风险较大，施工工期较长，从保证施工安全、缩短施工工期角度，本文研究马头门施工技术具有一定的现实意义。

【关键词】 香炉山隧洞　中空注浆锚杆　自进式管棚

1 引言

滇中引水工程大理Ⅰ段香炉山隧洞竖井井底马头门，为圆形井筒与城门洞形主洞结合体，结构复杂，相交处体型不规则，施工工序烦琐。开挖初支施工与二衬混凝土施工相互交叉，导致施工工期较长，施工过程中安全风险较大。为了保障竖井马头门安全、高效施工，特开展施工技术研究。

2 概述

2.1 工程概况

滇中引水工程大理Ⅰ段香炉山隧洞竖井地处于丽江市玉龙县太安乡红麦村附近，汝南河断层槽谷底部左岸山体内。井位与香炉山隧洞交点桩号为DLⅠ26+988.0，井口地面高程2567.00m（不含井口超高0.5m），井底高程2001.75m，井深566.45m（不含井口超高0.5m），净断面直径9.6m。

竖井马头门为圆形井筒与城门洞形隧洞的组合体，对应竖井段桩号为JS0+535.0～JS0+556.95，城门洞形的桩号为DLⅠ26+976.2～DLⅠ26+999.8。上游侧衬砌后断面尺寸为9.6m×10.7m（宽×高），下游侧衬砌后断面尺寸为10.3m×13.3m（宽×高）。支护结构详见图1。

2.2 地质条件

香炉山隧洞竖井马头门埋深535.00～555.65m，围岩为第三系侵入岩（Nβ）。岩性主要为灰色夹暗紫色、灰褐色安山质玄武岩，局部段见断层角砾岩、碎裂岩、碎粉岩等，微风化。岩质较疏松～较坚硬状，受断裂构造挤压影响岩体较破碎～破碎，完整性差～极差，局部泥化，性状极差。围岩主要为Ⅴ类和Ⅳ类，围岩稳定问题突出。另外，需注意洞壁围岩沿长大结构产生块体滑移的风险，以及软弱破碎的安山质玄武岩洞段存在井壁挤出变形风险。

地下水主要为基岩裂隙水，岩体破碎，透水性相对较好，局部可能存在沿裂隙密集带涌水问题。根据地下水动力学法进行涌水预测计算，涌水量2778～5516m³/d，为涌水级别。竖井穿越可能产生突泥涌水问题，特别是$T_2b^2/N\beta$接触带的蚀变岩和断层带涌突水问题更为突出。根据地下水折减系数法计算，该段总体高外水压力（1.1～2.0MPa）问题较突出。

3 施工布置

竖井平面布置包括竖井平台场内道路和各登里弃渣场场内道路、风水电设施等，以及排水处理池。具体平面布置见图2。

（1）进场道路和渣场路。竖井平台场内道路已完成混凝土路面施工，各登里弃渣场场内道路已完成泥结石路面施工。

（2）风水电设施。风水电设施已就位，具备正常使用条件。

（3）排水处理池。已完成污水处理池混凝土浇筑。

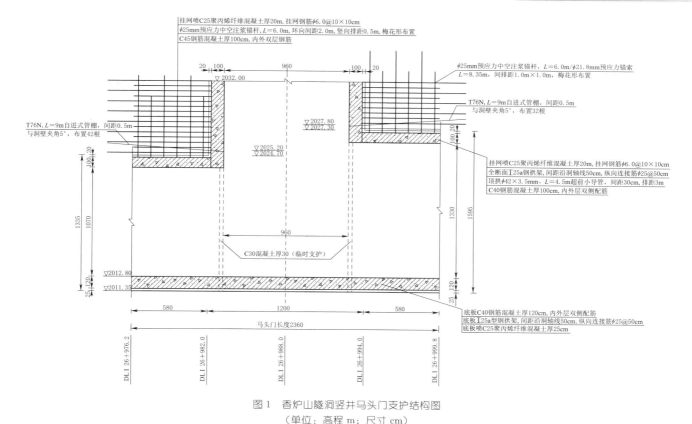

图1 香炉山隧洞竖井马头门支护结构图
（单位：高程 m；尺寸 cm）

图2 竖井平台平面布置图（单位：m）

4 施工方案

香炉山隧洞竖井井筒开挖前的超前堵水及加固措施已覆盖井底马头门施工范围，施工阶段主要进行开挖、初期支护施工。开挖采用循环爆破工艺，出渣后及时进行初支，初期支护包括钢支撑安装、挂网钢筋施工、砂浆锚杆/中空注浆锚杆/预应力中空注浆锚杆施工、自进

式管棚施工、喷射混凝土施工。

4.1 超前堵水及加固

采用地面定向钻孔，高压预注浆技术进行竖井超前堵水及加固。

4.2 开挖施工

采用建井机械化快速施工，伞钻钻孔进行爆破作业。根据围岩条件，采用一炮一喷支护方式，实施循环作业。

钻爆设备及材料：采用 SYZ8-12 型伞钻凿岩，B25×159mm 中空六角合金钢钎，配 φ55mm "十" 字形合金钻头；岩石乳化炸药，导爆管和毫秒延期非电雷管，脚线长度 6m。采用光面、光底、弱震、弱冲深孔爆破技术。

4.3 出渣

基岩段采用中心回转抓岩机装渣至吊桶，并采用人工清底。吊桶提升后翻渣至卸料平台，再通过自卸车转运至渣场。

4.4 初期支护施工

4.4.1 钢支撑安装

（1）钢支撑制作。钢支撑统一在综合加工厂制作，制作严格按经技术负责人审核的下料单进行加工，加工后采用自卸车运输到现场。

加工时，在加工厂按实际断面制作模具，每加工好一个单元，均与模具进行对照。每加工 15 榀需进行一次试拼装，如不满足要求要及时调整各项控制参数。

（2）测量放样。放样时，第一节安装节至少放出 3 个点，即两端及中间点。后安装的至少必须放出另一端点，并检查是否存在欠挖。所有点必须用红油漆明显标记，并标明岩面距钢支撑外侧面的距离，以便于安装控制。

（3）钢支撑安装。安装前，先根据安装位置，至少在第二节接头位置安装钢支撑加固插筋（或锚杆）。在

插筋（或锚杆）标出钢支撑外侧的安装位置。第一节钢支撑安装就位后，先采用点焊将加固筋焊接牢固。检查无误后，进行加焊并安装不少于 3 根纵向连接筋进行加固。依次安装，逐节安装至整榀安装结束，再加密安装纵向边接钢筋并将锁脚锚杆（系统锚杆）与拱架按设计要求牢固焊接，并对所有连接螺栓进行检查拧紧。

钢支撑原则上按先边墙后顶拱的顺序施工。当分层开挖时，为保证钢支撑的稳定性，上层两边角各增设两根锁脚锚杆，锚杆参数与系统锚杆相同，并采用型钢或钢板将下部垫实。当整榀安装结束后如有空隙，采用喷混凝土喷实。

钢支撑拱架之间采用挂网喷混凝土至设计厚度进行防护。

4.4.2 挂网钢筋施工

（1）网片加工。挂钢筋网均加工成网片，统一在加工厂加工成型。网片宽度根据每次安装的钢支撑榀数间距制作，长度按 2m 制作，异形块均在现场切断。综合加工厂再按设计间排距要求和加工的需要，制作定型的钢筋网片加工模具，所有网片均在模具上加工。加工的网片节点隔空均必须焊接牢固，网孔尺寸符合设计及规范要求。

（2）网片安装。钢支撑部位钢筋网网片安装时，将网片铺设于钢支撑纵向连接筋外侧，采用铅丝绑扎牢固。

所有钢筋网片搭接长度不小于 20cm，且每根据均必须绑扎或焊接。

4.4.3 砂浆锚杆施工

砂浆锚杆施工工艺流程见图 3。

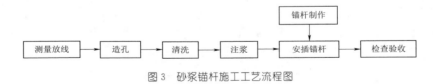

图 3 砂浆锚杆施工工艺流程图

（1）锚杆制作。锚杆根据设计长度在综合加工厂统一加工后运输至现场进行安装。其他材料由厂家或料场直接运输至工作面。

（2）测量放线。测量人员根据设计图纸，隔排、隔孔放出锚杆孔位，技术人员再根据测量人员放出的孔位，采用尺量方法加密放出所有锚杆孔孔位。所有孔位用红油漆做出明显标记。

（3）造孔。根据标示的锚杆点位，采用 YT-28 手风钻进行造孔施工。钻孔孔位偏差不大于 100mm，钻孔直径应比锚杆直径大 15mm 以上。钻孔结束后进行孔内冲洗和孔位验收并做好相关验收记录，进入注浆环节。若暂不进行下一环节施工时，孔口应进行覆盖或堵塞保护。钻孔方向原则上垂直于设计开挖面，在有断层

或大的结构面等特殊情况时，经监理工程师批准，可垂直于结构面钻孔，以利于结构体的锚固效果。

（4）注浆及插杆。锚杆注浆砂浆按照设计要求的强度、稠度配比进行拌制。浆液配比经室内试验设计后，经监理单位报批使用。锚杆均采用 "先注浆、后插杆" 的施工方法。注浆时将注浆管插入至孔底再拔出约 5cm 后开始注浆，注浆时人工轻轻推注浆管，由注浆压力将注浆管推出管外，不得人为抽出，注浆至距孔口约 20cm 停止。具体长度根据实际施工过程中总结得出，在保证注浆饱满的条件下，尽量减少砂浆的溢出，达到成本控制和文明施工的要求。孔内注浆结束后立即进行锚杆安插。锚杆由人工直接安插，缓慢插入，插入困难时，采用风钻辅助插入，不得旋转，不得采用反铲等设

备辅助插入。安插后在孔口用水泥纸堵塞防止浆液倒流，然后打入木楔子固定锚杆。

4.4.4 中空注浆锚杆

中空注浆锚杆施工工艺流程见图4。

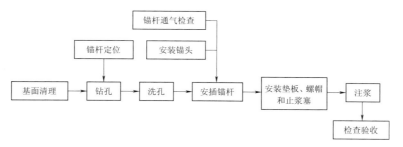

图4 中空注浆锚杆施工工艺流程图

（1）材料准备。中空注浆锚杆是成品料，根据设计参数和技术要求直接从市场采购合格成品锚杆和配套钻头，使用前经检测合格。在施工现场使用前，对锚杆、钻头孔眼进行检查，钻孔是否畅通。

（2）测量放线。同砂浆锚杆施工。

（3）钻孔和洗孔。同砂浆锚杆施工。

（4）安装锚杆、垫板和螺母。钻孔和清孔完成后，将中空锚杆插入孔内，并检查锚杆是否居中，安插是否到位。检查完成后安装止浆塞、垫板和螺母。

（5）注浆。中空锚杆注浆砂浆按照设计要求的砂浆强度、稠度配比进行拌制，必要时可掺入速凝剂。其配比经室内试验设计后，经监理单位报批使用。

用快速接头连接好注浆管及注浆泵后开动注浆泵注浆，直到浆液从孔口周边溢出或压力达到设计要求压力值为止。如此循环作业完成全部锚杆施工。注浆过程中，不同锚杆注浆前及时清理快速接头，以保证注浆连续进行。

中空注浆锚杆孔位向下倾斜时，采用锚孔底出浆、锚孔口排气的排气注浆工艺；中空注浆锚杆孔位向上倾斜且仰角大于30°时，采用锚孔口进浆、锚孔底排气的排气注浆工艺，注浆完成后，立即安装堵头。

注浆工艺须经注浆密实性模拟试验，密实度检验合格后方能在工程中实施。

4.4.5 预应力中空注浆锚杆

预应力中空注浆锚杆施工工艺流程见图5。

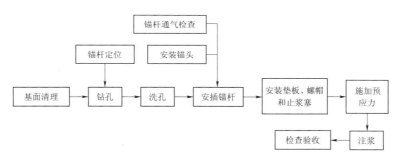

图5 预应力中空注浆锚杆施工工艺流程图

（1）材料准备。预应力中空注浆锚杆是成品料，根据设计参数和技术要求直接从市场采购合格成品锚杆和配套钻头，使用前经检测合格。在施工现场使用前，对锚杆、钻头孔眼进行检查，钻孔是否畅通。

（2）测量放线。同砂浆锚杆施工。

（3）钻孔和洗孔。同砂浆锚杆施工。

（4）安装锚杆、垫板和螺母。钻孔和清孔完成后，将中空锚杆插入孔内，并检查锚杆是否居中，安插是否到位。检查完成后安装止浆塞、垫板和螺母。特殊情况如注浆压力大或围岩太破碎，也可用锚固剂封孔。

（5）施加预应力。根据设计要求初始预应力值，使用扭力扳手施加预应力。扭力扳手使用前将扭力扳手设

定到相应的扭力值，由三臂台车配合，人工辅助，共同施加预应力。当锚杆达到预定应力，扭力扳手达到预设扭矩值时，扭力扳手会发出"咔哒"的响声。

（6）注浆。同中空注浆锚杆施工。

4.4.6 自进式管棚施工

自进式管棚施工工艺流程见图6。

（1）钻孔。采用MC6多功能钻机配右旋球形合金钻头（T115）钻孔，钻进1.5m自进式管棚（φ76mm×9.5mm，单节长1.5m）；接 L 为20cm、厚度10mm高传能连接套（T76N），直至设计深度（9m）。施工中，应根据设计要求确定孔位并做出标记，开孔允许偏差为40mm。钻孔时应严格控制钻杆方向及角度，钻进过程

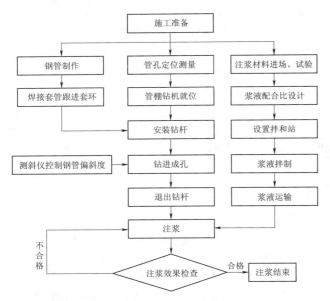

图 6 自进式管棚施工工艺流程图

中采用测斜仪器及时检查及纠偏。管棚孔的深度应满足设计要求。钻孔完成后，洗吹干净孔内的岩粉和积水，并对孔口进行临时保护。

（2）灌浆。采用水灰比为 1:1～0.5:1 水泥净浆灌浆，采用间隔跳孔灌浆方，灌浆压力为 0.5～2.0MPa。每孔的灌浆量达到设计灌浆量或灌浆压力达到 2.0MPa 时，继续保持 10min 以上后可以结束灌浆。

4.4.7 喷射混凝土

喷射混凝土施工工艺流程见图 7。

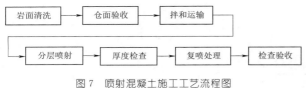

图 7 喷射混凝土施工工艺流程图

（1）现场工艺试验。为验证室内配合比试验成果，选择最合理的配合比设计，需进行现场喷混凝土施工工艺试验。

现场工艺试验时，通过室内试验选择 2～3 组配合比用于生产性试验。在洞口段对每种配合比进行 5m 长段挂网喷混凝土试验。根据抗压强度、抗拉强度、抗渗强度、与岩面黏结强度、回弹量、施工工艺参数等技术指标，调整或确定最优配合比，报送监理单位审批使用。

（2）准备工作。埋设好喷射混凝土厚度控制标志，喷前要检查所有机械设备和管线，确保施工正常。

钢支撑喷混凝土厚度以钢支撑内表面作为控制标志。Ⅱ类、Ⅲ类围岩厚度控制标志采用电钻钻孔的埋设钢筋头作为控制标志，安装间距不大于 3m。

对渗水较大部位，采用钻孔埋管的方式集中引水，

将水引出岩面，必要时安装预埋排水盲沟将水引至底板，以保证喷混凝土质量。

（3）清洗岩面。清除开挖轮廓面的石渣和堆积物。Ⅳ类、Ⅴ类围岩等遇水易潮解的泥化岩层，采用高压风清扫岩面。

（4）拌和及运输。喷混凝土料由混凝土拌和系统统一拌制，拌和配料严格按监理批复的配合比执行，井外采用 8.0m³ 混凝土搅拌运输车运输，井内转 3.0m³ 料斗运输。

拌和用水泥选用符合国家标准的普通硅酸盐水泥。拌和用细骨料应采用坚硬耐久的粗、中砂，细度模数宜大于 2.5，含水率控制在 5%～7%；粗骨料采用坚硬耐久的卵石或碎石，粒径不超过 15mm。拌和用水应符合规范及设计文件规定。外加剂方面，速凝剂的质量应符合施工图纸要求并有生产厂家的质量证明书，初凝时间不得大于 5min，终凝时间不得大于 10min，选用外加剂须经监理批准。

（5）喷射混凝土。喷射混凝土作业分区分段依次进行，区段间的接合部和结构的接缝处做妥善处理，不得漏喷。

喷射顺序为自下而上，一次喷射厚度按 3～5cm 控制。分层喷射时，后一层在前一层混凝土终凝后进行。若终凝 1h 后再进行喷射，先需用风水清洗喷层面。喷射作业紧跟开挖工作面，混凝土终凝至下一循环放炮时间不少于 3h。

为了减少回弹量，提高喷射质量，喷头应保持良好的工作状态。调整好风压，保持喷头与受喷面垂直，喷距控制在 0.6～1.2m，采取正确的螺旋形轨迹喷射施工工艺。刚喷射完的部分要进行喷厚检查（通过埋设点）。不满足厚度要求的，及时进行复喷处理。喷混凝土后预埋厚度标志点不得有钢筋头外露，挂网处无明显网条。

（6）养护。喷射混凝土终凝 2h 后，应喷水养护。养护时间一般不得少于 14d，气温低于 5℃时，不得喷水养护。

5 初期支护技术实施效果

香炉山隧洞竖井马头门计划 2 个月施工完成，施工效率约 12m/月。上下游第一层开挖支护后围岩较稳定，基本无变形，实施效果较好。

6 结语

香炉山隧洞竖井马头门目前已完成上下游第一层开挖支护，按照机械化作业施工，开挖轮廓面成型效果较好，初期支护后围岩较稳定，说明采用的施工技术情况较好。

参考文献

［1］ 陈振国．复杂地层小段高井筒地面预注浆技术研究［J］．建井技术，2021，42（6）：49-52.

［2］ 刘林林，徐辉东．新型竖井全液压凿井伞钻的研究［J］．煤矿机械，2017（7）：80-82.

［3］ 杨建江．大型抓岩机在立井施工中的作用优化［J］．机械管理开发，2017（3）：53-54，67.

［4］ 冯若谦，周文杰，张书荃．中国白银山隧道施工技术［J］．宁夏工程技术，2003（2）：181-183.

［5］ 胡超．大断面不良地质水工隧洞开挖超前支护技术应用［J］．四川水利，2023，44（S1）：43-45.

［6］ 中华人民共和国水利部．水利水电工程锚喷支护技术规范：SL 377—2007［S］．北京：中国水利水电出版社，2017.

向家坝灌区一期一步工程充水管线顶管穿越 G85 银昆高速公路关键技术研究

徐全基　杨婷婷　唐玉茹/中国水利水电第十四工程局有限公司

【摘　要】 向家坝灌区一期一步工程的观音坝水库充水管线顶管需穿越银昆高速公路。顶管穿越工程属于地下暗挖工程、水下作业工程，施工难度大、安全风险高，因此，制定和设计合理的穿越方案并分析优化尤为重要。本文对充水管线顶管穿越银昆高速公路关键技术进行了介绍，并提出科学、合理、可行的安全对策措施及建议，从而保障银昆高速公路的安全运营。

【关键词】 向家坝灌区　顶管　银昆高速公路

1 引言

当前我国处于基础建设高峰时期，尤其高速铁路网、水网、公路网发展迅速。在建设施工过程中，难免有隧洞、水渠、给水管道、电缆线路等需要穿越高速公路。向家坝灌区北总干渠一期一步工程观音坝水库充水管线顶管段下穿 G85 银昆高速公路，穿过部位的路基下方为粉质黏土层，穿越位置在高速公路里程桩号为 K1444＋052，经纬度为东经 104.780566°、北纬 29.219491°，与高速公路交角为 76.64°，顶管顶部距高速公路的深度为 15.08m。为最大程度地减少对高速公路的影响，施工前按《顶管施工技术及验收规范（试行）》进行顶力、后背力等计算，制定专项施工方案，并组织专家进行评审。建设单位按照当地省市交通管理规定，办理穿越高速公路交通行政许可，加强施工监督管理，杜绝发生施工、交通安全事故，减少对高速公路结构的影响，并确保交通安全，为公众出行、公共安全提供保障。

2 设计概况

充库管线穿越银昆高速公路设计方案重点考虑顶管机长度、交叉角度、变形监测等因素，按照招投标文件和设计规范的要求，设计方案符合以下原则：

（1）工作井、接收井为临时结构，顶管施工、管道铺设完毕后应回填。

（2）工作井、接收井尺寸按顶管长度不大于 4m、顶管管节长度 4m 进行设计。

（3）顶管施工允许最大顶力 5000kN。

（4）顶管总长度 170m，顶管施工完成后，顶管应露出工作井、接收井内壁各 0.5m。

（5）工作井、接收井周围设置围栏、警示牌等安全设施，严禁与施工无关人员进入作业区。

（6）顶管施工时应对工作井进行变形及位移监测，如出现异常应及时报监理和设计人员进行处理。

（7）工作井、接收井井壁在顶管施工完成后应部分拆除，并拆除至原地面下 1m。

3 顶管穿越关键技术

按地质勘察报告，管线穿越区为低丘及丘间槽地地貌，低丘周缘为缓坡，线路穿越区无崩塌、滑坡不良地质现象。顶管段穿越地层为坡表部位粉质黏土层，地质岩层为中厚层状长石砂岩、粉砂岩及泥岩。通过对顶管施工系统受力分析计算，设计制定符合现场的施工工艺方案。

3.1 顶管工艺流程设计

顶管工艺流程：工作井施工→接收井施工→导轨安装→顶管设备安装→管节下放、接管→管前开挖（安全监测）→测量控制及纠偏→管节顶进→泥浆减阻→下一循环顶进→穿接收井墙→顶进设备拆除→结束。

3.2 顶力受力计算、分析

为保证观音坝充库渠充水管线安全穿越银昆高速公路，准确选择设备，减少对高速公路的影响，应计算、分析顶管穿越段顶力和后背力等。

（1）穿越段顶力计算。顶力理论计算公式为

$$F=F_迎+F_阻$$

其中

$$F_迎=P\times\pi\times\frac{D^2}{4}$$

$$P=K_0\times\gamma\times h_0$$

$$F_阻=\pi\times d\times f\times L$$

式中：F 为总顶力；$F_迎$ 为迎面阻力；$F_阻$ 为顶进阻力；D 为顶管外径，取 1.02m；P 为土压力；K_0 为静止土压力系数，取 0.55；h_0 为地面至顶管中心厚度，取 15m；γ 为土容量，取 2t/m³；f 为管摩擦力，取 0.8t/m²；L 为顶距，取 170m。

计算式：$P=K_0\times\gamma\times h_0=0.55\times2\times15=16.5(t/m^2)$

$$F_迎=P\times\pi\times\frac{D^2}{4}=16.5\times3.14\times\frac{1.02^2}{4}=13.476(t)$$

$$F_阻=\pi\times d\times f\times L=3.14\times1.02\times0.8\times170=435.581(t)$$

$$F=F_迎+F_阻=13.476+435.581=449.057(t)$$

通过计算、分析得出总顶力 $F\approx450t$，设计顶管施工允许最大顶力为 500t，选用 3 台 200t 级液压千斤顶满足顶管施工，即顶力满足要求。

（2）后背力计算。为了保证顶进质量，施工前对后背的强度和刚度计算。后背在顶力作用下产生压缩，压缩方向与顶力作用方向一致。顶管采用 K9 级 D1000 球墨铸铁管，后背墙为（4.0m×4.3m×0.8m）钢筋混凝土结构，内部设置 $\phi25$ 双层双向钢筋。经过分析计算验证后背墙是否满足推进要求。

计算式：
$$F_后=aB\left(\frac{\gamma H^2 K_P}{2}\right)+2cH\sqrt{K_P}+\gamma hHK_P$$
$$=2\times4\left(\frac{2\times4.3^2 2.46}{2}\right)+2\times10\times$$
$$4.3\sqrt{2.46}+2\times2\times4.3\times2.46$$
$$=541.04(t)$$

式中：$F_后$ 为总后背力；a 为系数，取 2.0；B 为后背墙宽度，取 4.0m；γ 为土容量，取 2t/m³；H 为后背墙高度，取 4.3m；K_P 为被动土压系数，取 2.46；c 为土黏聚力，取 10kPa；h 为地面至后背墙顶的高度，取 2.0m。

通过后背墙受力计算分析，顶管后背墙护套能承受的顶力为 541.04t，大于设计最大顶力 500t 和实际顶力 450t，完全满足要求，方案可行。

3.3 机械设备选型确定

充库管线穿越银昆高速公路顶管机械设备主要有导轨、千斤顶、顶管井提升设备。顶管机械设备选型及技术特性见表 1。

表 1   顶管机械设备选型及技术特性表

项目或设备名称	规格及型号	数量	技术要求
导轨	38 号钢轨	20m	安装偏差：轴线位置不大于 2.5mm，顶面高程 0～+2.5mm，轨内距不大于 ±3mm
顶进千斤顶	200t	3 台	使用前，必须进行检测、校正，合格后方可使用，与管道中心对直；最大顶力 5000kN
纠偏千斤顶	50t	2 台	
顶管作业井开挖出土、顶管出土	2.5t 单梁门式起重机	1 台	应具有出厂合格证和检验合格证明
顶管安装设备	25t 汽车吊	1 台	应有检验合格证明、司机操作证，信号工等持证上岗

4 沉降、位移监测方案

4.1 高速公路监测监控

高速公路监测监控内容如下：

（1）监测项目：沉降、位移、坑底隆起。

（2）监测点埋设：在公路两侧硬路肩或排水沟各布置 1 个断面的地表沉降观测断面，每个断面 6 个测点。顶管轴线上方 1 个测点，两边各 2 个测点，测点间距 5m。

（3）监测方法：利用全站仪定量监测，并辅以巡视检查。

（4）监测频率：当施工临近边坡时，定量监测 3 次/d，巡视检查 3 次/d。

（5）报警值或特征值：沉降 ±5mm/d，累计值 ±15mm。

4.2 基坑（井）监测监控

基坑（井）监测监控内容如下：

（1）监测项目：位移、裂缝。

（2）监测点埋设：在工作井四个角设置位移监测点。

（3）监测方法：利用全站仪定量监测，并辅以巡视检查。

（4）监测频率：定量监测 2 次/d，巡视检查 2 次/d。

（5）报警值或特征值：位移 ±5mm/d，累计值 ±15mm。

监测监控计划内容见表 2。

表2　监测监控计划内容

监测对象	监测项目	工况	监测方法和频率	报警值或特征
路面及边坡	沉降	开挖	定量：3次/d； 巡视：3次/d	预警值：±5mm/d； 累计值：±15mm
基坑（井）	位移	开挖	定量：2次/d； 巡视：2次/d	预警值：±5mm/d； 累计值：±15mm

4.3　监测数据整理分析

监测数据整理分析如下：

（1）各周期的观测点测量结束后，应及时对观测点平面、高程、裂缝变化量进行计算。以各观测点的零周期（首次）为初始值，以后观测点各周期的成果值相对于初始值之差即为观测点各周期的变化量的大小。

（2）在每次观测后，以观测点相邻两周期观测值之差与最大测量误差（取中误差的两倍）进行比较。如观测值之差小于最大误差，则可认为观测点在这一周期内没有变动或变动不显著。同时，也应作综合分析。虽然相邻两周期观测值之差很小，但是利用回归方程发现有异常观测值或呈现一定趋势时，应视为有位移变化。另外，还要结合地质、气象等方面的资料进行全面分析。以长期观测数据为依据，通过分析变形量与影响其变化的诸因素之间的相关性，建立相适应的数学模型，采用逐步回归分析，在回归方程中逐个引入显著因子，剔除不显著因子，以获得观测点沉降量最佳回归方程。

（3）监控量测是为了安全施工，故必须及时准确地反馈监测信息。监测信息管理流程见图1。

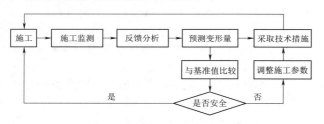

图1　监测信息管理流程图

5　防渗处理措施

根据《四川省高速公路及大公路涉路工程技术指南》要求，经过现场各方分析渗水的原因，提出下穿高速公路红线两侧不大于20m范围内的防渗处理措施如下：

（1）尽量减少挖方量，将路线的最低点尽量设置于渗水路段之外。一方面减少了工程量，降低了造价；另一方面减少了地下水对路面的危害程度。

（2）在路堑边坡处凿眼，设置泄水孔，以加快地下水的排出，减少对路基的伤害。同时，加快疏通两侧排水边沟的淤积物，确保两侧边沟排水通畅。

（3）为进一步加快地下水的排除，路堑两侧边沟底部设置40cm×35cm级配碎石盲沟。盲沟两侧包裹透水土工布，盲沟底部设置中10cm软式透水管。同时，在碎石垫层下方设置40cm×40cm横向级配碎石盲沟。积水严重路段设置100cm×60cm级配碎石盲沟，沿线每隔20m设置一条。盲沟与路基中线呈45°夹角放置，其纵坡不得小于2%。盲沟内设置10cm软式透水管，盲沟紧邻涵洞可以直接接入涵洞入口。若盲沟远离涵洞，如果路线纵坡较大，可减小盲沟纵坡，在盲沟出口处形成一定的高差，使渗水直接排于下游水沟中。

（4）地下水严重时，拟采用高压压浆技术对岩石地层及水泥稳定碎石层存在的孔隙灌注防渗水泥浆，以阻止地下水对路面的侵蚀。

（5）对路面中央分隔带绿化带的渗水问题，采用纵横向综合排水措施。纵向排水在中央分隔带中间设置碎石盲沟带，横向排水则采用导向钻孔技术，在地基与水稳层之间设置暗埋水管进行排水，及时排除中央分隔带内的地下水。

（6）路堑边坡外侧设置截水沟，截住路堑外侧的汇水，有效地阻止或者减缓地下水对路面的侵害，保证路面的正常使用。

6　安全措施与应急处置措施

经现场实际勘察识别，存在风险点的情况为：由于开挖影响或冒顶片帮导致路面沉降、塌陷等；存在风险次要点的情况为：下穿高速公路施工期间发生交通事故、触电、高处坠落、爆炸等。

6.1　安全措施

采取的安全措施如下：

（1）与高速公路产权人及政府相关职能部门建立良好的沟通、协调和联络机制，安排专门的联系部门和人员，及时报送相关资料和信息，各主要负责人保证24h通信畅通。必要时与高速公路产权人及政府相关职能部门进行应急预案联合演练。

（2）顶管施工期间，应与主管交通的部门联系，对顶管施工部位前后200m范围内高速公路路段限速60km/h。同时，应加强高速公路两侧边坡的变形观测，顶管施工过程中产生的变形控制在高速公路及其边坡允许值范围内。如变形过大，应立即停止施工并分析原因，及时采取措施进行防护处理。施工时，至少配置1名专职安全员监督和指导作业。

（3）在施工区设置减速设施及各类安全提示、警示、警告及禁止等标识牌。积极配合高速公路产权人或政府相关职能部门进行交通管制。

6.2 应急处置措施

应急处置措施如下。

（1）对于路面沉降：在公路两侧硬路肩（或排水沟）及中间隔离带各布置一个断面的地表沉降观测断面，每个断面 6 个测点，测点间距 10m。在穿越段隧洞内加设 9 个收敛及沉降监测断面进行围岩变形监控。收敛监测每个断面为 5 个测点，隧洞拱顶沉降监测每个断面为 6 个测点。每天观测 3 次，沉降预警控制值为 ±5mm，累计沉降控制值为 ±15mm。沉降超出累计值时必须立即停止作业，并邀请相关专家确定处理方案，确保路面的安全。

（2）对于路面塌陷：与当地高速管理公司协商确定临时应急道路路线。建议在发生路面塌陷的情况下，由未塌陷一侧道路作为应急通行路线，组织交通分流，确保在封闭塌陷路段的情况下保证应急通行路线的畅通。

（3）对于交通事故：交通事故发生后，施工现场立即停止施工。在情况尚不明确的情况下，事故所属单位必须尽快将发生交通事故的时间、地点、简要情况、伤亡人数、初估直接经济损失及采取的应急措施等情况，报告给领导小组和事故区域的有关上级部门，并组织有关人员奔赴现场，各负其责，立即设置交通标志牌，疏导车辆，保护现场。

（4）对于触电事故：立即切断电源，如触电人员已停止呼吸或心跳，立即对其实施心肺复苏，直至触电人员苏醒。及时与应急领导小组和外部联系，把触电人员送到就近医院抢救治疗。

（5）对于高处坠落事故：救援人员首先根据伤者受伤情况立即组织抢救，促使伤者快速脱离危险环境，送往医院救治，并保护现场。观察事故现场周围有无其他危险源存在，在抢救伤员的同时迅速向上级报告事故现场情况。

（6）对于爆炸事故：险情发生后，现场人员立即撤离至安全区，立即向上级报告事故现场情况，设置警戒区域，防止人员进入，同时等待救援人员到达。各应急救援工作组在指挥长统一指挥下，根据职责与分工，按照现场应急救援方案全面开展应急救援工作。

（7）应急救援、撤离路线。需要撤离时，以事故现场为界，分别向富顺县板桥镇方向和自贡市方向沿高速公路撤离。高速公路救援路线：事故地点宜宾市方向相应政府各级部门所在地→G85 银昆高速（内宜高速）宜宾市方向→事故现场；事故地点自贡市富顺县相应政府各级部门所在地→富顺县福善镇→施工事故现场。

7 结语

向家坝灌区一期一步工程建设速度快，标准要求高，高速公路管理部门对顶管施工质量和安全技术评价高度重视，加上顶管穿越高速公路的安全风险较高，施工单位完成专项施工方案后要组织专家评审，应由专业资质单位对涉路工程方案在实施前进行安全评价，有效预防安全事故。采用此顶管穿越关键技术可以使高速公路的后期维修费用减少至最低，甚至不产生这部分费用，从而间接节约了施工成本，社会效益、经济效益显著，为今后此类工程施工设计提供了经验。

参考文献

[1] 高洁. 城镇污水处理管道顶管施工及质量控制研究 [J]. 工程建设与设计，2024（5）：226-228.

[2] 薛辉. 软土地区多幅高速公路下穿对高速铁路桥梁的影响研究 [J]. 国防交通工程与技术，2024，22（3）：43-46，86.

[3] 梁炳坤. 专项施工方案编制与实施存在的问题及对策分析 [J]. 工程技术研究，2022，7（17）：179-181.

[4] 冯元生，张豹，田卿燕，等. GNSS 定位技术在营运高速公路边坡变形监测中的应用 [J]. 广州建筑，2024，52（1）：101-104.

[5] 贺祝福. 道路桥梁沉降段路基路面施工技术的研究 [J]. 城市建设理论研究（电子版），2024（7）：115-117.

[6] 丁新月，徐晟. 基于加权网络的建筑施工高处坠落事故致因分析 [J]. 土木工程与管理学报，2024，41（2）：115-122.

[7] 王维嘉，胡鸿翔，杨聪，等. 山区高速公路隧道式避险车道安全评价研究 [J]. 国防交通工程与技术，2024，22（2）：41-45，70.

滇中引水工程输水隧洞施工期废水处理施工技术

郭召东　王　星　赵太东/中国水利水电第十四工程局有限公司

【摘　要】　本文以滇中引水工程蔡家村隧洞、松林隧洞施工期产生的废水处理工程为研究对象，针对隧洞施工废水污染物的构成、水质特性及周边水环境现状，提出以"平流式混凝＋泥水分离＋沉淀＋调节 pH 值"为核心的处理工艺，有效地解决了隧洞施工废水 pH 值、悬浮物超标问题，废水处理达标，满足排放要求，并为整个输水隧洞工程施工期废水处理提供了参考。

【关键词】　输水隧洞　废水处理　施工技术

1　引言

当前，随着我国经济社会的快速发展，人们的环保意识逐步增强，对水利工程隧洞施工期产生的废水排放问题越来越关注，国家对排放水进行了严格控制，明确了排放水的控制指标，管控力度日益加大。现阶段，我国水利工程规模大幅扩大，水利隧洞施工中，往往会产生大量的施工废水，一旦排入附近的河流，将会严重污染水源，破坏水环境。因此，如何做好水利工程施工废水的处理具有十分重要的意义。

2　工程概况

滇中引水工程是国务院确定的 172 项节水供水重大水利工程中的标志性工程，也是中国西南地区规模最大、投资最多的水资源配置工程，是我国在建最大引水工程，工程解决云南省社会经济发展的核心区严重缺水问题，项目的实施将有效缓解滇中缺水的困境，促进云南经济社会可持续发展。

滇中引水昆明段施工 I 标工程起点桩号为蔡家村隧洞（KM07＋020），终点桩号为松林隧洞（KM28＋286.810），总干渠全长 21.267km。

滇中引水工程规模大、废水量大且施工期长达 5 年以上（工程工期约 82 个月），周边河流水系发达，沿线生态环境相对脆弱，水环境敏感。蔡家村 4 号、5 号施工支洞隧洞排水涉及饮用水源拖担水库、兴贡水库及汇水区上游区域，临近 II 类水体，松林隧洞涉及饮用泉水

眼，靠近螳螂川河流，临近 IV 类水体，施工地点位于生态敏感区。

隧洞开挖后需要进行支护作业，稳定围岩，遇到开挖山体涌水、渗水现象严重时，还需进行注浆堵水作业。施工过程会产生大量施工废水，如果未经任何措施或采取处理措施不合理，施工废水一旦排入附近的河流，将会严重污染水源，破坏水环境。因此如何妥善地处理污水，寻找高效低成本的污水处理方案，是一个亟须解决的关键技术问题。

3　施工废水主要来源和特征分析

3.1　施工废水主要来源

隧洞采用钻爆法施工，结合隧洞工程所在的施工环境及施工工艺，此类施工废水来源见表 1，主要有以下几种。

（1）隧洞施工在穿越山体过程中通常会遇到断层、溶岩等不良地质段产生的涌水。

（2）钻机等机械设备产生的施工废水。

（3）爆破降尘废水。

（4）喷混凝土、衬砌、注浆加固产生的废水、废浆。

3.2　施工废水水质特征分析

为准确了解松林隧洞、蔡家村隧洞施工废水中的主要污染物情况，由云南省核工业二〇九地质大队（简称第三方）对施工的松林隧洞、蔡家村隧洞各工作面排水点水质进行主要水质指标检测，采样地点设置于废水排

表1　隧洞施工废水来源

性质	废水来源	水量	污染物情况
施工环境产生	涌水	变化大，每日几百立方米至数千立方米	一般水质良好，无人为污染源
施工过程人为产生	施工机械废水	水量较小且稳定	各种油类污染
	爆破降尘废水	水量较大	颗粒物，悬浮物炸药残留物
	喷混凝土、衬砌、注浆作业废水	水量较小	pH值异常，呈碱性

放口。通过多次连续采样检测、水质检测分析，隧洞施工废水主要水质指标见表2，具有主要污染物的典型水体特征如下：

（1）隧洞施工废水 pH 值为 9～12，均呈碱性，施工废水中 pH 值呈碱性的主要原因为喷混凝土、衬砌混凝土、注浆浆液等原材料中水泥水解产生氢氧化钙、硅酸二钙、硅酸三钙等均呈碱性，这些物质溶解在水中造成 pH 值呈碱性。

（2）隧洞施工废水中悬浮物（SS）含量高，一般为 150～300mg/L，悬浮物主要来自打钻施工中产生的岩粉、爆破施工中产生的粉尘、装运过程中产生的粉尘、沉淀的泥浆，这些物质溶于水中造成悬浮物（SS）浓度过高，降低受纳水体的透明度。

（3）隧洞施工废水 COD 值一般为 30～100mg/L，表明有机污染物含量低，基本满足《污水综合排放标准》（GB 8978—1996）中一级标准 100mg/L 的要求。

（4）废水中氮、磷等营养盐含量普遍较低，外排基本不会导致受纳水体富营养化。

表2　隧洞施工废水主要水质指标

项目	pH 值	SS 浓度/(mg/L)	COD 含量/(mg/L)	石油类指标含量/(mg/L)	氨氮含量/(mg/L)
检测值	9～12	150～300	30～100	5～8	0.1～1

4　隧洞施工废水限制排放标准及水质指标要求

4.1　设计标准

根据《云南省滇中引水工程隧洞排水处理池施工图》（图号：DZYS-KM-GCBF-SG-001）中相关要求，根据隧洞进出口及各施工支洞洞口所处区域水体水环境功能，Ⅱ类水体径流区位禁排区域，在Ⅲ类水体径流区，污水处理目标为《污水综合排放标准》（GB 8978—1996）一级标准。

4.2　规范标准

根据《污水综合排放标准》（GB 8978—1996）："排入《地表水环境质量标准》（GB 3838—2002）Ⅲ类水域

的污水，执行一级标准"，主要污染物限制见表3，"GB 3838—2002中Ⅰ类、Ⅱ类水域，禁止新建排污口"，Ⅱ类水体标准值见表4。

表3　《污水综合排放标准》（GB 9878—1996）一级标准主要污染物限制

项目	pH 值	SS 浓度/(mg/L)	COD 含量/(mg/L)	石油类指标含量/(mg/L)	氨氮含量/(mg/L)
检测值	6～9	≤70	≤100	≤10	≤15

表4　《地表水环境质量标准》（GB 3838—2002）Ⅱ类水体标准值

项目	pH 值	溶解氧含量/(mg/L)	COD 含量/(mg/L)	石油类指标含量/(mg/L)	氨氮含量/(mg/L)
检测值	6～9	≥6	≤15	≤0.05	≤0.5

5　隧洞施工废水处理工艺及关键技术

5.1　施工废水处理方法选择

根据隧洞施工废水污染物的构成、水质特性、周边水环境现状及排放要求，施工废水通过传统的"平流式混凝+沉淀"处理工艺，虽可以达到排放标准，但由于比较接近标准上限，水质波动较大，极其容易造成出水不合格或合格率低的现象，无法满足该工程对排放水体的水质要求。经综合分析，从实用性、可靠性、经济性等方面进行比较，并考虑现场的使用条件、水质特点等因素，通过摸索、实践采用"平流式混凝+泥水分离+沉淀+调节 pH 值"为核心的处理工艺。

5.2　施工废水处理流程

运用"平流式混凝+泥水分离+沉淀+调节污水 pH 值"关键技术，先通过预沉池沉淀除去大颗粒悬浮物，然后采用车载式压滤机使施工废水中的污泥与液体分离，再通过加入药物进行混凝反应，最后运用二氧化碳调节碱性污水的 pH 值，污水处理达标后通过排水管外排。施工废水处理施工工艺流程见图1。

5.3　废水处理采用的关键技术

5.3.1　预沉淀

（1）根据现场的场地情况，在隧洞洞口附近设置废水处理池，设计处理规模 900m³/h，废水处理池包括预沉池、混凝反应池、沉淀池、集水池、加药间等。

（2）隧洞施工期产生的废水经洞内提升泵进入预沉池，预沉池为钢筋混凝土结构，分2格运行，隔墙上设置有溢流堰，高悬浮物在预沉池中自然沉淀，有效停留时间为 1.0～1.5h，大颗粒悬浮物将得到一定的去除。

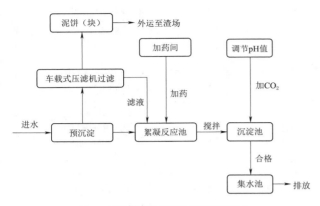

图1 施工废水处理施工工艺流程图

5.3.2 车载式压滤机过滤施工

废水经预沉淀池以除去大颗粒悬浮物后，通过车载式压滤机实现废水中污泥和泥水分离，车载式压滤机由五大部分组成：机架部分、过滤部分、拉板部分、液压部分和电气控制部分。其中过滤部分是按一定次序排列在主梁上的滤板和加在滤板之间的滤布组成的，滤板和滤布相间排列形成若干个独立的过滤单元。过滤开始时，料液在进料泵的推动下经止推板上的进料口进入各滤室内，并借进料泵产生的压力进行过滤。由于滤布的作用，使固体留在滤室内形成滤饼，滤液由出液阀排出，车载式压滤机工作流程见图2。

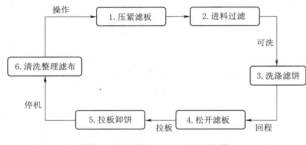

图2 车载式压滤机工作流程图

（1）压紧滤板。按下"压紧"按钮，活塞杆前移，压紧滤板，达到标定上限压力25MPa，电机自动关停，压滤机自动进入保压状态。

（2）进料过滤。进入保压状态后，检查各管路阀门开闭状况，确认无误后启动进料泵，慢慢开启进料阀，料浆即通过止推板上的进料孔进入各滤室，在规定压力下实现加压过滤，形成滤饼。

（3）洗涤滤饼。过滤完毕，洗涤水由洗涤孔通入各滤室内，渗过滤饼层，对滤饼进行洗涤，通过洗涤可进一步回收滤饼中的有效成分，或除去其中有害成分。

（4）松开滤板。先按下"停止"按钮，结束保压状态，按下"回程"按钮，滤板松开，活塞回退到位后，压紧板触及行程开关而自动停止，回程结束。

（5）拉板卸饼。回程结束后，按下"拉板"按钮，

拉板系统开始工作，将滤板逐一拉开，同时滤饼靠自重卸掉，拉板时，可以暂停，由推拉杆控制拉板过程的停、推以保证卸料的顺利进行，当拉板全部完成后，机械手会自动回退到油缸一端并停机。

（6）清洗整理滤布。拉板卸料以后，残留在滤布上的滤渣须清洗干净，然后将滤布重新整理平整，开始下一工作循环。

5.3.3 絮凝反应

絮凝反应池为钢筋混凝土结构，上部安有滑道横梁，搅拌器安装在滑道横梁上，可沿滑道横梁移动，加药间为轻钢结构板房，内设溶药装置、加药泵、加药管道等。

经预沉池自然沉淀和车载式压滤机过滤后的废水基本上除去了大颗粒悬浮物，之后施工废水从预沉池溢流堰或压滤机出液阀进入絮凝反应池，在加药间的溶药装置内加入絮凝剂（PAC）、助凝剂（PAM），PAC加药量为55mg/L，PAM加药量为2.0mg/L，在加药泵的推力作用下，药物通过加药管道进入反应池中，通过搅拌器搅拌进行絮凝反应，让药物和废水充分反应，反应时间控制在0.5h。"预沉淀＋混凝反应＋沉淀"废水处理见图3。

图3 "预沉淀＋混凝反应＋沉淀"废水处理图

5.3.4 运用二氧化碳控制pH值的施工

经过絮凝反应处理后的施工废水，从絮凝反应池溢流堰进入沉淀池进行二次沉淀，有效停留时间为2.0～2.5h，沉淀池为钢筋混凝土结构，分2格运行。

考虑现场施工废水的水质特点，通过摸索、实践，设计了一种投加二氧化碳调节碱性废水pH值的方法及

装置。该装置包括储存罐、连接管、加热设备、水池、抽水泵、溶解罐、排水管，使用二氧化碳作为碱性废水pH值调节的主要技术手段，整个工作流程安全高效、成本较低、效果显著，水质达标。该装置结构设计见图4。

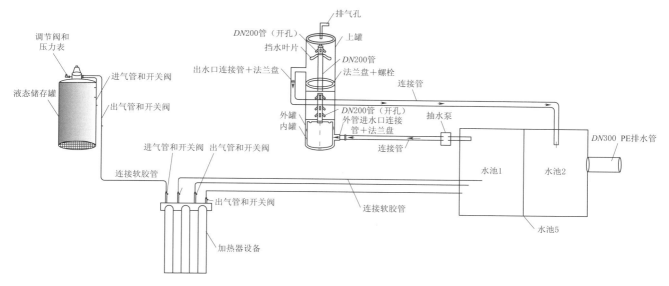

图4 一种投加二氧化碳调节碱性废水pH值装置结构设计图

该装置具体实施操作方法如下：

（1）打开液态储存罐中的出气口和开关阀，同时打开热设备中进气口和开关阀和出气口和开关阀，调整储存罐中调节阀，检查压力表，检查连接软胶管，保证正常工作。

（2）检查热设备中出气口和开关是否正常开启，将连接软管一端伸入水池1中，向水池1中注入二氧化碳。

（3）连接软胶管，开启抽水泵，将水池中已经注入二氧化碳的水由下罐侧面进水口抽至溶解罐，利用水泵的压力，使溶解罐水中的二氧化碳充分溶解，罐中水由下往上通过上罐侧面出水口将处理后的水排至水池2中。

（4）检测水池中处理后的水的pH值，当pH值小于8时，污水均可通过DN300 PE管引排至指定位置，见图5。

5.3.5 污水排放

经二氧化碳调节碱性废水pH值后，水质处理检测达标后，由溢流孔进入集水池，根据所在区域水体环境功能，通过接管引排至其他受纳水体。

5.3.6 泥饼、泥浆干化处理

废水处理过程中产生的泥饼或干化泥浆，采用人工配合机械定期清理，运至指定的弃渣场堆存，并满足渣场对渣料含水率要求，干化的泥饼或泥浆可作为将来渣场复垦用土。

6 废水处理后的效果评价

针对松林隧洞、蔡家村隧洞施工作业废水的水质特

图5 污水处理前后pH值检测对比图

点，采用"平流式混凝＋泥水分离＋沉淀＋调节污水pH值"为核心的处理工艺，通过车载式泥压滤机过滤，能有效使污水和泥浆分离，脱水效果好，出水水质清澈。采用投加二氧化碳调节碱性污水pH值异常的施工技术，因二氧化碳成本较低，利用率高，因此处理效果显著，通过以上施工技术有效解决了隧洞施工废水pH值、悬浮

物超标的问题，废水处理达标，满足排放要求。

采用以上核心工艺，对隧洞施工废水进行处理，处理结果见表5。

表5　隧洞施工废水处理结果

处理前水质		投加药剂/(mg/L)		处理后水质	
pH 值	悬浮物（SS）/(mg/L)	PAC	PAM	pH 值	悬浮物（SS）/(mg/L)
9～12	150～300	55	2.0	6.5～8.0	10～20

从以上处理结果可知，对于 pH 值 9～12、悬浮物值 150～300mg/L 的施工废水，投加 55mg/L 的 PAC、2.0mg/L 的 PAM，处理后悬浮物值为 10～20mg/L，运用二氧化碳调节 pH 值，出水水质 pH 值在 6.5～8.0 范围内，水质稳定，效果显著。

根据统计，平均每天施工废水处理约 0.9 万 m³，最大时达到 1.2 万 m³，从达标排放和循环利用两个方面对水工隧洞施工期间排水处理并检测达标后排放。该废水一方面主要用于隧洞开挖打钻施工，施工机械设备冲洗，洞内除尘、仓面冲洗、混凝土养护、喷射混凝土用水；另一方面主要用于洞外道路洒水降尘、农田灌溉、绿化喷淋系统。通过使用该废水有效地避免了水资源浪费，达到节约成本的目的。

7　结语

该废水处理施工技术已成功应用于滇中引水工程蔡家村隧洞、松林隧洞工程，运用"平流式混凝＋泥水分离＋沉淀＋调节污水 pH 值"的关键技术，达到预期效果，有效解决了隧洞施工废水 pH 值、悬浮物超标的问题，具有出水水质清澈、沉淀效果较好、污水和泥浆分离效率高、脱水效果好、水质达标等优点。通过实践表明，采用此施工关键技术，在滇中引水工程顺利实施的

同时保障了附近河流的水源及周边的水环境，也为整个输水隧洞工程施工期废水处理提供了参考，无论在推进施工外围协调、满足环保达标方面，还是在工程技术发展方面，都是一个有益的补充，值得在今后隧洞施工中进一步广泛应用和大力推广。

参考文献

[1] 祝捷. 引汉济渭工程输水隧洞施工废水处理工艺研究 [J]. 铁道工程学报，2014，(6)：109-113.

[2] 靳李平，李厚峰，金鹏康，等. 秦岭输水隧洞施工期废水水质评价及工艺研究 [J]. 环境科学与技术，2013 (S1)：155-158.

[3] 彭春林，赵斐，李世民，等. 饮用水源保护区 TBM 施工污水处理技术研究及应用 [J]. 云南水力发电，2016，32 (5)：128-130.

[4] 云南省滇中引水工程 隧洞排水处理池施工图 [R]. 中国电建集团昆明勘测设计研究院有限公司，2019.

[5] 国家环境保护总局. 污水综合排放标准：GB 8978—1996 [S]. 北京：中国标准出版社，1998.

[6] 刘伟，付海陆，耿伟，等. 天目山隧道施工废水特征分析及处理 [J]. 隧道建设，2017，37 (7)：845-850.

[7] 曹玉敏，王星，代斌. 一种隧洞排放施工废水综合处理装置：202223115947.6 [P]，2022-11-23.

[8] 曹玉敏，王星，廖键都. 一种投加 CO₂ 调节碱性污水 pH 值异常的装置：202221229963.5 [P]，2022-09-06.

[9] 郭召东，王星，魏震，等. 运用二氧化碳气体控制碱性废水 pH 值的技术 [J]. 云南水力发电，2023，39 (2)：6-9.

[10] 郑新定，丁远见. 隧道施工废水对水环境的影响分析及应对措施 [J]. 现代隧道技术，2007，44 (6)：82-84.

审稿人：张志良

双重管高压旋喷桩在基坑围护结构的应用研究

毛召应　高　华　万永正/中国水利水电第十四工程局有限公司

【摘　要】 重庆沿山货运通道成渝下穿通道基坑围护结构，采用"钢筋混凝土灌注桩＋高压旋喷桩桩间止水＋钢筋混凝土内撑支护"的形式。桩间高压旋喷止水帷幕采用双重管法施工。施工前进行试桩试验，试验通过变换气流压力、喷浆压力、钻杆提升速度等相关参数，进行试桩施工。通过试桩结果对比分析有效加固范围及固结体的28d龄期强度，得出能指导成渝高速下穿通道基坑围护结构高压旋喷桩止水帷幕大面积施工的相关参数。

【关键词】 基坑围护结构　双重管法　高压旋喷桩

1 引言

高压旋喷注浆技术始创于日本，20世纪70年代末在我国流行并得到改进。从最初的单管法高压旋喷注浆，发展到后来的双重管法和三重管法高压注浆，旋喷效果得到了极大的提升。单管法高压旋喷注浆形成的固结体直径一般在0.4~1.4m，双重管法形成的固结体直径可达1.9m，三重管法效果更佳，形成的固结体直径可达2.5m。高压旋喷的出现和发展完善了注浆技术体系。目前，高压旋喷注浆技术广泛应用于地基加固、路面沉降处理、边坡治理、隧道支护、基坑支护及防水帷幕等领域。

2 工程概况

在建项目重庆沿山货运通道主线左线、右线与A、C匝道以框架涵型式下穿成渝高速公路。主线为双向六车道，左线起终点桩号为ZK14＋074.2~ZK14＋219.2，长度145m，其中暗挖段长81m；主线右线起终点桩号为YK14＋077.6~YK14＋221.6，长度144m，其中暗挖段长90.7m；A匝道为单向两车道，起终点桩号为AK1＋192~AK1＋329，长度137m，其中暗挖段长99.2m；C匝道为单向两车道，起终点桩号为CK0＋377~CK0＋527，长度150m，其中暗挖段长101m。为减少下穿通道暗挖段长度，且为管幕施工提供施工空间，分别在主线左线、右线、A匝道、C匝道下穿通道两端洞口及成渝高速公路中分带处设置明挖基坑。基坑采用"$\phi 1.0m@1.4m$钢筋混凝土灌注桩＋$\phi 0.8m@1.4m$高压旋喷桩桩间止水＋钢筋混凝土内撑支护"的形式进行围护。桩间止水设计采用双重管法高压旋喷成桩，需成桩数量444根，共计7685.73m，基坑外侧均临近高速公路，基坑止水是控制既有高速公路沉降的重要环节，因此，高压旋喷桩的施工质量是工程成败的关键。

3 双重管法高压旋喷桩止水原理

双重管高压旋喷桩是采用一管喷射高压空气冲切土体使土颗粒从土层中剥离出来，另一管喷射压力为20~30MPa的水泥浆液冲击土体，双管共同作用使浆液与土颗粒充分混合，待浆液凝固硬化后形成具有较高强度的水泥土固结体。水泥土固结体相互搭接并连成一体，具有良好的止水效果。

4 双重管法高压旋喷桩试桩试验

4.1 试验桩孔位布置

根据施工场地的平整情况及考虑具有代表性的地层，

在成渝下穿中分带布置 4 根试验桩，桩间距 1.4m，桩长 19.49m，编号依次为 ZFD01、ZFD02、ZFD03、ZFD04。

4.2 试验材料

水泥采用 P.O42.5 的普通硅酸盐水泥，浆液搅拌用水为天然地表水。

4.3 主要试验机具

主要试验机具包括 KG430H 地质钻机、GS500－4 高台喷车、W1.6/10 空气压缩机、TY－301 二重管、灰浆泵等。

4.4 试验参数确定

根据设计文件要求，高压旋喷桩施工使用强度等级为 42.5MPa 的普通硅酸盐水泥，水灰比取 0.9～1.1，保证水泥掺量为土的天然质量的 25%～40%。通过钻取加固土体芯样测得的 28d 无侧限抗压强度不得小于 2.0MPa，渗透试验测得的渗透系数应小于 $1×10^{-7}$cm/s。注浆时浆液压力不得小于 30MPa，浆液流量 80～120L/min，气流压力不小于 0.7MPa，钻杆提升速度以 0.12～0.25m/min 为宜。在满足设计要求的前提下，试验采用水灰比为 1:1 的水泥浆。双重管法高压旋喷桩试桩试验参数详见表 1。

表 1　双重管法高压旋喷桩试桩试验参数表

试桩编号	桩长/m	气流压力/MPa	浆液压力/MPa	水灰比	提升速度/(m/min)	注浆流量/(L/min)
ZFD01	19.49	0.7	30	1:1	0.2	80
ZFD02	19.49	0.9	30	1:1	0.2	80
ZFD03	19.49	0.7	32	1:1	0.2	100
ZFD04	19.49	0.9	32	1:1	0.2	100

4.5 试验桩施工

4.5.1 施工工艺流程

双重管法高压旋喷桩施工工艺流程见图 1。

4.5.2 施工准备

平整场地后按照设计图纸采用全站仪对桩位进行准确放样，水箱、搅拌机、水泥仓、高压泵、空压机等机械设备安装调试完成后准备施工。施工前应对水泥进行原材料检查，看水泥是否失效，施工桩位是否正确，高压喷射设备性能是否达标，设备压力表、流量表等附件的精度和灵敏度是否满足要求。

4.5.3 钻机定位、引孔

旋喷施工前先进行潜孔钻引孔作业，钻杆直径 100mm。钻孔前，钻机应保持平稳水平，钻头应垂直对准孔位中心，在钻孔机械试运转正常后，开始引孔钻进。钻孔过程中安排专人记录钻杆节数，确保钻孔深度

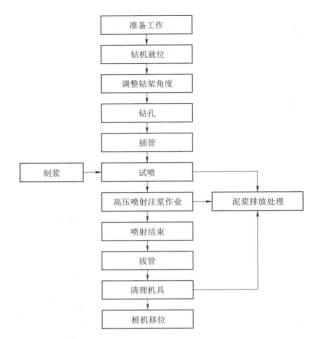

图 1　双重管法高压旋喷桩施工工艺流程图

达到设计要求。引孔施工现场见图 2。

图 2　引孔施工现场

4.5.4 制备水泥浆

开始施工后，按设定的配比制备水泥浆。将水加入搅拌桶中，然后加入水泥进行搅拌。搅拌时间不得低于 90s。每批次水泥浆搅拌完成后均经过 2 道筛网方可输入浆液桶中，待压浆旋喷时使用，保证水泥浆干净无杂质。

4.5.5 旋喷施工

（1）插管。施工时开启旋喷机后将带喷浆口的钻杆插入已钻好的引孔中，开启高压泵。先采用低压输送水，使钻杆沿高喷台车的导向架通过自身振动及水流喷射下沉至桩底设计标高。在插管过程中，为防止泥沙堵塞喷嘴，边低压射水边下管。为保证设备持续稳定运行，施工全过程观察工作电流，控制在额定值之内。

（2）提管旋喷。喷浆管下沉到设计深度后，钻杆

在保证不继续下沉的前提下保持旋转状态，然后调整注浆压力、气流压力到预定值，由下而上开始旋转喷射注浆。旋喷管提升至喷头离桩顶以下约1.0m时，放缓提升速度，直至桩顶停浆面。旋喷施工现场见图3。

图3　旋喷施工现场

4.5.6　补浆、移位、清洗旋喷机

由于浆液旋喷完成后的一段时间存在析水现象，水泥浆会有不同程度的收缩，导致固结体顶部呈现凹坑，需采用同等配比的水泥浆补灌。每根桩施工完成确保无误后，移动旋喷机至下一根桩位，依次循环施工。每批桩施工完成后，应将设备进行仔细清洗，方便后续施工。

4.6　试桩检测及数据整理

为确定本工程高压旋喷桩加固地基土的最佳水泥掺量及加固效果，根据表1试验参数，取水的密度$1g/cm^3$，水泥密度$3g/cm^3$，计算得出试桩ZFD01、ZFD02、ZFD03、ZFD04每米水泥理论用量依次为318kg、318kg、397.5kg、397.5kg。经双重管高压旋喷加固土体28d后，进行现场试桩开挖和钻孔取芯。通过开挖和钻孔取芯，确定高压旋喷影响半径，了解芯样情况等，并分上、中、下分段采取试样，进行单轴饱和无侧限抗压强度试验。

图4为试桩ZFD04芯样，相关试验结果见表2。

图4　高压旋喷桩ZFD04芯样

表2　双重管法高压旋喷桩试桩试验结果

试桩编号	芯样情况	影响半径/mm	28d无侧限抗压强度/MPa	实际水泥用量/(kg/m)
ZFD01	芯样部分呈柱状，有部分碎块、水泥含量偏低	367	1.6	325
ZFD02	芯样部分呈柱状，有部分碎块、水泥含量偏低	405	0.8	340
ZFD03	芯样完整呈柱状，芯样水泥含量较高	386	2.3	400
ZFD04	芯样完整呈柱状，芯样水泥含量适中	412	2.1	415

5　成渝高速下穿通道基坑高压旋喷桩施工

成渝高速下穿通道基坑采用双重管法高压旋喷桩施工基坑止水帷幕，选用与试桩ZFD04相同的施工参数进行大面积旋喷施工，成功地将足量水泥喷入土体，保证了加固范围。后期通过对施工完成的旋喷桩按不少于总桩数3%的数量进行抽检，相关检测结果见表3，经检测28d无侧限抗压强度、渗透系数等各项检测指标均满足设计要求，可满足通道基坑开挖工程中的围护作用及止水防渗要求。

表3　双重管法高压旋喷桩质量检测结果

抽检旋喷桩编号	芯样情况	影响半径/mm	28d无侧限抗压强度/MPa	渗透系数/(×10^{-7}cm/s)
XPZ17	芯样完整呈柱状	415	2.1	0.5
XPZ25	芯样部分呈柱状	413	2.3	0.3
XPZ33	芯样完整呈柱状	415	2.3	0.6
XPZ41	芯样完整呈柱状	417	2.1	0.5
XPZ102	芯样完整呈柱状	416	2.1	0.5
XPZ156	芯样部分呈柱状	413	2.1	0.4
XPZ193	芯样完整呈柱状	413	2.3	0.4
XPZ200	芯样完整呈柱状	412	2.3	0.3
XPZ225	芯样完整呈柱状	411	2.1	0.4
XPZ231	芯样部分呈柱状	408	2.2	0.4
XPZ364	芯样完整呈柱状	416	2.3	0.4
XPZ377	芯样完整呈柱状	413	2.2	0.3
XPZ413	芯样完整呈柱状	415	2.2	0.3

6　结语

在相同浆液压力、相同提升速度、注浆流量的条件下，改变气流压力可以适当扩大高压旋喷桩的影响范围；在相同气流压力、相同提升速度的前提下通过调节注浆泵压力不仅可以控制水泥掺量，同时可以增强其切割土体的能力达到扩大高压旋喷桩影响范围的目的。该工程受地质条件、人为操作误差等因素的影响，实际每米高压旋喷桩水泥用量大于理论计算值。采用不同施工参数进行试验，对得出的试验结果进行比对分析后，得到了理想的施工参数。该施工参数对成渝下穿通道基坑高压旋喷桩的大面积施工起到了很好的指导作用。

参考文献

[1] 孔锴. 高压旋喷桩在饱和粉质黏土地基中的应用研究 [J]. 建筑技术，2019 (11)：1329-1331.

[2] 杨乐. 高压旋喷桩技术在市政工程中的应用 [J]. 中国高新科技，2022 (11)：139-140.

[3] 黄建忠，汤自坤，何淼. 工程高压旋喷桩施工技术研究 [J]. 施工技术，2021 (11)：91-92.

[4] 苏交科集团股份有限公司. 沿山货运通道（新图大道）核心区一期工程第Ⅲ标段施工图设计第八册 [Z]. 2021.

[5] 刘晓东. 基于高压旋喷桩基坑支护技术应用分析 [J]. 科技资讯，2014 (15)：72.

[6] 毛祖夏，杨兰强，李佳明. MJS 工法与高压旋喷桩（双重管）挤土效应对比试验研究 [J]. 隧道建设，2021 (11)：1669-1707.

[7] 陈俊杰. 双重管高压旋喷桩止水帷幕技术应用 [J]. 福建建材，2021 (3)：66-67，76.

[8] 中华人民共和国交通部. 公路工程无机结合料稳定材料试验规程：JTG E51—2009 [S]. 北京：人民交通出版社，2009.

素填土路基基础强夯加固施工效果分析

李 春 张 屹 朱良彬/中国水利水电第十四工程局有限公司

【摘　要】 本文以在建项目重庆沿山货运通道Ⅲ标段项目中 YK15＋341～YK15＋753 特殊路基施工为背景，在路基强夯施工前，选取了具有代表性区域路段进行试夯，获取满足设计效果、合理的强夯参数，以指导强夯大面积施工。实施结果表明，素填土路基基础强夯加固施工效果明显，达到了设计要求的效果。

【关键词】 中梁山货运通道　强夯加固

1 引言

强夯法处理地基效果主要取决于方案的设计。设计合理就能达到预期的效果，相反不仅事倍功半，而且有可能破坏地基。强夯方案设计主要根据场地的工程地质条件、要求提高的承载力值和改善均匀性的预期效果，合理地选择夯击能、夯锤面积，恰当地确定夯击能、夯击数及施工条件。强夯法加固素填土基于动力压密的概念，设计上基本是半经验的，还没有一套成熟完善的理论和计算方法。因此，强夯施工前，须选取有代表性区域进行试夯或试验性施工，以便获取合理的强夯参数，达到设计效果。该工程拟根据场地特点，选取一个代表性区域进行试夯，试夯区面积为 20m×20m。

2 工程概况

重庆市沿中梁山两侧布置两条纵向沿山通道担负着串联中梁山两侧铁路站场、过山通道和交通枢纽的重要任务。中梁山西侧沿山货运通道Ⅲ标段位于高新区含谷镇、白市驿镇，全长 4.96km，标准路幅宽度 39.25m，道路等级为城市主干路，设计速度 60km/h，双向 6～8 车道。

重庆沿山货运通道Ⅲ标段项目中 YK15＋341～YK15＋753 路基为特殊路基，场地内特殊性岩土（软弱土层）主要为人工填土、耕植土、淤泥等。拟建场地局部位于居民区、施工区，受人类活动改造强烈，场地内 0～3m 普遍存在零星生活垃圾、建筑垃圾。该路段人工填土厚度大于 3m，拟采用强夯处理。

强夯加固施工区域原始地貌见图 1。

图 1　强夯加固施工区域原始地貌

3 工艺原理

强夯法施工是应用功能转换的原理达到加固地基的目的。具体地说，它是利用起重设备将几十吨（一般 8～40t）重锤，从几十米（一般 6～40m）高处自由落下，给地基土以强烈的冲击和振动。地基土在强大的冲击能作用下，土体强制压缩或振密，局部液化，夯点周围产生裂隙，形成良好的排水通道，孔隙水逸出，经时效压密，使土体重新固结，从而提高了土的承载力，降低了压缩性。

4 施工工艺流程及要点

4.1 施工工艺流程

素填土路基基础强夯加固施工工艺流程见图 2。

4.2 施工要点

4.2.1 强夯试验

为确保强夯法在场地工程地质条件下的可行性，在

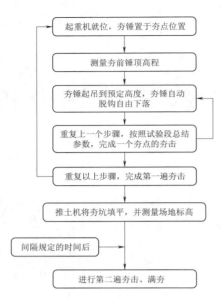

图 2　素填土路基基础强夯加固施工工艺流程

正式施工前，根据填料的差异、加固层的厚度、地质条件及施工分区等情况，设置试验性施工段进行试验性施工。试验性施工区面积不小于 400m²，最终选取 YK15＋440～YK15＋460 段 20m×20m 区域为强夯试验区。通过测量夯击沉降量等参数进行监测，确定强夯的设计、施工参数。施工完成后通过承载力检测，确定强夯施工的正式施工参数。

根据强夯试验段确定第一遍主夯为 5～8 击，第二遍副夯为 5～7 击，第三遍满夯 3 击，能够满足设计要求（即最后两击平均夯沉量不大于 100mm）。现场实测夯沉量为 0.49～0.73m，平均夯沉量为 0.63m。

4.2.2　场地平整

强夯施工前清理并平整施工场地，测量场地高程，使场地达到强夯设计起夯面高程。施工过程中，做好平面控制和高程控制工作，对强夯施工区域进行测量放样，并对第一遍夯点位置进行放样标注，确保强夯施工能找到正确的点位。

4.2.3　夯机就位

夯机进场后，对夯机进行进场联合验收，确保夯机工作性能，各机械连接件满足相关施工要求，重点对起吊钢丝绳进行检查。起重机就位后，夯锤对准夯点位置，测校脱钩高度，用脱钩绳定死脱钩位置高度。脱钩高度需满足设计夯击能。

4.2.4　点夯施工

（1）夯击施工时，"由内而外，隔行跳打"进行夯击。自路基中线向两侧逐次推进的方式进行控制，绝不可自周边向中心渐次推进。点夯确定 4000kN·m 夯击能。根据计算，点夯的夯锤重 25t，夯锤直径 2m，夯锤提升高度 16m。

（2）起重机就位，使夯锤对准点位置，夯点定位

偏差应不大于 5cm。

（3）用水准仪测量夯前锤顶读数。将夯锤吊至预定高度（暂定高度约 16m），待夯锤脱钩自由下落后测量夯后锤顶读数。测量每次夯后锤顶读数，做好详细记录，并计算每相邻两次沉降差。如锤顶倾斜，应及时将坑底整平。

（4）重复步骤（3），按设计规定的夯实次数及控制标准，完成一个夯点的夯实。收锤标准按最后两击沉降量平均值不大于 10cm 控制，且夯坑周围地面没有明显隆起。

（5）重复步骤（2）～（4）完成第一遍全部夯点的夯击，见图 3。

（6）第一遍主夯完成后，用推土机推平夯坑，平地机整平，并测量夯后的地面高程。

（7）间隔时间 2 周后，重新放线定位，按步骤（2）～（5）完成第二遍全部夯点的夯击。

（8）第二遍副夯点夯击完成后，测量场地高程，详细记录相关测量数据。

图 3　素填土路基基础点夯施工现场

4.2.5　满夯施工

（1）第二遍副夯后，在规定的间隔时间（2周），采用 1000kN·m 单夯能量对已夯击场地范围进行全面积的满夯，夯锤相互搭接 1/4 夯痕，每点 3 击。根据计算，满夯的夯锤重 15t，夯锤直径 2.8m，夯锤提升高度 6.7m。

（2）满夯完成后，将场地整平，压路机碾压密实后，测量整平后的标高。间隔 7d 后进行载荷试验。

4.2.6　检测及数据采集

（1）地基承载力。数据分别在夯前及满夯后采集，满夯后等待 2 周后进行地基承载力检测，地基承载力大于设计要求的 150kPa。采用平板荷载试验检测夯击面的地基承载力，做好记录。

（2）夯沉量。数据分别在强夯前及每夯击一次后采集，试验主要采集两方面的数据：一是夯击次数与素填土下沉的关系，分别测定不同夯击遍数下的下沉量；二是最后两击下沉量差值满足设计要求时的夯击遍数及累计下沉值。

（3）强夯下沉量的观测。在夯锤就位后利用水准仪测量每个夯点夯锤顶面高程，并在每次夯击后测量夯锤顶面高程，将测量结果记入高程测量表中，并通过高差计算不同夯击遍数的沉降差及总体下沉量。

5 质量控制

5.1 施工质量控制标准

强夯施工质量控制标准见表1。

表 1 强夯施工质量控制标准

项次	检验项目	质量要求	检验方法
1	地基承载力	符合设计要求	静载荷试验
2	夯击遍数及顺序	符合设计要求	计数法
3	夯点布置及夯点间距偏差	±500mm	钢尺量测
4	夯击范围	符合设计要求	钢尺量测
5	前后两遍间歇时间	符合设计要求	检查施工记录
6	锤底面积、锤重	符合设计要求，锤重误差为±100kg	称重
7	夯锤落距	符合设计要求，误差为±300mm	钢索上设标志

5.2 质量保证措施

5.2.1 执行的规范标准

（1）《强夯地基技术规程》（YS/T 5209—2018）。

（2）《建筑地基检测技术规范》（JGJ 340—2015）。

（3）《城镇道路工程施工与质量验收规范》（CJJ 1—2008）。

5.2.2 质量控制措施

（1）施工前对施工人员进行技术质量交底，将施工过程、质量控制要点交代清楚，做好施工技术质量准备工作。

（2）强夯施工前须进行强夯试验以确定强夯施工参数，试夯区面积不小于 $400m^2$。

（3）强夯施工必须按试验确定的施工参数和强夯施工工艺进行施工，夯点布置偏差不得大于 $50mm$。

（4）夯击时，落锤应保持平衡，夯点错位不大于20cm。夯坑底倾斜大于30°时，将坑底整平，再进行下一击夯击。

（5）加强强夯监测工作，强夯施工过程中派专人负责下列监测工作。开夯前应检查夯锤锤重和落距，以确保单击能量符合设计要求。每遍夯击前，应对夯点放线进行复核，夯完后检查夯坑位置，发现偏差及时纠正。按设计要求检查每个夯点的夯击次数和每次的夯沉量，严格执行双控停锤标准。

（6）强夯施工应顺着原始地貌的流水方向从高往低依次夯击，以利于地下水、孔隙水的排放，有利于消散孔隙水压力，避免破坏天然排水通道的连续性而形成水囊造成隐患。当地下水位较高时，宜采取人工降低地下水位等办法使其位于坑底以下 2m 以上。

（7）强夯施工时，土壤含水量应控制在 13%～23%。现场简易测定可采取"手握成团，落地开花"的准则，即用手捏紧后，易变形而不挤出，松手土不散，抛在地上即呈碎裂为合格。含水量过大，应采取加入干土、碎石、石灰粉等措施予以改良；含水量过小，应及时浇洒水，洒水后待全部渗入土中，一昼夜后方可进行强夯施工。施工前，应根据现场情况布设好排水沟。施工中，如遇小雨，未发生积水前，视情况夯击，如发现积水，必须停止施工，进行排水；如遇大雨，需积极采取排水措施，如人工加修小型排水沟，推除表面稀泥和软土，待土壤含水量达到23%以下方可继续施工。

（8）强夯法施工应在结束 2 周后再做检测工作，具体以试夯得出的检测结果确定。检测数量按照 $1500m^2$ 取一个点进行静载荷试验。

6 试验检测

6.1 仪器设备

试验检测仪器设备见表2。

表 2 试验检测仪器设备

设备名称	数量	型号
液压千斤顶	1 套	HC - 100
百分表	4 套	—
刚性承压板	1 块	$2.0m^2$

6.2 检测数量及位置

根据设计要求，现场检测方法及检测点数见表3，检测平面布置见图4。

表 3 检测方法及检测点数

监测参数	检测方法	检测点数	备注
地基承载力	浅层平板载荷试验	7点	试验位置标高为强夯后基准面

6.3 浅层平板荷载试验

该次地基承载力检测是在 YK15＋341～YK15＋753 强夯段上进行的。现场选点由该工程相关参建单位代表和测试单位技术人员一起协商，并随机确定7个测试点进行测试。测试时，采用强夯机提供加载反力，用千斤顶进行静力施压，荷载大小由压力传感器控制，地基变形由百分表读取测量。测试结果见表4。

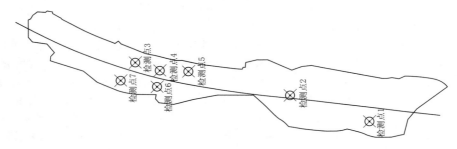

图 4　检测平面布置图

表 4　　　　　　　　　　　　浅层平板荷载试验数据汇总

测试编号	S1	S2	S3	S4	S5	S6	S7
坐标	$X=65735.565$ $Y=46410.205$ $H=298.733$	$X=65653.094$ $Y=46381.182$ $H=298.588$	$X=65492.318$ $Y=46344.038$ $H=299.947$	$X=65517.706$ $Y=46352.704$ $H=300.003$	$X=65547.795$ $Y=46354.022$ $H=299.363$	$X=65514.508$ $Y=46370.821$ $H=299.626$	$X=65476.743$ $Y=46363.756$ $H=299.377$
测试总荷载/kPa	300	300	300	300	300	300	300
最终沉降/mm	33.20	13.16	15.15	12.17	17.18	20.16	14.20
0.5倍测试总荷载/kPa	150	150	150	150	150	150	150
0.5倍测试总荷载对应沉降S/mm	15.25	6.35	7.49	6.01	8.48	9.95	7.07
S/d	0.0095	0.0040	0.0047	0.0038	0.0053	0.0062	0.0044
承载力特征值取值/kPa	150	150	150	150	150	150	150

注　1. 在最大加载值下沉降稳定。d 为承压板直径（$d=1600mm$），S/d 均小于 0.01。
　　2. 当试验荷载加至300kPa时，承压板沉降稳定，终止加载。

6.4　检测结果

通过对强夯段地基进行浅层平板载荷试验，并根据对现场采集数据的计算结果，结合对现场测试情况的综合分析，试验荷载加至 300kPa 时，承压板沉降稳定，该强夯段地基承载力特征值不小于150kPa，满足设计要求。

7　结语

本文以素填土路基基础强夯加固施工为背景，对素填土路基基础强夯加固施工技术进行了阐述，对素填土路基基础强夯施工工艺进行了验证并实施，施工过程中制定了相关施工程序、方法和控制措施。经检测素填土路基基础强夯加固承载力满足设计要求，达到了预期的效果，可为类似工程提供借鉴。

参考文献

[1]　苏交科集团股份有限公司. 沿山货运通道（新图大道）核心区一期工程第Ⅲ标段施工图设计第二册 [Z]. 2021.

[2]　重庆市勘测院. 高新区沿山货运通道（新图大道）核心区一期工程地质勘察报告（详细勘察）[Z]. 2021.

[3]　王峰. 强夯法在莱芜电厂碎石土地基加固中的应用 [D]. 江苏：南京大学，2014.

[4]　代茂华. 强夯加固技术在软土地区路基处理中的实践应用研究 [D]. 上海：同济大学，2018.

[5]　郭乃正. 强夯加固高填方路堤施工力学行为分析及应用研究 [D]. 长沙：中南大学，2008.

[6]　滕显飞. 黄泛区粉土路基强夯加固数值分析与质量控制技术研究 [D]. 济南：山东大学，2017.

审稿人：胡建伟

腾龙桥一级水电站混凝土分区
施工技术研究

吕诗辉　撒雪艳　李　钢/中国水利水电第十四工程局有限公司

【摘　要】 腾龙桥一级水电站坝高 65.7m，共分为 10 个坝段，混凝土施工总量约 30 万 m³，同一仓面不同部位采用不同混凝土标号浇筑，为保证施工质量严格按照设计图纸分区施工。本文介绍了腾龙桥一级水电站项目部采用的一种创新型快速安装的混凝土分区装置，该装置浇筑时同时采用对称下料，确保混凝土分区装置固定牢靠、不发生侧偏，此工艺在腾龙桥一级水电站施工效果较好，值得类似工程施工借鉴。

【关键词】 水电站　混凝土　分区　施工

1　工程概况

腾龙桥一级水电站位于云南省保山市龙陵县与腾冲市界河龙江干流下游，大坝右岸属腾冲市辖区，左岸属龙陵县辖区。

腾龙桥一级水电站的开发任务为单一发电，其水库总库容 4372.9 万 m³，装机容量 95MW，工程等别为 3 等，工程规模为中型；根据工程等别，主要建筑物混凝土重力坝、泄洪消能建筑物、发电引水建筑物、厂房及升压站为 3 级建筑物，次要建筑物消力池下游海幔、挡墙等为 4 级建筑物。

拦河大坝为混凝土重力坝，最大坝高 65.7m，河床坝段建基面高程 1138.00m，坝顶高程 1203.70m，坝顶宽度 10m，坝顶长 184.3m，采用常态混凝土浇筑。大坝共分 10 个坝段，由左岸非溢流坝段、泄洪表孔坝段、泄洪冲砂底孔坝段、发电取水坝段、右岸非溢流坝段组成。左岸非溢流坝段（①号、②号、③号坝段）：坝横 0+000.000～坝横 0+057.270，长 57.270m，坝顶宽 10m，①号、②号、③号坝段最大坝高分别为 25.7m、45.7m、65.7m。泄洪表孔坝段（④号、⑤号坝段）：坝横 0+057.270～坝横 0+089.270，长 32m。共布置 2 孔泄洪表孔，每孔一个坝段，坝段长均为 16.0m。泄洪冲砂底孔坝段（⑥号坝段）：坝横 0+089.270～坝横 0+

104.270，长 15m，布置 1 孔泄洪冲砂底孔和 1 孔冲砂廊道，底板高程均为 1161.0m。发电取水坝段（⑦号、⑧号、⑨号坝段）：坝横 0+104.270～坝横 0+159.670，长 55.4m，取水口由进口拦污栅、喇叭口渐变段、闸门井段、压力钢管段组成。右岸非溢流坝段（⑩号坝段）：坝横 0+159.670～坝横 0+184.290，长 24.62m，坝顶宽 10m，下游坡 1∶0.75，上游坡铅直，⑩号坝段最大坝高为 47.7m。下游消力池段：泄洪表孔、冲砂底孔、冲沙廊道下泄洪水均进入下游消力池，其中冲砂底孔及冲砂廊道共用一个消力池，表孔消力池与其分开布设。

2　技术背景

腾龙桥一级水电站混凝土重力坝 10 个坝段坝体都采用不同标号的混凝土浇筑，其中以泄洪冲砂底孔坝段 6 号坝段最为典型，冲砂廊道、冲砂底孔左右两侧边墙厚 3m，迎水侧 1m 浇筑采用 C30F100W6 混凝土，背水面 2m 浇筑采用 C20F50W4 混凝土，大坝迎水面浇筑采用 C20F50W6 混凝土，坝中大面积浇筑采用 C10W4 混凝土，同一仓面共有 4 种不同的混凝土标号，因此浇筑过程中，怎样精确控制混凝土分区成为施工中一大难题。在大坝混凝土的浇筑过程中，如果控制不好大坝的混凝土分区，必然会产生混凝土标号低代高或者高代低，而低代高会产生混凝土低强，高代低不仅会导致混凝土水化热过高、混凝土产生裂缝，还会大大增加施工成本。目前很多工地上都采用免拆模板来作为混凝土不同标号的分仓材料，而免拆模板在生产时为加强刚度设置有一挡板，这样就导致不同标号的混凝土不能很好地连接施工，产生一定的质量隐患。

腾龙桥一级水电站各坝段均在浇筑首仓基础混凝土后就面临各仓面混凝土分区施工的技术问题，同时工程一期防汛导流采用4号、5号溢流坝段导流，必须在汛期来临之前将各坝段浇筑至一期防洪度汛要求的形象面貌，工期要求极其紧张，采用免拆模板必定会增加仓面备仓时间，延误工期。

3 施工方法及工艺

为了保证腾龙桥一级水电站大坝混凝土施工质量，

合理安排不同混凝土标号分区施工，腾龙桥一级水电站施工采用了一种新型的大坝混凝土标号分区装置。此装置包括角钢、钢筋、钢丝网和地脚螺栓，横向和竖向的四根角钢焊接成混凝土分区的框架结构，钢丝网绑扎固定在分区框架上，然后在下层的两根横向角钢两端各焊接一根与之相互垂直的角钢，在这两根角钢两端各焊接两根拉筋，两根拉筋一根焊接于分区框架的上层角钢顶端，一根焊接于上层角钢的1/3处，由此就形成分仓的简易框架。在混凝土备仓过程中，将提前制好的分区框架吊运至与之对应的分仓线上，再与之用地脚螺栓锚固于混凝土面上形成一种高效混凝土标号分区装置。对于混凝土分区装置工艺的关键，下面结合图1作详细介绍。

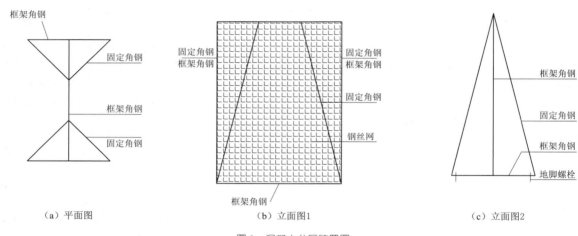

（a）平面图　　　　　　　　　　（b）立面图1　　　　　　　　　　（c）立面图2

图1　混凝土分区装置图

如图1所示，不同标号的混凝土分区装置，由角钢、拉筋、钢丝网和地脚螺栓组成，横向和竖向的各两根角钢焊接形成框架，然后在焊接形成的框架内布满钢丝网，钢丝网绑扎固定在框架角钢上，钢丝网以5mm×5mm的间距制作或者市场上直接购买，分仓的框架制作好后，在框架的下层角钢上焊接与之相互垂直的两根角钢，这两根角钢的长度与框架竖直角钢的长度等长为宜，角钢焊接之后，需要用钢筋把框架和后焊接的两根角钢连接成一个稳定整体，钢筋下部焊接在后焊接的角钢两端，上部焊接在框架上层角钢顶端和1/3处。拉筋焊接好之后，分仓结构就完成了，仓面备仓时将它吊运至混凝土分区线，用地脚螺栓将固定用的两根角钢固定在浇筑完成的混凝土面上，形成高效的混凝土标号分区装置，所采用的角钢型号为∟45×5mm，拉筋型号为ϕ12mm。

在腾龙桥一级水电站大坝混凝土施工中，混凝土分区装置按照3m高的分仓高度提前在综合加工厂预制，混凝土仓面备仓时运输至混凝土仓面进行安装，分区装置的钢丝网安装在混凝土分区线上，安装时控制好地脚螺栓的加固质量，确保分区框架牢固，同时在混凝土下

料时避免下料口正对着此分区装置下料导致钢丝网框架侧翻，破坏此混凝土分区装置。浇筑混凝土时分区装置两侧混凝土要分层交叉下料，分层浇筑，分层厚度不超过50cm，钢丝网两侧混凝土基本同步均匀上升，振捣密实，同时混凝土振捣时也要注意保护此分区装置，确保混凝土分区装置的有效应用。

腾龙桥一级水电站在采用上述混凝土分区施工装置后，有效地将同仓位不同标号混凝土分隔开同时混凝土分区装置制作不占仓面备仓直线工期，在不耽误工期的基础上有效地节约了施工成本，此混凝土分区装置浇筑技术运行较好。

4 结语

在水利水电工程建设中，后续建设仍将面临一些混凝土重力坝或者其他大体积混凝土施工，为了节省工程造价，设计单位往往对此类结构采用不同的混凝土标号设计，而如何有效保证不同标号的混凝土区域同时浇筑将是施工单位面临的难题。腾龙桥一级水电站采用的混

凝土分区浇筑施工方法有效地保证了同仓位不同混凝土标号的施工，同时采用的混凝土分区装置具有制作简单、造价低廉、可提前预制、安装方便的优点，而往往水利水电工程工期紧张，防洪度汛任务重，采用此施工技术不占混凝土仓面和备仓时间，还能有效节约施工成本，值得类似工程借鉴使用。

参考文献

［1］ 余琳. 大体积混凝土重力坝施工温度控制措施研究［J］. 陕西水利，2023，（12）：108－109，116.

［2］ 刘吉伟. 浅谈免拆模板在工程实际中的应用［J］. 建筑与预算，2023（12）：74－76.

［3］ 吴秀荣，王传荣，夏永生. 论混凝土重力坝施工中的温控和防裂［J］. 黑龙江科技信息，2011（16）：292.

［4］ 李振华. 大体积混凝土分区分层浇筑施工技术［J］. 山西建筑，2015，41（5）：155－156.

［5］ 李斯久. 南一水库混凝土重力坝施工技术［J］. 云南水力发电，1995（2）：27－33.

木桥沟渡槽贝雷架拆除施工技术研究

吕诗辉　撒雪艳　齐燕清/中国水利水电第十四工程局有限公司

【摘　要】　向家坝灌区工程木桥沟渡槽槽身施工采用"钢管立柱＋工字钢＋贝雷架＋满堂架"的施工方法进行施工，贝雷架重量较大，高空作业危险系数较高，且位于槽身底部的贝雷梁无吊装角度，通过现场实际条件勘查及分析研究，木桥沟渡槽首创采用一种高支钢桁架梁拆卸电动叉车将贝雷梁整体移动至指定吊装位置，施工安全、便捷，可为类似大型渡槽的贝雷架拆卸施工提供借鉴。

【关键词】　渡槽　贝雷架　拆除　施工

1　工程概况

木桥沟渡槽，进口底板高程为340.77m，出口底板高程为340.44m，设计流量20m³/s，加大流量24m³/s，总长357.00m，槽体共计12跨，其中1～4号跨度为25m，5～12号跨度为30m，槽上部结构采用三向预应力矩形槽，下部结构桥墩采用空心墩＋桩基础，槽台采用实体台身＋桩基础，进口、出口渐变段为钢筋混凝土结构。槽体箱梁顶全宽5.2m、底宽5.4m，过流断面净宽4.0m、高3.45m，箱梁为三向预应力设计，腹板竖向预应力及底板横向预应力标准间距均为0.4m。木桥沟渡槽空心墩墩身高度为16～48m，墩身正面混凝土厚度为0.6m，两侧厚度为0.8m，顶端外断面尺寸为4.6m×3.0m（正面×侧面），侧面以80/1逐渐变大；墩帽中间为倒梯形，四个角为倒锥形。木桥沟渡槽槽身施工均采用钢管立柱加贝雷架加满堂架的方式施工，其中第一跨到第4跨采用321型贝雷片组装成贝雷梁施工，第5～第12跨采用HD200型、HD201型（高抗剪型）组装成贝雷梁施工，贝雷架吊装高度及重量见表1，槽身施工排架搭设详图见图1。

表1　　　贝雷架吊装高度及重量表

跨编号	吊装高度 /m	单件最大 重量/t	备　注
第1跨	8.5	8.42	321型高1.5m
第2跨	6.7～13.7	9.64	321型高1.5m
第3跨	13.7～17.7	9.64	321型高1.5m
第4跨	19.2～23.2	9.64	321型高1.5m
第5跨	20.96～28.96	6.47	HD200型、HD201型高2m

续表

跨编号	吊装高度 /m	单件最大 重量/t	备　注
第6跨	28.96～36.96	6.47	HD200型、HD201型高2m
第7跨	36.96～41.96	6.47	HD200型、HD201型高2m
第8跨	41.96～41.98	12.94	HD200型、HD201型高2m
第9跨	41.98～35.96	6.47	HD200型、HD201型高2m
第10跨	35.96～27.46	6.47	HD200型、HD201型高2m
第11跨	27.46～5.96	6.47	HD200型、HD201型高2m
第12跨	8.95	11.35	HD200型、HD201型高2m

根据槽身施工排架方案显示，木桥沟渡槽槽身施工采用在钢管立柱基础上搭设钢管立柱至双拼工63工字钢设计高程，双拼工63工字钢与钢管立柱焊接牢固，贝雷梁搭设于双拼工63工字钢上，其中每一跨槽身均搭设11组贝雷梁，25m跨搭设长度为17m，30m跨搭设长度为24m，贝雷架顶部满堂支撑架、小横梁、工63工字钢、钢管立柱重量、体积均较小，吊装设备可直接吊装拆除，贝雷梁跨度较大，每一组贝雷梁架由几组贝雷片组装而成，贝雷梁重量较大无高空拆除空间、高空作业安全隐患大，因此需整体吊至地面拆除。

2　主要施工方法

为了保证槽身模板施工空间，贝雷架搭设宽度均需大于槽身底部尺寸较多，因此槽身底部两端的部分贝雷架均可采用与贝雷架重量匹配的吊车直接起吊，同时由于贝雷架跨度较大，设置起吊吊点时贝雷架两端必须对称布置，确保平稳起吊，贝雷架吊至地面平稳放置后逐片拆除。贝雷架拆除时需先拆除贝雷梁两端头以外的所

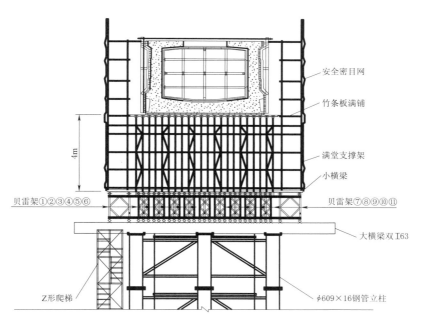

图 1　槽身施工排架搭设详图

有跨中的贝雷梁间的横向连接杆件，然后按两侧至中心的顺序逐组拆除，按图 1 显示，槽身底部共 11 组贝雷架，其中左侧①②③贝雷架、右侧⑨⑩⑪贝雷架可直接采用吊车起吊至平面，吊装顺序为两端各一片逐片起吊。贝雷架④⑤⑥⑦⑧由于槽身底部距离贝雷架仅有约 4m，阻挡了吊车的吊钩位置，若采用拖拽方式起吊，容易引起吊点偏离造成安全事故，因此需将贝雷架④⑤⑥⑦⑧整体移动至双拼工 63 工字钢的两端吊车能直接起吊的位置再进行起吊。由于贝雷架跨度大、重量大，如何将贝雷架整体平稳移动至工字钢吊装位置成为拆除的关键工序。经市场调查，市面上所使用的贝雷片以 321 型贝雷片为主，HD200 型、HD201 型为木桥沟渡槽槽身施工单独定制，市场上还未有可整体移动整组贝雷架的设备。因此为了整体移动拆除木桥沟渡槽槽身底部的贝雷架，施工单位专门设计了一种高支钢桁架梁拆卸电动叉车，高支钢桁架拆卸方法示意见图 2。

高支钢桁架梁拆卸电动叉车利用双拼工 63 工字钢作为轨道，在双拼工字钢轨道端部设置挡块，人工操作电动叉车将待拆除的单组贝雷梁用千斤顶顶离双拼工 63 工字钢，然后整体移动至工字钢端头方便吊装的预定位置，最后用汽车吊吊钩吊住待拆除的单组贝雷两端，利用汽车吊将贝雷梁吊至地面，平稳摆放，逐片拆除贝雷梁即可。

以上所述实施方案里高支钢桁架梁拆卸电动叉车作为实施方案里的关键设备，为木桥沟渡槽施工首创，在木桥沟渡槽贝雷架拆除施工中实施效果较好，同时设备加工简单，造价小，安装方便，既节约了施工成本又提高了施工工效，下面将结合电动叉车的简易构造图（见图 3），详细阐述一下电动叉车的工作原理。

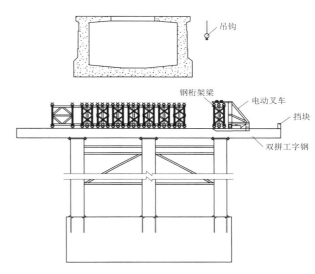

图 2　高支钢桁架拆卸方法示意图

如图 3 所示，高支钢桁架梁拆卸电动叉车包括吊耳、短立柱、横向连接杆、斜拉杆、长立柱、固定臂、双螺帽、垫片、U 形扣、千斤顶、千斤顶底座、卡槽、滚动轴、承重叉、加劲板、电动装置、短立柱连接杆、长立柱连接杆、挡块等。高支钢桁架梁拆卸电动叉车底部设置有承重叉，承重叉上设置有短立柱及长立柱，短立柱与长立柱底部均与承重叉固定连接，上部通过横向连接杆及斜拉杆固定连接，短立柱与长立柱之间设置有电动装置，电动装置可带动千斤顶底座下部的滚动轴转动；短立柱底部设有底轮，底轮以双拼工字钢上部翼缘底面为轨道，短立柱上设有短立柱连接杆和吊耳，长立柱底部设有卡槽、千斤顶、千斤顶底座及滚动轴，且千斤顶底座在卡槽内有上下活动的空间，滚动轴以双拼工

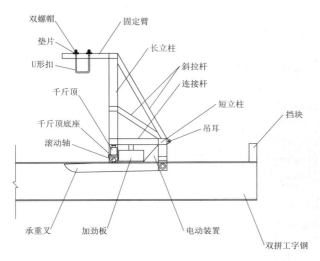

图 3　电动叉车结构示意图

字钢顶面为滚动面，长立柱上部设置有固定臂及长立柱连接杆，固定臂上设置有双螺帽、垫片及 U 形扣。使用叉车拆除贝雷梁具体拆除步骤如下。

第一步：拆除贝雷梁上部模板、横梁、支撑架体及通道。

第二步：安装电动叉车及挡块。

第三步：将电动叉车移至待拆除的单组钢桁架梁一侧，安装 U 形扣、垫片，拧紧双螺帽固定待拆除的单组钢桁架梁，并拆除该组钢桁架梁与相邻组钢桁架梁之间的横向连接件。

第四步：用千斤顶顶起电动叉车，将待拆除的单组钢桁架梁抬离双拼工字钢顶面预定高度，启动电动装置，将待拆除的单组钢桁架梁移动至便于起吊的预定位置。

第五步：采用汽车吊吊钩吊住待拆除的单组钢桁架梁，拆除双螺帽、垫片及 U 形扣，将电动叉车移至一侧，吊车吊走该组钢桁架梁。

第六步：重复步骤第三步、第四步、第五步，直至全部钢桁架梁拆卸完成。

同时在第一步中，需安装两台电动叉车，即在钢桁架梁两端支点位置的双拼工字钢上各安装一台。在第四步中，待拆除的单组钢桁架梁移动至便于起吊的位

置时，两台电动叉车需同步操作，同步慢速平移至预定位置。

321 型贝雷片高度为 1.5m，HD200 型、HD201 型高度为 2.0m，321 型贝雷架单组宽度为 0.45m，HD200型、HD201 型单组宽度为 0.48m，贝雷架跨度大，宽度较窄，位于双拼工 63 工字钢上若不加以固定容易发生失稳侧翻事故，因此在使用高支钢桁架梁拆卸电动叉车顶升贝雷梁的过程中，U 形扣需卡住移动的贝雷片，移动过程中随时监测 U 形扣情况，同时操作两台叉车的电动装置人员需同步进行，确保贝雷梁平稳移动至吊装位置。

另外，贝雷架吊至地面时，须放置平稳，贝雷梁两侧做好临时支撑后方可拆除吊车吊钩，拆除时单片由外侧向内方向逐片拆除即可。

3　结语

我国正处于快速的基础建设中，水利工程、公路工程、铁路工程、桥梁工程等各类工程建设大量实施，需进行大量的高大渡槽、桥梁混凝土现浇施工，为保证渡槽、桥梁等现浇混凝土施工质量及施工安全，在高大渡槽、桥梁混凝土浇筑施工过程中，通常采用高支钢桁架梁作为施工平台及承重支架，向家坝灌区工程木桥沟渡槽槽身施工所采用的贝雷架拆除施工，克服了贝雷梁跨度大、吊装重量大、吊装高度高的困难，首创发明了用于大重量、大跨度贝雷梁移动的高支钢桁架梁拆卸电动叉车。电动叉车的使用有效解决了木桥沟渡槽贝雷梁平移问题，同时所采用的电动叉车的造价较低，安装方便快捷，施工效果较好，值得类似工程参考使用。

参考文献

[1]　齐晓成. 贝雷架在现浇梁模板支撑体系中的应用[J]. 中国建材科技，30（2）：138－139.

[2]　肖瑜，张梅. 组合贝雷梁支撑系统在槽身施工中的应用[J]. 四川水利，2020（S1）：26－27，32.

[3]　温小峰. 贝雷梁在渡槽施工中的应力分析[J]. 四川水泥，2023（5）：104－106.

[4]　赵晓超. 谈梁贝雷架支模施工技术[J]. 施工技术，2011（4）：133－134.

审稿人：胡建伟

大型灌区工程木桥沟渡槽充水试验技术及评价

徐全基　崔亚军　丁德波/中国水利水电第十四工程局有限公司

【摘　要】　向家坝灌区一期一步工程是四川省"再造一个都江堰灌区"水资源战略配置的重要骨干工程。木桥沟渡槽施工技术较为复杂，危险性较大，结构安全、外观质量和渗漏尤为关键。工程完工后，开展渡槽充水试验，监测不同水位下槽体应力变化及结构变形等指标，通过分析监测数据是否满足设计要求，为评价渡槽的工程实体质量及安全性提供技术参数。

【关键词】　大型灌区　木桥沟渡槽　充水试验技术　结构分析

1　工程概况

邱场分干渠自贡段木桥沟渡槽位于四川省自贡市富顺县境内，全长 357m，由 12 跨槽体连接而成，设计流量 20.0m³/s，加大流量 24.0m³/s，建筑物级别为 1 级，设计流速 1.98m³/s，设计洪水位（$P=2\%$）299.50m，横跨镇溪河，按单线单槽布置。槽身段跨径布置为（$2\times20+10\times30$）m，上部结构采用预应力开口箱形简支梁，下部结构采用空心板墩，基础采用钻孔灌注桩，槽身结构采用三向预应力矩形槽渡槽，槽体总重约 7900t，进口、出口渐变段上部结构采用钢筋混凝土箱梁，梁底支承于地基和槽台，槽台基础采用钻孔灌注桩基础。施工完成后，通过充水试验，检验渡槽各部分的施工质量、结构稳定性、安全性、耐久性和防渗效果。

槽体挠度设计预警值：30m 跨挠度 $f_{30}\leqslant L_0/600=30000/600=50$（mm）；25m 跨挠度 $f_{25}\leqslant L_0/600=25000/600=41.7$（mm）；槽墩台均匀总沉降不大于 5.0mm。

2　充水试验目的

开展渡槽充水试验，全面检验在箱体满载工况下的沉降、变形和挠度，检测渡槽承载力、应力、变形、线形、伸缩缝防渗等指标是否满足设计要求及温度作用效应等，检验渡槽各部分的施工质量和性能，并在全线充水前对出现的质量缺陷（渗水点、裂缝等）进行处理；建立渡槽运行期安全监测的初始状态，为运行期结构状体的评定提供依据。

3　充水试验方案、技术要求

3.1　渡槽两端封堵

根据现场实际情况，堵头结构应充分考虑试验过程中的受力、稳定、防渗等性能，同时应特别注意排水设施与紧急排水设施在堵头内的设置与安装；渡槽进口、出口采用双围堰：进口围堰设在第 1 跨进水侧端部，出口围堰设在第 12 跨出水侧端部。为便于施工，围堰材料拟选用草袋土，围堰临水侧采用复合土工膜防渗，并分别延伸到四周 1.5m，围堰顶宽 1m，临时水面边坡坡度为 1：0.5，外坡坡度为 1：1，土工膜与混凝土接触面需进行粘贴，宽度 50cm。

3.2　试验组织安排

渡槽现场充水试验是一项复杂的系统工程，有效组织和合理安排是保证试验顺利进行的关键。项目部特别成立木桥沟渡槽充水试验施工小组，由项目经理牵头，明确各职能部门和作业人员职责，确定施工管理、现场协调、安全生产责任到人，确保充水试验顺利实施，并达到预期目标。

3.3 试验条件

木桥沟渡槽正下方为镇溪河，水量充沛，抽水便捷，排水顺畅，完全能满足试验所需的水量要求及排水要求，电力供应采用施工临时用电。

3.4 充水技术指标

按照预充水加载、正式充水加载各工况对应水深充入整个试验段槽身，充水试验各工况技术指标见表1。

表1 充水试验各工况技术指标

序号	充水工况	水深/m	数量/m³	荷载/(kN/m)	抽水量/m³
1	1/4设计流量水荷载	0.63	996	6.20	996
2	1/2设计流量水荷载	1.27	996	12.40	996
3	设计流量水荷载	2.53	1720	24.79	1720
4	加大流量水荷载	2.92	2379	34.34	2379

3.5 监测项目与监测点设置

（1）监测项目、要求：①变形类观测监测仪器，包括槽基岩变形计监测、桩基钢筋计监测、槽体钢筋计监测、压应力计监测、锚索测力计监测等，1~3d观测1次；②槽体表面垂直位移，每周观测1~2次。

（2）充水期间监测任务：①典型承载桩体内埋设的钢筋计、压应力计、基岩变形计；②渡槽监测断面上布置的钢筋计、锚索测力计；③渡槽监测断面位置处的槽体挠度、槽身水平变形；④采用目视方法对渡槽的槽体及永久缝止水渗漏情况。

（3）监测点设置：①基岩变形计监测点分别布置在高程293.662m、288.642m、288.622m、294.602m，M01MDC~M08MDC监测仪器共8个；②桩基钢筋计监测点分别布置在2-2号桩、2-3号桩、7-2号桩、7-3号桩、8-2号桩、8-3号桩，R01MDC~R36MDC监测仪器共36个；③槽体钢筋计监测点分别布置在4号、8号槽体，具体布置在槽体底板外层左侧、中间、轴线、右侧、底板内层中间、内层左右边墙、内层拉梁，R49MDC~R64MDC监测仪器共15个；④压应力计监测点分别布置在2-2号桩、2-3号桩、7-2号桩、7-3号桩、8-2号桩、8-3号桩，C01MDC~C06MDC监测仪器共6个；⑤锚索测力计监测点分别布置在1号槽体和12槽体，D01MDC~C20MDC监测仪器共20个；⑥槽体沉降监测点布置在第1~第12跨，每跨10个点，共布置120个点。

4 充水试验监测分析及评价

4.1 应力监测分析评价

在木桥沟渡槽充水试验期间进行了槽基岩变形计监测、桩基钢筋计监测、槽体钢筋计监测、压应力计监测、锚索测力计监测，安全监测曲线图见图1~图5。监测结果：木桥沟渡槽基岩变形计变化量为−0.04~0.24mm，变化量较小，测值正常。

监测结果：木桥沟渡槽2号、7号、8号槽台桩基钢筋计变化量为−8.71~9.57MPa，变化量很小，测值正常。

监测结果：木桥沟渡槽4号、8号槽体钢筋计监测应力为−19.13~5.41MPa，变化量较小，未发生异常变化，应力值正常。

监测结果：木桥沟渡槽压应力计变化量为0.00~0.01MPa，变化量很小，测值正常。

监测结果：木桥沟渡槽锚索测力计荷载变化量为−89.60~6.42kN，水位升高逐步变化，测值正常。

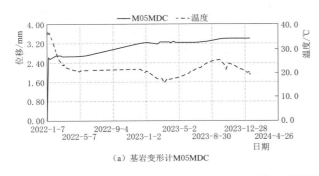

（a）基岩变形计M05MDC

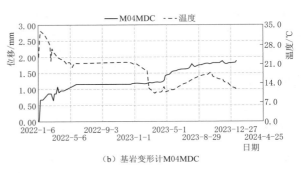

（b）基岩变形计M04MDC

图1 基岩变形计曲线图

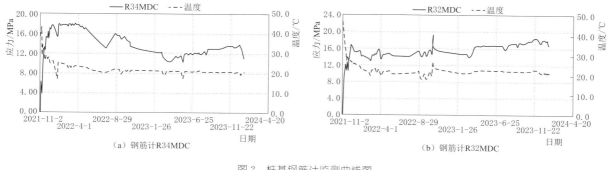

（a）钢筋计R34MDC

（b）钢筋计R32MDC

图 2　桩基钢筋计监测曲线图

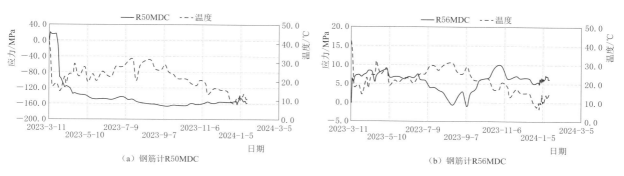

（a）钢筋计R50MDC

（b）钢筋计R56MDC

图 3　槽体钢筋计监测曲线图

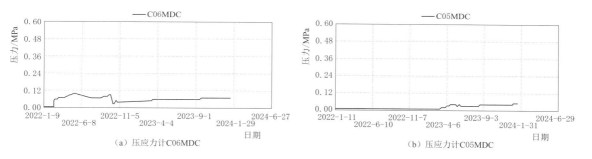

（a）压应力计C06MDC

（b）压应力计C05MDC

图 4　压应力计监测曲线图

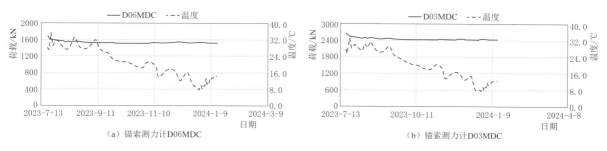

（a）锚索测力计D06MDC

（b）锚索测力计D03MDC

图 5　测力计监测曲线图

综上所述：木桥沟渡槽基岩变形计、桩基钢筋计、槽体钢筋计、压应力计、锚索测力计随着水位升高应力缓慢变化，变化量较小，未发生异常变化，应力值正常，大部分钢筋计处于受压状态，表明槽身受力稳定、状态较好，满足设计要求。

4.2　沉降、挠度监测分析评价

木桥沟渡槽槽体充水试验加载过程、静载过程和卸载进行了沉降观测，渡槽顶部平面观测点位共 120 个，充水过程观测 5d，沉降观测成果汇总见表 2。

表2　　　　　　　沉降观测成果汇总表

充水试验状态	观测点位数 /个	观测天数 /d	H_2-H_1 沉降值范围 /mm	H_2-H_1 累计沉降值 Δ /mm	高程变形沉降 /mm
加载过程	120	5	0～−4	4	
静载过程	120	5	0～−2	2	0～5
卸载过程	120	5	−4～0	4（回弹）	

根据充水、静载、卸载试验过程观测数据显示，充水加载过程 H_2-H_1 沉降值 Δ 为4mm，静载过程 H_2-H_1 沉降值 Δ 为2mm，累计总沉降值为5mm，卸载后 H_2-H_1 沉降值（回弹）Δ 为4mm。综上所述，高程变形沉降为0～5mm，主要为跨中部位，变化量较小，测值正常。

沉降、扰度监测成果分析，按照设计规范要求渡槽槽身30m跨挠度允许量不大于50mm，25m跨挠度允许量不大于41.7mm，根据监测成果数据得出挠度最大值为4mm，各点位沉降值均在设计范围内，变形趋于正常值范围，充水期间各部位挠度均未超过设计值和警戒值满足设计要求。

5　充水试验评价及结论

木桥沟渡槽充水试验按照试验方案、设计技术要求，充水试验过程中槽体段未发现渗漏水、裂缝等现象，沉降、变形指标在警戒值以内，应力值变化与规律符合、无异常，钢筋应力均处于受压状态，渡槽挠度、沉降、变形测值均满足规范要求，运行状态总体安全可靠、良好；经过参建四方多次对试验条件、试验技术要求、试验效果、安全监测、沉降观测、安全管控现场联合检查、验收、确认，渡槽充水试验、结构性能符合设计要求，达到了试验目的。

目前国家正在实施的大型引调水工程有南水北调、引汉济渭、滇中引水、引大济湟、珠江三角洲水资源配置、引江济淮、向家坝灌区等，工程规模庞大，输水线路较长，受水区域广，综合效益显著，运行环境复杂。为保障引调水工程初期通水安全顺利地进行，通过充水试验，对输水建筑物、沿线控制建筑物及其他相关设施进行安全性检验，及时发现并处理渠道及建筑物可能存在的施工质量问题，排查安全隐患，从而为引调水工程初期通水启动顺利进行创造条件，也为工程运行前的安全性评估、顺利投入运行提供技术保障。

参考文献

[1] 汪峥. 软土地基（海涂）钻孔灌注桩质量控制分析 [J]. 工程建设与设计，2023（20）：159-161.

[2] 白寅虎. 大跨度渡槽三向预应力槽身结构设计和施工要点 [J]. 河北水利，2023（10）：39-40.

[3] 贾存超. 农田水利工程灌溉防渗渠道衬砌施工技术研究 [J]. 科学技术创新，2023（25）：128-131.

[4] 颜其林，裴祖兴，袁飞，等. 引江济淮工程庐南渡槽充水试验及成果分析 [J]. 水利技术监督，2023（9）：215-219，257.

[5] 李红刚. 高回填区域土方变形与沉降的监测及控制研究 [J]. 工程建设与设计，2023（20）：15-17.

[6] 刘冲，王俊峰，董智宇，等. 短壁充填工作面采空区顶板运移规律及充填体应力响应特征研究 [J]. 煤炭工程，2023，55（9）：91-95.

[7] 孙畅，杨乐乐. 南水北调工程漕河渡槽渗漏成因及处理方式 [J]. 中国水能及电气化，2023（8）：39-43.

[8] 邵明亮. 向家坝灌区一期一步工程进度超85% [N]. 四川日报地方级，2023-9-17.

超高层建筑智慧化工地建设
技术研究与应用

熊俊才　徐全基　杨　雪/中国水利水电第十四工程局有限公司

【摘　要】　随着时代的发展，智慧工地越来越普遍，建立一套技术先进、经济实用、操作方便、简单易学的智慧工地信息化系统很有必要。本文围绕施工现场人、机、料、法、环、测等影响生产和施工质量安全的关键要素展开，通过智慧工地的信息化手段实现对现场的智能监控、预测报警和工作的数据共享、实时协同等，实现远程监管。

【关键词】　超高层建筑　智慧化工地　技术研究与应用

1　工程概述

工程位于昆明市官渡区凉亭片区，项目规划四至界线为东临规划住宅用地西临凉亭中路，南临宽25m规划道路，北临宽20m规划道路；规划净用地面积16816.94m²，总建筑面积9.58万m²，其中地上建筑面积6.6万m²。A栋22层，建筑高度100.2m；B栋17层，建筑高度76.4m；C栋综合楼：占地面积2135m²，建筑面积2.0万m²；办公大堂：占地面积1129m²，建筑面积872.55m²。

工程主要结构形式为现浇钢筋混凝土框架-核心筒结构，工程设计基准期为50年，主体结构设计使用年限为50年。建筑结构安全等级为二级。地基基础（或建筑桩基）设计等级为甲级。地下工程的防水等级为二级，屋面防水等级为一级，建筑耐火等级一级。建筑抗震设防类别为标准设防类；抗震设防烈度为8度，建筑物主要使用功能为办公、展览、商业，项目效果图见图1。

图1　工程效果图

2　实施目标

通过服务超高层科研大厦项目，基于BIM技术＋智慧工地管理平台的建设，集成智能硬件设备，采集工地各关键要素数据，提供数字化、可视化的施工过程信息，最终实现基于大数据的决策支撑看板、以BIM为基础的线上协同工作、智慧工地管理、现场管理、信息管理等，为项目施工有效预防风险提供信息化手段。全面推进公司智慧工地落地实施，进一步促进大数据、云计算、物联网、智能化等现代信息技术在工程中的应用，加深项目对智慧工地的理解及搭建流程的认知，指导智慧工地建设，规范智慧工地评价，并根据已实施项目的智慧工地应用经验，结合先进的智慧工地应用理论成果，规范及流程化项目级智慧工地应用，为智慧工地项目实施过程提供指导依据。在具体项目实施过程中，依据相关智慧工地实际建设案例及相关运用实例，并结合项目特点和要求制定项目智慧工地实施方案来指导项目实施应用。基于智慧工地的深度应用，进一步加强对施工现场的管理，降低施工现场安全、质量风险，提升工作效率及履约管理能力，通过大数据、智能化手段实现项目管理的"提质增效"。

劳务管理目标：及时掌握现场人员出勤、身份验证、工种分布、违章查询、工资发放、行动轨迹等情况。

文明施工目标：实时监管人员规范操作、物品堆放、垃圾处理、噪声、尘土、污染物等数据，提升施工现场文明度。

安全目标：针对高支模、塔吊、起重机等对工地进度、安全影响巨大的特种设备进行安全操作管控，通过定位、视频、语音、智能识别等信息化手段实时巡检，确保工地施工安全。

质量目标：提高质量管理信息化水平、施工现场质量管理水平。利用 BIM 可视化功能进行技术交底，加深管理人员对施工工艺、流程理解，指导实际施工过程。管理人员根据施工管理体系和工程实际情况，记录上传专项检查和日常检查结果，并生成验收记录。应用智能测距仪、智能靠尺等工具进行工程实体实测实量，后将检查数据记录到平台，应用二维码技术进行查询。

BIM 技术目标：实现 BIM 技术各项应用的展示、轻量化建模及维护。

3 实施方案

智慧工地实施模块内容包括网络配置、BIM＋智慧工地、劳务实名制管理系统、农民工工资、安全帽定位系统、工地智能广播系统、视频会议系统、环境在线监测系统、智能水电监测系统、质量巡检、实测实量系统、护栏状态监测系统、卸料平台安全监测系统、配电箱监控报警系统、数字大屏可视化管理、安全 VR 体验管理等。

3.1 基础设施管理

（1）网络配置。

1）工地现场网络接入带宽应满足相关通信设备、应用终端的网络带宽要求，网络接入带宽应在 100Mbps 以上（或专线接入 50Mbps 以上）。

2）通信网络应覆盖工地主要区域，工地办公区域、工地施工区域应覆盖 90％以上。

3）智慧工地相关信息数据的存储不应少于 60d，视频数据存储不应少于 60d，并确保监管平台的实时调取。

（2）智慧工地平台。BIM＋智慧工地数据决策系统：利用 IoT 及 BIM 技术，将现场系统和硬件设备集成到统一的平台，将产生的数据实时汇总和建模，形成数据中心，使项目管理层全面掌握生产过程，通过 AI 技术，智能识别项目风险并预警，为项目管理层建设一个数据实时汇总、生产过程全面掌握、项目风险有效降低的"项目大脑"，见图2。

BIM 技术让施工更合理，IoT 让项目更可控；AI 技术让现场更安全，大数据实现风险预控；BIM5D＋智慧工地数据决策系统"项目大脑"让决策更有效。BIM＋智慧工地应用过程中产生的所有数据将永久保存在云端，项目竣工之后数据在云端封存，随时可以进行下载查看，见图3。

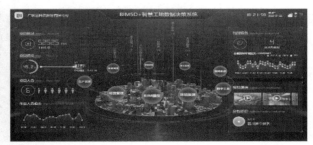

图2 "项目大脑"体系

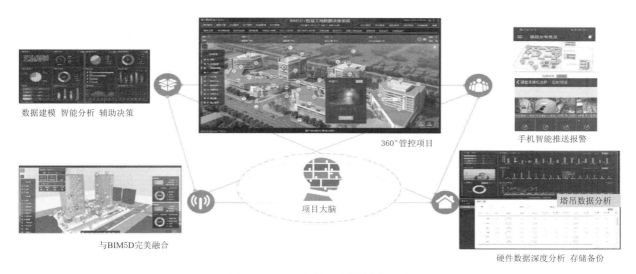

数据建模 智能分析 辅助决策

与BIM5D完美融合

360°管控项目

项目大脑

手机智能推送报警

硬件数据深度分析 存储备份

图3　BIM5D＋智慧工地数据决策系统

3.2　人力资源管理

（1）人员实名制管理：实名制平台选择要求，项目使用"云建宝"平台。

（2）封闭式工地：现场进出人员必须采用闸机＋生物识别设备等相关硬件形成的实名制通道。通过人员实名制管理系统，提前录入施工人员姓名、生物识别信息（如人脸、指纹、识别卡）、岗位技能证书、工种、培训情况、所属企业、所属劳务班组等基本信息，施工人员通过实名制通道会即时显示通行记录，并通过实名制考勤系统对人员考勤情况进行统计分析。

（3）农民工工资管理：结合实际项目工资发放与农民工出勤情况，实现农民工薪资统计、分析功能。

（4）薪资管理：提供薪资发放记录功能。

3.3　安全帽定位系统

通过"人帽合一""人员定位"在工人出入通道及各施工区域部署识读器，对在工人安全帽上安装的电子标签进行射频识别，并将读取到的人员身份信息和位置信息发送至工地现场管理终端和云平台后台处理数据，从而实现工人的考勤记录和区域定位；司索工、信号工、电工等特种作业人员设置为带芯片定位功能，见图4。

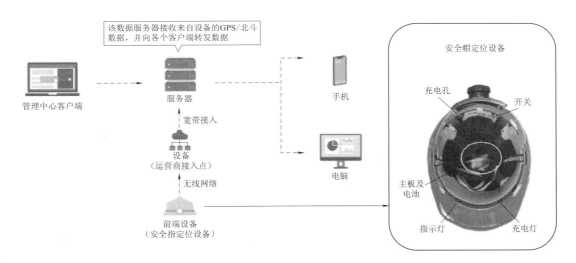

该数据服务器接收来自设备的GPS/北斗数据，并向各个客户端转发数据

管理中心客户端

服务器

宽带接入

设备
（运营商接入点）

无线网络

前端设备
（安全指定位设备）

手机

电脑

安全帽定位设备

充电孔　　开关

主板及电池

指示灯　　充电灯

图4　安全帽定位系统关系图

3.4　危大工程管理

（1）高支模安全监测。高大模板支撑系统在模板拼装、钢筋绑扎、混凝土浇筑过程中均会因为卸料、堆放、输送、振捣等易违规性大的工作产生不均匀竖向或横向的荷载破坏，发生一定的沉降和位移，以及浇筑后一段时间内过早地进行一些工作内容或提前拆除支撑组件而产生失稳隐患。这种人力不易发现的变化，如果积

少成多产生复合变形，变化过大的情况下就可能发生毫无征兆垮塌、坍塌事故。为及时反映高支模支撑系统的变化情况，自动发现隐患、发出预警，让管理人员能及时发现问题、进行整改、调整以及预判，预防此类事故的发生，需要对支撑系统进行自动化不间断的沉降和位移监测，见图5。

通过在高支模上加装无线倾角、无线位移、无线压力等传感器，自动采集、实时监测高支模支撑系统的变化情况，当监测到在浇筑过程中发生的高支模变形、受力状态异常时，一方面采用现场声光报警，提醒作业人员紧急补救或紧急疏散；另一方面系统向平台和相关负责人发出报警信号，第一时间掌握现场情况，及时进行整改、调整以及预判，预防此类事故的发生，系统平台数据分析见图6。

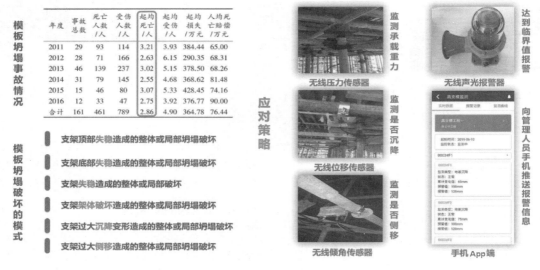

图 5　系统功能图

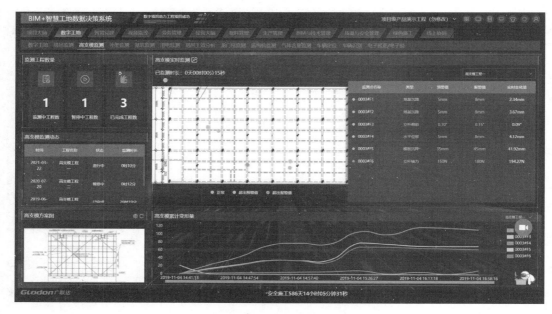

图 6　系统平台数据分析

（2）深基坑安全监测。深基坑支护变形监测系统，是通过投入式水位计、轴力计、全自动全站仪、固定测斜仪等智能传感设备，实时监测在基坑开挖阶段、支护施工阶段、地下建筑施工阶段及竣工后周边相邻建筑物、附属设施的稳定情况，包括地下水位监测、支撑应力监测、水平位移监测等，承担着对现场监测数据采集、复核、汇总、整理、分析与数据传送的职责，并对超警戒数据进行报警，为设计、施工提供可靠的数据支持，见图7。

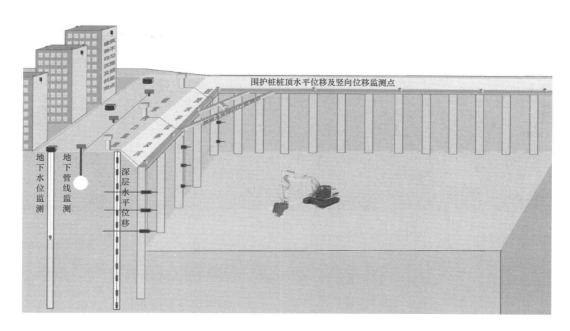

图7 基坑监测示意图

全天候全气候条件在线监测，将获取监测结果的时效性大幅提高，在响应时间上真正做到为施工安全保驾护航。

针对现场布置的多组传感器，也可以在 BIM＋智慧工地数据决策系统中看到对应的传感器分布位置、监测数据，以及是否有隐患的存在，从而实现对现场的远程管控，及时通知现场人员进行相应的整改，避免现场发生安全事故。

提供海量数据用于反馈和优化设计，为改进设计施工提供信息指导，积累施工经验，提供可靠施工工艺，为以后类似的施工提供技术储备。系统平台数据分析见图8。

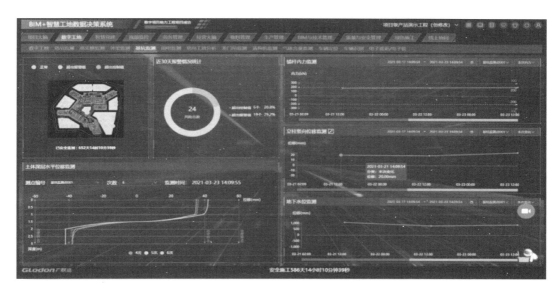

图8 系统平台数据分析

3.5 视频会议系统

视频会议系统利用软硬件结合，通过互联网手段，对建筑行业的实时交流、沟通进行全方位的管控，旨在为建筑施工企业提供生产指挥调度、项目会商、接入工地视频监控、安全培训视频点播等一站式服务。无论使用 PC、平板、手机、电视等设备，都能连接到一起召开视频会议，见图9。

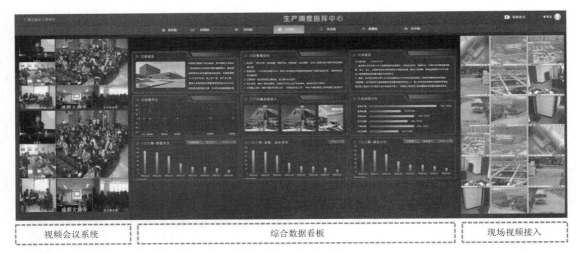

| 视频会议系统 | 综合数据看板 | 现场视频接入 |

图 9　视频会议系统图

3.6　工地智能广播系统

通过在施工现场不同区域配置智能广播设备，承担在建项目日常广播、应急广播、危险警诫提醒、背景音乐播放等功能，分为实时广播和定时广播。可通过控制中心，对特定分区进行远程语音警示。当智慧工地平台监测出工地异常情况，可以联动智能广播语音报警，快速响应整改，极大程度上保障了项目工地的安全性。工地智能广播系统见图10。

3.7　护栏状态监测系统

护栏状态监测系统也称绕线式临边防护系统，主要针对施工现场安全防护设施的防护状态进行实时监控，如各类洞口和临边设置的防护栏、危险区域警示牌、外围防护栏、高压电箱防护门等，根据位移、缺失来判定失效的防护设施，实现了防护设施防护状态的实时监控及远程监管。

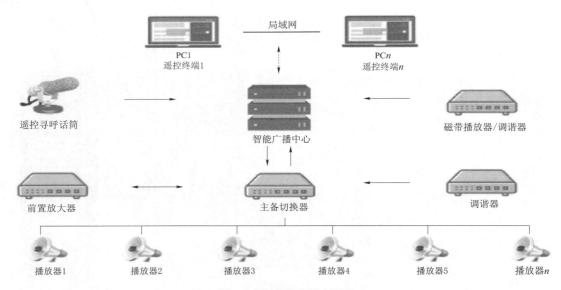

图 10　工地智能广播系统图

3.8　卸料平台安全监测系统

高精度传感器对平台载重实时监测，数据可通过无线传输，实现远程高效管理。当载重达到阈值时，后台预警同步响应，及时规范现场操作，排除安全隐患；当作业人员在装料过程中超过额定重量时，报警装置会自动发出声光报警，及时提示现场作业人员立即纠正。实时监控卸料平台工作数据，并无线传输至云平台，杜绝超重堆码材料的违章行为。

3.9　配电箱监控报警系统

系统基于 UNIT 物联网技术体系，应用于 200～400V低压配电系统中。通过自动对配电箱内温度、相线温度、剩余电流、三相电不平衡等环境和项目用电安全情况进行监测，及时掌握线路动态运行存在的用电安全隐患。

3.10 环境在线监测系统

环境监测设备监测到的值实时回传至智慧工地平台，并将数据建模，以直观的图表形式呈现，管理人员可远程、实时监控项目环境情况。通过24h环境变化曲线、月度环境变化曲线，对扬尘治理效果进行判断，或者根据趋势对未来情况进行预判。

当现场的环境监测数据超过设定的阈值后，自动推送报警信息，辅助管理人员对恶劣天气（如大风）做出应急措施（如塔吊停止运行），避免安全事故发生。环境监测系统界面见图11。

3.11 智能水电监测系统

施工现场的水电能耗管理有利于施工企业对工程能源消耗进行把控，以减少水电资源的浪费；远程抄表，水电总量自动统计，能耗数据实时监测，可动态掌握各分支的能源消耗，提高管理效率。后台进行能耗分析，细化班组能源成本，并输出报表，明确节能管理重点。能耗定额管理，当超过阈值时自动跳闸，补缴费用后重新开闸供能，科学管理工地能耗。

3.12 质量管理

（1）质量巡检。

1）质量巡检：系统内置近万条各专业通用的质量问题库，可以规范问题描述，同时附带整改措施，辅助人员整改；通过在手机端及时拍照上传质量问题，及时通知相关人员整改，随时了解问题解决情况，分析项目质量薄弱环节，不断提升项目和公司质量水平，见图12。

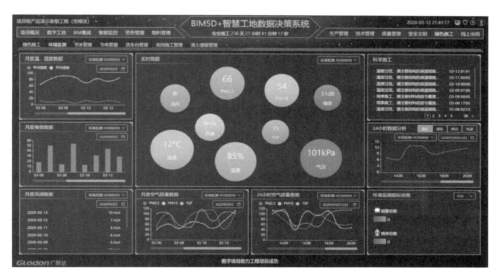

图11 环境监测系统界面

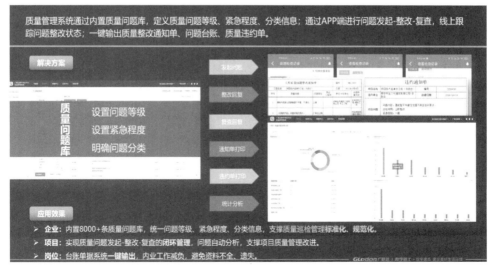

图12 质量检查

2）质量验收：现场验收存在很多问题，如验收流程不规范，验收不及时，验收资料不及时。质量验收涵盖现场的各项验收内容，包括工序验收、样板验收，材料进场验收等，内置国家质量验收标准规范，在线验收，形成验收记录，验收照片存档，随时查看，及时跟踪验收进度，项目验收管控更省心。

（2）实测实量系统。系统由 Web 端和移动端 App 组成，Web 端主要用于项目立项、数据管理等，手机 App 主要用于项目现场的测量。通过智能设备与手机应用相结合使用，实现优化质检测量流程，自动计算测量数值的合格率、项目测量点位覆盖程度，对施工现场的测量工作进行提效，并方便质量管理人员管控项目总体质量。

一键录入、操作简单，自动评判、提升效率，单人操作，节省人力，过程管理、形成闭环，利用智能测量设备和移动应用改变传统验收测量模式。

3.13 智慧展厅

（1）数字大屏可视化管理。工地现场办公室应设置具有现场指挥、项目数据看板的数字大屏设备；大屏设备能够显示项目应用的智慧工地平台中的全部数据，包括宏观看板数据和具体项目管理业务数据；大屏设备能够兼做普通会议用屏；项目现场应至少保证有一块尺寸不小于 100 寸的数字大屏；数字大屏应配置一台满足大屏显示要求的高性能 PC 或常用移动笔记本电脑，如果如现场条件允许可与视频会议室共用同一套设备；支持智慧工地平台各模块的数据显示，包括但不限于环境监测、安全管理、质量管理、进度管理、智能监控、劳务实名制等系统的显示。

（2）安全 VR 体验管理。工地现场应设置安全 VR 体验专区，让体验者通过 VR 设备能够真实感受到安全事故发生的全过程；体验内容需尽量与实际情况相符，使体验者感受更加深刻；应保证安全 VR 内容与项目情况相符，并能够根据项目情况变更而对内容做及时升级和修改；应派专人定期维护 VR 硬件设备，保证其驱动升级与 PC 系统的升级保持一致，保证其兼容性；应在项目日常安全教育中引入安全 VR 教育内容，让相关人员都定期进行安全事故的 VR 体验及演练，见图13。

图13　3D质量工艺展示馆

4　结语

通过依托超高层科研大厦项目，智慧化工地平台和 BIM 技术相结合，并结合项目现场管理业务场景应用需求，挖掘关键数据，形成了包括采集与传输、数据存储与处理、可视化监控、人机交互操作等内容的成套管理系统；智慧工地的智慧化工程管理可以通过多种信息化手段实现多方联动和统一规划，建成施工工地的智慧化信息技术平台，实现对项目质量、安全和人员等多方面的有效管理，保障项目正常运行，加速项目建设进程，促进行业长效发展。

参考文献

[1] 黄欢. BIM 技术在高职建筑工程专业实践教学中的应用与效果分析［J］. 学周刊，2024（12）：13-15.

[2] 夏同水，崔琳. 数字化转型对战略激进度的影响［J］. 会计之友，2024（8）：42-50.

[3] 金山区人民政府. 提质增效创先争优努力推动乡村振兴示范先行［J］. 上海农村经济，2024（3）：8-9.

[4] 狐若辰. 全国交通安全日 来北医体验一次 VR "醉驾"［J］. 平安校园，2023（12）：77-78.

[5] 郑晓渊，姜黎，贾中芝，等. 基于物联网技术的图书馆书籍自动定位系统［J］. 自动化技术与应用，2024，43（3）：132-135.

无人机载 LiDAR 设备在弃土场选用中的应用

路 飞 李 谋 李 彬/中国水利水电第十四工程局有限公司

【摘　要】　为了提高弃土场选用的工作效率，引进机载激光雷达（LiDAR）技术获取地面点云数据，生成等高线，再利用三维模型在 Cass3D 内业处理，最终形成地形图，供弃土场实际堆渣量计算、规划设计。结果表明基于机载激光雷达技术采集的点云数据效果较好，地形测量的方式较传统测绘方式在提高生产效率的前提下保证了测绘精度，具有良好的应用效果。

【关键词】　山区高速　机载激光雷达　地形图测绘　弃土场规划

1　引言

与传统测量手段相比，由于无人机构造简单，适用于地形地貌复杂的各种区域，无人机航摄测量技术已经逐步应用在工程测量中。但在山区植被遮挡较为严重时，倾斜摄影仅能采集少量的要素，并且还需在植被遮挡严重和建筑密集区域使用全野外的方法作业，严重影响工作效率。随着激光雷达扫描技术的成熟，无人机航测也迎来全新的应用办法，机载激光雷达已初步应用于测绘类项目实践中，为植被茂密、遮挡严重的山区大比例尺地形图测绘提供了一种新的解决方案。本项目利用大疆 M300 RTK 无人机搭载禅思 L1 机载 LiDAR 设备，配合后处理软件，进行山区大比例尺地形图测绘生产。大疆 M300 RTK 无人机性能强劲、适应环境能力强，可在复杂环境下作业，工作持续时间长，保证作业不中断，搭载 RTK 模块，精度高，可直接输出标准坐标系成果。禅思 L1 一体化高度集成激光雷达、测绘相机与高精度惯导功能，Livox 激光雷达模块穿透能力强，能够透过植被之间的缝隙穿透到地面，获取到地面高程数据，激光雷达扫描的同时测绘相机可同步工作。两套设备搭配，可不用布设像控点，数据采集效率高，相对摄影测量，机载激光雷达扫描技术数据更准确可靠，成图速度更快速便捷，分辨点云更智能化。

2　项目概况

永盐高速公路位于云南省昭通地区，属典型的高山峡谷构造地形，山高谷深，海拔高差大，项目新建里程 68.21km，桥隧比 84.8%，弃方较多，共有 43 个弃土场。弃土场多选在山谷沟壑地区，植被覆盖较密。在前期弃土场规划工作中，需要快速掌握同一个地区多个弃土场的实际地形情况，计算堆方量，做方案比选。本次选择 1-1 号弃土场作为案例研究。1-1 号弃土场形式为沟道形，占地约 360 亩，该路段地形起伏较大，地面高程 800~960m，山体自然边坡坡度 15°~30°，属低山丘陵冲沟地貌，冲沟两岸坡体植被发育，坡脚及沟谷为荒地，如图 1 所示。

图 1　测区地理位置图

3　项目实施流程

项目技术流程主要包括作业规划、外业数据采集、点云数据及模型处理、LiDAR360 激光雷达点云数据处理分析、生产地形图。

3.1 作业规划

根据测区范围提前在奥维地图框选范围，对范围内地物初步判断，列出可能影响飞行作业的因素，画出面状区域并导出至无人机遥控器备用。飞行前，在测区采集明显标记点，作为后续精度检查点。由于大疆 M300 RTK 无人机搭载 RTK 模块与高精度惯导功能，该次作业不布置像控点，通过采集测区对应控制点的大地坐标，与控制点的工程坐标解算七参数，运用到数据处理中。

3.2 外业数据采集参数设置

无人机外业采集采用仿地飞行模式，数据采集更贴合实际地貌，根据现场情况规划航线，甄别可能会影响无人机作业的地物，如高压线高度情况，在保证安全飞

行的前提下开展，航飞参数见表 1。

表 1　　　　航　飞　参　数

项 目	参数
点云密度/(个/m²)	156
GSD/(cm/pixel)	2.46
仿地飞行高度/m	90
航线速度/(m/s)	7
激光旁向重叠率/%	50
可见光旁向重叠率/%	60
可见光航向重叠率/%	70
回波模式	三回波

参数设置完成后自动规划航线，再调整航线飞行方向，使飞行更贴合山势，测区航线规划如图 2 所示。

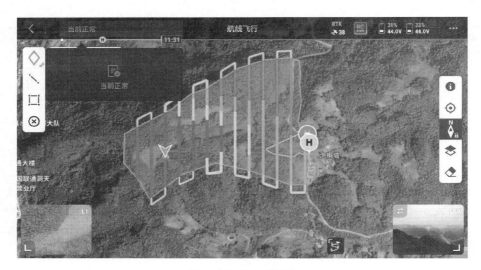

图 2　测区航线规划图

3.3 采集过程注意事项

无人机规划好航线后即可自动开展飞行作业，飞机与遥控器可实现 1080P 图传，作业过程中自动实时切换至最佳信号通道，保证了地面操作人员在航测过程对无人机工作状态实时监控，实时观察传回的影像，考量环境状况，如有飞行器未识别出来的地物则及时处置，同时观察飞行器状况，保证安全飞行。

在飞行中，禅思 L1 机载 LiDAR 设备同时拍摄像片及点云扫描，如图 3 所示。

4　数据处理

4.1　外业数据处理

引入大疆制图软件进行数据处理，大疆制图能处理

可见光、多光谱、激光雷达点云三大类型数据。可见光中可进行二维及三维重建，可输出二维、三维模型。激光雷达点云数据处理，通过对点云精度优化、平滑后，输出 LAS 格式数据。在处理模型及激光雷达点云数据时，输入采集的控制点坐标，解算出七参数，带到解算中，即可输出与实地坐标匹配的成果，输出的三维模型如图 4 所示。激光雷达点云数据处理后输出 LAS 数据，进行下一步处理。

4.2　LAS 数据处理

利用 LiDAR360 软件可对 LAS 数据进一步处理。导入数据后，首先去噪，把一些悬浮在空中的点（例如电线、孤立的点）剔除，去噪可以去除孤立点和噪声的影响，使生成的数字高程模型（DEM）和数字表面模型（DSM）产品更加接近真实地形。对去噪后的点云进行平滑，然后进行地面点自动分类，软件可自动将房屋、

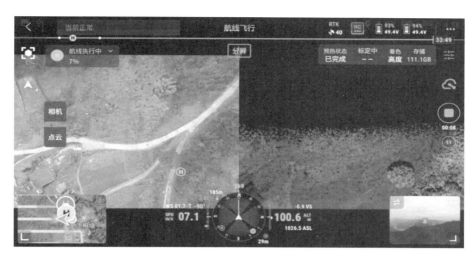

图 3 数据采集实时图

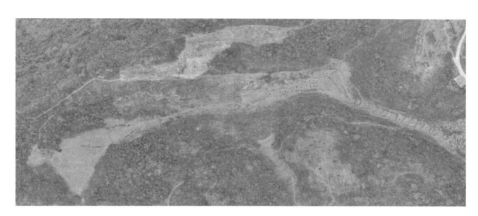

图 4 三维模型图

树木等点划分为非地面点，还可进行手动分类，人工对非地面点的数据剔除，最后剩余地面点数据，通过点云生成等高线功能，选择比例尺等选项后，即可生产等高线图。

4.3 地形图绘制

在南方 Cass 中利用 Cass3D 插件打开模型和等高线图，根据模型识别地物，在等高线图中同步编辑、绘制地物，最终形成地形图。

5 成果分析

利用 RTK 采集测区提前布设的检查点数据，与建立的数字正射影像图（DOM）和数字高程模型（DEM）中的数据进行精度对比分析，平面坐标对比见表 2，高程坐标对比见表 3，分析外业地物点点位误差精度和外业高程中误差精度。

表 2   平 面 坐 标 对 比 表

序号	模型坐标		实测坐标		偏 差 值		
	X	Y	X	Y	ΔX	ΔY	ΔS
1	3106352.128	426383.3262	3106352.195	426383.1435	−0.067	0.183	0.195
2	3106548.383	426316.6904	3106548.464	426316.5034	−0.081	0.187	0.204
3	3106685.825	426340.659	3106685.9	426340.7003	−0.075	−0.041	0.086
4	3106595.912	426472.8077	3106595.981	426472.7683	−0.069	0.039	0.079
5	3106433.21	426337.3027	3106433.199	426337.0771	0.011	0.226	0.226
6	3106603.996	426172.4719	3106603.98	426172.3941	0.016	0.078	0.079

序号	模型坐标		实测坐标		偏差值		
	X	Y	X	Y	ΔX	ΔY	ΔS
7	3106612.723	426073.3821	3106612.79	426073.3486	−0.067	0.034	0.075
8	3106551.486	425870.4753	3106551.578	425870.4641	−0.092	0.011	0.093
9	3106388.466	425839.2114	3106388.462	425839.1396	0.004	0.072	0.072
10	3106402.926	426167.7606	3106402.925	426167.7711	0.001	−0.011	0.011
11	3106343.052	426356.1154	3106343.026	426356.0265	0.026	0.089	0.093
12	3106322.579	426396.0652	3106322.598	426396.0309	−0.019	0.034	0.039
13	3106495.579	426497.5538	3106495.579	426497.449	0.000	0.105	0.105
14	3106629.838	425917.7241	3106629.849	425917.804	−0.011	−0.080	0.081
15	3106704.261	426348.7675	3106704.267	426348.7918	−0.006	−0.024	0.025
16	3106318.323	426421.8633	3106318.385	426421.8411	−0.062	0.022	0.066
17	3106719.563	426294.9147	3106719.545	426294.8961	0.018	0.019	0.026
18	3106427.858	426440.4612	3106427.997	426440.6035	−0.139	−0.142	0.199
19	3106710.17	426320.5647	3106710.168	426320.5817	0.002	−0.017	0.017
20	3106429.321	426023.6162	3106429.331	426023.6266	−0.010	−0.010	0.014

表3　　　　高程坐标对比表

序号	模型坐标	实测坐标	偏差值
	X	X	ΔX
1	911.663	911.839	−0.176
2	889.077	889.191	−0.114
3	852.244	852.365	−0.121
4	867.873	867.821	0.052
5	920.342	920.498	−0.156
6	941.677	941.671	0.006
7	929.149	929.071	0.078
8	970.618	970.537	0.081
9	991.823	991.898	−0.075
10	893.98	893.932	0.048
11	833.798	833.906	−0.108
12	831.378	831.447	−0.069
13	839.881	839.907	−0.026
14	864.285	864.188	0.097
15	867.862	867.811	0.051
16	897.435	897.316	0.119
17	930.691	930.619	0.072
18	984.817	984.713	0.104
19	919.777	919.763	0.014
20	863.18	863.182	−0.002

经过实测坐标与模型坐标的数据对比分析，平面最大误差为0.226m，中误差为0.067m，高程最大误差为−0.127m，中误差为0.093m，精度均满足《机载激光雷达数据处理技术规范》（CH/T 8023—2011）的要求，具体精度要求见表4。

表4　　　　精度要求

比例尺	地形类别	数字高程模型高程中误差/m	数字正射影像图平面中误差/m
1：2000	平地	0.2	0.3
	丘陵地	0.4	0.3
	山地	0.5	0.4
	高山地	0.7	0.4

6　结语

机载 LiDAR 技术对比传统测绘，其速度快、精度高，在山区高速公路地形测量中具有较高的精度，完全能够满足测图要求，提高成果提交的效率，同时机载激光雷达技术在作业过程中，有着安全、低碳的特点，减轻测绘人员的工作强度，具有巨大的发展空间和潜力。随着无人机及激光雷达设备技术不断推广，以及设备轻量化、价格平民化等优势，已在日常测量工作中得到充分发挥，在山区高速公路原始地形地貌测绘工作中，机载激光雷达势必得到充分的应用。

参考文献

[1] 丁涛，刘超，邓烨，等. 大疆 M300RTK 无人机在农村地籍测量中的应用 [J]. 安徽科技学院学报，2021，35（3）：23 - 29.

[2] 汪家意，王君，田泽海. 机载 LiDAR 在山区 1∶500 地形图测绘中的应用 [J]. 智能城市，2023，9（12）：39 - 41.

[3] 郝长春. 无人机载激光 LiDAR 在植被覆盖区大比例尺地形测绘中的应用分析 [J]. 安徽建筑，2019（3）：166 - 168，200.

[4] 郭双建. 机载激光雷达测量技术在大比例地形测绘中的运用及优势 [J]. 世界有色金属，2020（8）：214 - 215.

[5] 任文龙，王得洪，张雷. 无人机激光雷达在陡峭山区作业及数据精度提升方法 [J]. 四川建材，2023（4）：34 - 35，47.

[6] 施国武，李长平，李霞，等. 无人机航摄系统在大比例尺地形测量中的应用 [J]. 云南水力发电，2020（4）：102 - 106.

[7] 范慧芳，张修玉，赵淑玲. 浅析机载激光雷达点云数据处理与 DEM 制作 [J]. 测绘与空间地理信息，2023，46（S1）：230 - 232，239.

[8] 邹云，付宓. 基于机载激光雷达的山区高速公路地形测量精度分析 [J]. 公路交通技术，2012（6）：14 - 19.

山区公路施工无人机技术应用

汪传国　刘号成　纪　宇／中国水利水电第十四工程局有限公司

【摘　要】　无人机应用于测绘行业，在平原地区工程、城市内工程应用较为广泛，但是在山区，由于受地形、树木、沟壑等地貌影响，以及结合无人机本身信号传输等性能影响，应用于山区工程建设测绘行业比较受限，因此，本文介绍了山区公路无人机技术应用，希望扩宽无人机测绘技术在山区地形中的应用提供借鉴。

【关键词】　山区　二级公路　无人机　测绘

1　工程概况

S301码口至巧家段改扩建工程（大寨至巧家段）的起点位于白鹤滩水电站附近大寨镇海口村，接原有巧大路，沿金沙江岸坡展线，经观音岩、圆堡山、三家村、庙子湾，止于巧家县城，沿线城镇为大寨镇、白鹤滩镇。止点接S303省道盐潭沟大桥左侧，接既有的水电站材料运输专用通道，并与黎明西区居民点相结合。路线走向由北向南，按二级公路标准进行设计，设计速度为40km/h，路基宽度为8.5m，桥涵设计荷载为公路-Ⅰ级，路线全长约33.854km，主线起讫点为K0＋000～K33＋932.675（含断链78.590m）。

2　无人机及软件介绍

2.1　无人机介绍

无人驾驶飞机（UAV）简称为"无人机"，是利用无线电遥控设备和自备的程序控制装置操纵的不载人飞机，或者由车载计算机完全或间歇性地自主操作。

与有人驾驶飞机相比，无人机往往更适合那些较危险的任务。无人机按应用领域，可分为军用与民用。军用无人机各项要求较高，主要有侦察、通信中继无人机等，民用无人机一般是无人机＋行业应用模式。

无人机在地势复杂的区域具有明显优势，与传统的大型飞机相比，无人机具有灵活轻便、价格亲民、随拆随用等优势，在测绘领域广泛应用。根据无人机的特性，逐渐显示独特的优势，尤其体现出以下几个优点。

（1）灵活轻便、效率高。

（2）价格亲民、操作简单。

（3）购买渠道广，无须载人升空，组装方便，可以做到随拆随用，使用遥控即可操控无人机完成各项任务，能够实时获取影像并在SD卡中存储。

（4）分辨率高、传输快。无人机采用4K高清摄像头，且飞行高度较低，距离地面较低，获取的影像数据分辨率较高，利用无人机能够生成1：500～1：10000地形图，生成的模型色彩逼真，分辨率高。

（5）拍摄范围广。无人机可以搭载多台数码相机，在执行飞行任务时可以实现全方位无死角拍摄，从不同的方向进行拍摄，能够更好地反映结构物的特征，同时也提高了测量的精度。

（6）自动化高。无人机可以通过设计飞行路线、飞行参数，自行获取影像资料，人工操作极少，地形数据可通过计算机和软件来完成。

2.2　软件介绍

ContextCapture是Bentley旗下的一款三维实景建模软件。使用ContextCapture用户可以快速为各种类型的基础设施项目生成三维模型。而这一切都源自用户拍摄的普通照片，不需要昂贵的专业化设备，用户就能快速创建细节丰富的三维实景模型，并使用这些模型在项目的整个生命周期内为设计、施工和运营决策提供精确的现实环境背景。在该软件中主要应用技术为倾斜摄影测量技术，倾斜摄影技术是国际测绘领域近些年发展起来的一项高新技术，它覆盖了以往正射影像只能从垂直角度拍摄的局限性，通过在同一飞行平台上搭载多台传感器，同时从一个垂直、四个倾斜五个不同的角度采集影像，呈现给用户符合人眼视觉的真实直观世界。

利用倾斜影像技术进行三维建模，在获取影像数据的同时，获取准确的地形数据，能够直观地表现出地形特征以及地物的细节特点，与传统的测量技术相比有以下特点。

（1）效率高。倾斜摄影测量技术能在最短时间内获取地形数据影像资料，只需人工少量操作，就能实现三维建模。

（2）多样性。倾斜摄影测量技术能够满足多种不同的需求，能够通过 ContextCapture 转换成不同的数据格式。

（3）成本低。采用倾斜摄影测量技术绘制地形图仅需在外业采集影像资料，人力物力投入极小，在短时间内就能生成需要的地形图。

该技术获取的数据往往会受到建筑物、植被和树木等高大物体遮挡的影响，与实际尺寸有所差别，会导致部分地理信息无法获取，进而无法获取精确的地面数据，会影响后期绘制地形图的精度。

3 工作流程

3.1 工作原理

本次研究选用的无人机为大疆精灵 4Pro，该机型只有一个摄像头，单次飞行时间可达 30min，最远航程可达 2000m。以无人机为飞行平台，通过单摄像头获取地面影像资料，采集的影像资料具有地理参考信息，通过空中三角测量生成三维模型如图 1 所示，在 EPS 中即可获取需要的地形图。

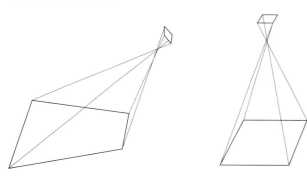

图 1 倾斜、垂直摄影测量原理

3.2 影像获取

在采集影像之前需熟悉测区环境，选择较为空旷的平地作为起降场，周围最好无高压线等干扰。在测区布设像控点，像控点布设原则通常要均匀布设在整个测区，在山区需要在不同高度布设，这样能够提高后期成图的精度，要根据不同的测区设计不同的布设方案，像控点坐标应为三维坐标，即平面位置和高程。航线一般布置成矩形，为了提高精度，本文采用横纵交错式布置航线，能够有效提高重叠度，同时为了避免无人机因碰撞坠机，需要熟悉测区周边环境，设置飞行

高度，并不是高度越高越好，高度超过一定范围会影响相片清晰度。该测区像控点布置如图 2 所示，像控点坐标见表 1。

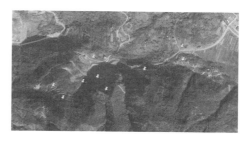

图 2 像控点布置图

表 1 像控点坐标

编号	X	Y	H
x1	500484.097	3009347.476	994.512
x2	500578.902	3009382.481	994.899
x3	500550.385	3009526.310	923.402
x4	500292.715	3009318.012	1058.658
x5	500355.632	3009228.174	1133.197
x6	500635.096	3009292.184	1101.796
x7	500879.702	3009441.436	1066.847
x8	501128.135	3009515.085	1039.640
x9	501120.849	3009611.851	1024.705

为了保证后期成图效果，避免在绘制三维模型时出现地物变形和遮挡等问题，在设置飞行参数时，应将航向和旁向重叠度设置在 70% 以上，应尽量选择在无风天气晴朗的时间点进行飞行任务。飞行前要检查无人机状态，确保设备齐全，摄像头无遮挡，机翼无损坏，无人机运行正常。设置好飞行参数后，就可以让无人机按照设计航线自行飞行。在飞行过程中，操作人员需实时查看无人机，注意无人机飞行状态和影像获取状态，以确保影像的质量。原始相片的获取是后期三维建模的关键，相片的清晰度直接关系着地形图的精度，所以必须选择一个优良的天气执行飞行任务。

在获取地面影像资料后，检查相片质量，通过 Pix4dmapper 提取每张相片的位置信息，确保与每一张相片的 POS 信息一一对应，见表 2。

表 2 部分相片经纬度

编号	纬度/(°)	经度/(°)	高程/m
DJI_0001	27.192578	102.920139	1077.281982
DJI_0002	27.192525	102.920164	1077.281982
DJI_0003	27.192404	102.920218	1077.381958
DJI_0004	27.192222	102.920303	1077.381958
DJI_0005	27.192027	102.920388	1077.381958
DJI_0006	27.191855	102.920465	1077.281982

续表

编号	纬度/(°)	经度/(°)	高程/m
DJI_0007	27.191748	102.920506	1077.381958
DJI_0008	27.191691	102.920459	1077.482056
DJI_0009	27.191671	102.920359	1077.682007
DJI_0010	27.191734	102.920296	1077.781982
DJI_0011	27.191842	102.920259	1077.881958
DJI_0012	27.191962	102.920209	1077.881958
DJI_0013	27.192085	102.920154	1077.781982
DJI_0014	27.192213	102.920096	1077.682007
DJI_0015	27.192347	102.920031	1077.682007
DJI_0016	27.192471	102.919970	1077.381958

3.3 三维建模

倾斜摄影测量改变了传统测绘效率低、工作量大等问题，可以大面积地获取地面数据，该数据能够满足绘制地形图的要求。计算机配置应满足软件要求，可以提高计算机配置来提升软件处理速度。

将整理好的无人机影像数据通过 ContextCapture 软件进行内业数据处理，ContextCapture 软件处理流程如图 3 所示。

本研究区域为巧大公路明线段，以绘制地形图为目标，在测区内均匀布设了 9 个像控点，采用大疆精灵 4Pro 搭载 4K 高清相机，共采集了 2305 幅影像，提取每幅影像的地理位置信息后就能导入 ContextCapture 开始三维建模。

3.4 ContextCapture 软件处理过程

打开 ContextCapture 新建工程，跟着软件提示即可

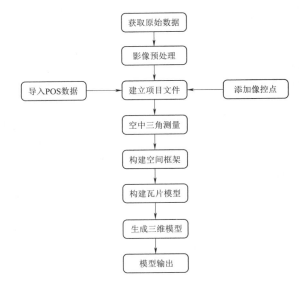

图 3　像控点布置图

完成新工程创建，导入影像资料后导入 POS 数据，项目平面坐标系为 CGCS 2000 坐标系，投影面高程 1000m，高程系统采用 1985 国家高程基准，故 POS 数据为 CGCS 2000 坐标系，导入影像和 POS 数据如图 4 所示。

在完成第一次空中三角测量后，导入像控点坐标，进行第二次空中三角测量，如图 5 所示。

在完成第二次空中三角测量后，就要进行最为关键的一步刺点。在影像上逐一完成每一像控点刺点工作，如图 6 所示，刺点工作需认真对待，应保证每一张相片像控点位置准确，此前多次进行空中三角测量就是为了让软件帮预测出像控点的大概位置，以便更加精准快速地完成刺点工作，此步骤烦琐，须有足够的耐心，因此在对该测区进行飞行任务之前，需要足够了解测区情况，这样才能清楚地知道每个像控点的位置。

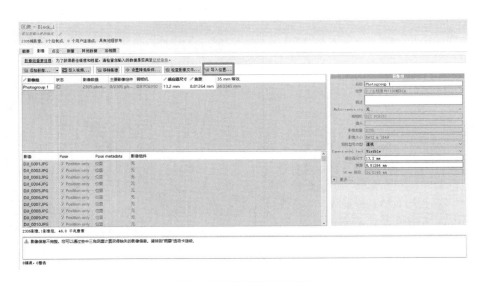

图 4　导入影像和 POS 数据

图 5 导入像控点坐标

图 6 刺点

在像控点刺点完成后，设置相关参数，就可以进行第三次空中三角测量，这个过程通常比较漫长，这和在外业获取的影像资料数据多少有关，另外需要满足要求的计算机配置。

第三次空中三角测量完成后，即可预览三维模型，也可以看到相机在空中的拍摄位置，如图 7 所示。

为了减轻计算机的压力，可以有效地调整测区范围，如研究的范围可缩减无人机轨迹明显减少的部分。本次研究共设 74 个瓦片，在设置三维建模时，有多种格式可供选择，本研究为了在清华三维 EPS 中直接使用，故选择了 OSGB 格式。

3.5 ContextCapture 技术改进

本研究选择巧大二级公路明线段，共采集 2305 幅影像，像控点共布置 9 个，内业数据处理接近 12h，成果较好。与传统的软件处理过程相比增加了两次空中三角测量，把不同的任务分配到每次空中三角测量中，减少了计算机集中计算的压力，同时在完成刺点工作的时候能够明显感觉工作效率有所提高。在最后一次空中三角测量之前，对冗余瓦片进行删除，减少瓦片数量，减少不必要的计算，对节省时间作出了很大的贡献。

3.6 要素采集

EPS 地理信息工作站是北京清华山维新技术开发有限公司结合近 20 年来在测绘和 GIS 领域软件开发的经验，自主创新研发的面向 GIS 数据生产、处理、建库更新的测绘与地理信息系统领域专业软件，是建立信息化测绘技术体系、提高 GIS 数据生产作业效率、保证生产成果质量、实现数据建库更新管理之集成大作。

EPS 在两个窗口可以使用快捷键进行快速编辑，也可在菜单栏选择命令进行编辑。也可以和 CAD 一样将经常用到的命令编辑到快捷面板中，能够快速地编辑要素。下面简单介绍几个经常用到的功能。

图 7　三维模型

（1）居民地及附属设施。居民地命令下包含很多小命令，常用的都可在此命令下选择，进行房屋采集时，有多种方法如简易房、五点房等，在建筑物旁边可以不绘制高程点，标记出房屋位置即可。道路以道路等级按照实际宽度进行采集，道路两边绘制边线，水系、管线也是以同样方法进行采集。

（2）在植被较多的地方，应该找植被稀疏的地方采集地形点，电杆、铁塔、电力线和通信线也都应该分开标识。

（3）高程点采集方法也分为多种，通常可以选择线选和面选，确定好高程间距后就可自动生成高程点。

3.7　绘制地形图

利用无人机绘制地形图大致可以分为以下几个步骤：像控点布设与测量、外业影像采集、ContextCapture 数据处理、EPS 地形数据提取和南方 Cass 成图。打开 EPS 新建工程，选择基础地理标准－500，根据提示完成下一步操作。由于之前在 ContextCapture 软件中绘制的是 OSGB 格式的三维模型，需进行 OSGB 数据转换，转换完成后加载本地倾斜模型，之后就可以提取需要的地物特征点和高程点，完成高程点采集，即可导出为 Cass 数据。

在 Cass 中根据高程点绘制三角网，在绘制三角网的时候需要注意相邻的三角形不得交叉、不得重复，否则影响后期绘制等高线。地形效果如图 8 所示。

在三维模型精度满足制图要求的情况下，不同的作业人员绘制地形图的方法和技巧也会不同程度地影响地形图的成图精度。由于在山地经常会受到高大树木的影响，这时需要旋转地物，通过不同的角度确定地物的准确位置。在 EPS 中有个两个窗口，可以在二维窗口导入需要绘制地形图的范围，以减少绘图人员的工作量。

4　结语

倾斜摄影测量技术经过多年的发展，已经被广泛应用和接受。传统的测绘方法依靠全站仪、RTK 和经纬仪等仪器完成，其成本高、工作量大，亟须新技术减轻地形测绘工作量。倾斜摄影测量技术借助一系列软件完成建模，该技术建立的三维模型更为真实，速度快，自动化程度高，在发达地区应用较多，但是在山区研究较少。通过本文的研究发现，该方法行之有效，希望无人机测绘技术在山区地形中得到更广泛的应用。

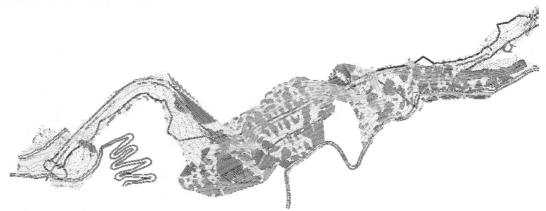

图 8　地形效果图

参考文献

［1］ 陈嘉琪，张寅，王淑晴. 基于 Smart3D 的倾斜影像三维建模研究［J］. 河南科技，2018（25）：16 - 19.

［2］ 李丽红. 基于无人机技术的大场景三维建模——以云岗石窟景区为例［J］. 经纬天地，2019（1）：16 - 18.

［3］ 黎新宇，莫基琳. 基于无人机摄影测量技术的三维建模研究——东江森林公园高精度三维建模研究及应用［J］. 林业与环境科学，2018，34（6）：103 - 107.

［4］ 郭世敏. 基于无人机航摄影像的大比例尺测图及三维建模研究［D］. 昆明：昆明理工大学，2017.

［5］ 曹琳. 基于无人机倾斜摄影测量技术的三维建模及其精度分析［D］. 西安：西安科技大学，2016.

［6］ 徐思奇，黄先锋，张帆，等. 倾斜摄影测量技术在大比例尺地形图测绘中的应用［J］. 测绘通报，2018（2）：111 - 115.

［7］ 包丹丹. 倾斜摄影测量的空三精度和三维模型精度的评估方法研究［D］. 天津：天津师范大学，2017.

［8］ 魏祖帅. 倾斜摄影空中三角测量若干关键技术研究［D］. 郑州：河南理工大学，2015.

［9］ 吕香伟. 倾斜影像的特征提取及匹配研究［D］. 西安：长安大学，2017.

［10］ 王之卓. 摄影测量原理［M］. 武汉：武汉大学出版社，2007.

［11］ 谢玉凤. 无人机真正射影像制作关键技术研究［D］. 成都：成都理工大学，2017.

大型引水工程槽体支架预压试验技术分析研究

崔亚军　徐全基　万永正/中国水利水电第十四工程局有限公司

【摘　要】　为了检查临时贝雷架承重支撑架的承载能力和稳定性，减小和消除临时支架的非弹性变形和地基的不均匀沉降，测量弹性变形是保证结构安全和可靠性的重要环节。本文结合现浇渡槽的工程实践，通过对临时承重支撑架进行预压施工过程计算分析，并结合预压试验的检测结果进行了详细的分析，可为今后类似工程提供参考。

【关键词】　大型渡槽　承重支撑架　预压试验　结构分析

1　工程概况

向家坝灌区引水工程木桥沟渡槽全长 357m，由 12 跨槽体连接而成，进口底板高程为 340.77m，出口底板高程为 340.44m，设计流量 20.0m³/s，加大流量 24.0m³/s。槽体共计 12 跨，其中 1～4 号跨度为 25m，5～12 号跨度为 30m，进口、出口分别设置渐变段与木桥沟渡槽进口闸及杉树咀隧洞连接，其中进口渐变段长 7m，出口渐变段长 10m。渡槽上部结构采用三向预应力矩形槽，下部结构桥墩采用空心墩＋桩基础，槽台采用实体台身＋桩基础，进口、出口渐变段为钢筋混凝土结构。30m 跨槽体箱梁顶全宽 5.2m，底宽 5.4m，过流断面净宽 4.0m、高 3.45m。箱梁底板在跨中厚 0.6m，支点段厚 1.0m；梁高在跨中为 4.05m，支点段为 4.45m；箱梁腹板厚度跨中由顶部的 0.45m 向底部的 0.5m 过渡，在支点段全高范围内厚度均为 0.5m；箱梁腹板顶部沿纵向每 2m 设置一根 0.4m×0.3m（宽×高）的拉杆，以减小开口箱梁腹板根部弯矩；梁顶两侧各设 1.6m 检修通道。

2　预压试验目的

开展槽体临时承重支撑架堆载试验，为消除支撑架、模板非弹性变形和地基压缩沉降的影响，在第 8 跨（30m 跨）渡槽支撑架搭设完毕后，用混凝土块对槽身底模及支撑架进行与混凝土浇筑同等荷载的堆载预压试验。通过预压试验测量出支撑架实际沉降数值，作为试验槽段和非试验槽段梁体立模抛高预拱值的数据参考，并检测支撑架受力稳定情况，以确保支撑架安全，为大跨度现浇混凝土渡槽浇筑奠定安全基础。

3　渡槽临时承重支撑架设计及施工

第 8 跨槽体承重支撑架基础为渡槽下部墩柱承台，承台为 C30F100 混凝土，基础内设置 20mm 厚 800mm×800mm 的预埋钢板。

第 8 跨槽体混凝土承重支撑架主要采用"钢管立柱＋贝雷梁＋满堂支撑架"。钢管立柱为 $\phi609×16mm$ 钢管，最大高度为 41.51m，贝雷梁采用 HD200 型及 HD201 高抗剪型贝雷架，承重排架为盘扣式满堂脚手架，立杆 0.6m×0.3m（纵距×横距）间排距搭设，搭设最大高度 $H=4.6m$，最大步距 $h=1.0m$。承重支撑架立杆下部采用 ［10 槽钢铺底，上部临近模板处采用 $\phi32mm$ 丝杆顶托进行找平，再铺纵横向工16 工字钢找平。

4　槽体临时承重支撑架堆载预压方案

4.1　预压重量及加载变形

根据专项方案要求，预压重量为模板及槽体自重的 120%，由于预压是在底板安装后进行的，即预压重量为模板（外模＋内模＝76.2t）及槽体自重（697.35t），30m 跨总重量为 773.55t，即预压总重量为 773.55×1.2＝928.26（t）。

预压材料以尺寸为 1.5m×0.75m×0.9m（长×

宽×高）混凝土块为主，预压材料的堆放自重尽量与上部模板及槽体自重布置分布一致。预压加载分25%（232.065t）、50%（464.13t）、75%（696.195t）及100%（928.26t）四级进行。

观测断面沿纵向 $\frac{1}{4}L$ 及跨中共布置3个断面，每个断面在槽体中部及两侧边墙正中下部各布置1个测点，总测点为9个。测点布置于贝雷梁底部，粘贴"+"字反光片，采用全站仪进行测量。

加载前测量初始高程 H_1，加载25%、50%、75%后分别进行一次测量，加载100%后立即测量高程 H_2，后在8h和18h各测一次，直到连续24h各测点平均累计沉降小于2mm，并经监理工程师确认后方可卸载，卸载前测量高程 H_3，卸载结束后测量高程 H_4。

各测点的预压变形计算如下：
非弹性变形：$\Delta 1 = H_1 - H_4$
弹性变形：$\Delta 2 = H_4 - H_3$；

已预压区各断面调整模底标高为：槽底设计标高+$\Delta 1$ 平均值，断面间按线性插入法进行调整。

没进行预压区各断面调整模底标高为：槽底设计标高+$\Delta 2$ 平均值+$\Delta 1$ 平均值，断面间按线性插入法进行调整。

4.2 预压混凝土块堆载计算

单块混凝土重量：$1.5 \times 0.75 \times 0.9 \times 2.4 = 2.43$（t）
总共需要混凝土块数量：$928.26 / 2.43 = 382$（块）

30m跨度的槽体，混凝土块按照1.5m长度方向纵向布置，则每个断面布置混凝土块数量为：$382 \div 30 \times 1.5 = 19.1$（块）。

4.3 预压混凝土块堆载施工方法

预压材料的堆放自重尽量与上部模板及槽体自重布置分布一致，按照均布布置原则，混凝土块堆载剖面见图1。

堆载时前，测量各个测点的位置及初始高程，并做好记录。堆载时应从跨中向两端对称逐层进行堆载。

第①层每个断面7块，顺槽体纵向布置，共计140块；堆载至138块（即加载总重量的25%）时，测量各个测点的位置及初始高程，做好记录，并计算各个测点的变化情况。

第②层每个断面7块，顺槽体纵向布置，共计140块；第②层堆载51块，累计堆载至191块（即加载总重量的50%）时，测量各个测点的位置及高程，做好记录，并计算各个测点的变化情况。

第③层每个断面4块，顺槽体两侧边墙纵向布置，左右边墙位置各2块，共计80块；第③层堆载7块，累计堆载287块（即加载总重量的75%）时，测量各个测点的位置及高程，做好记录，并计算各个测点的变化情况。

第④层顺槽体两侧边墙纵向每隔1.5m对称布置，共计22块。合计堆载至382块（即加载总重量的100%）时，立即测量各个测点的位置及初始高程，后在8h和18h各测一次，直到连续24h各测点平均累计沉降小于2mm并经监理工程师确认后方可卸载，卸载前和卸载结束后各测量一次高程，做好记录，并计算各个测点的变化情况。

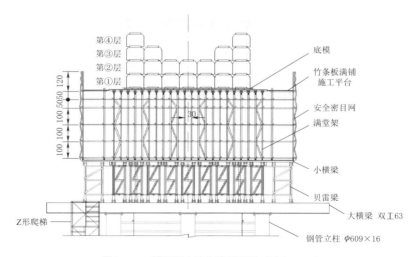

图1 30m跨混凝土块堆载剖面图（单位：cm）

堆载过程中，安排测量工程师随时观测支撑架体各个测点的变化情况，若各个测点的变化值在合理范围内，则继续堆载；若变化值异常，则停止堆载，仔细检查支撑架体情况及堆载布置，并处理后再进行堆载预压施工。

5 堆载预压及观测过程

在渡槽支撑架搭设完毕，底模安装好后，对支撑架进行超载预压，在贝雷梁底部布设观测点，观测点设在预压跨的1/4及跨中处，每点位横向均设3点。2023年2月15日16：00进行了加载前观测点初测，2023年2月16日17：00正式陆续开始进行加载。主要加载介质为1.5m×0.9m×0.75m混凝土块，累计加载930t，满足规定加载数量要求。2月15日正式开始进行支撑架模板沉降加载变形观测，直至2月19日按预定加载重量加载完成时，一直保持连续变形观测。在首次加载前先观测一次，作为起始观测值，以后每加载至预压总重量的25％、50％、75％、100％时观测一次，全部加载完毕后，8h观测一次，18h后观测一次，24h后观测一次，一直观测5d，若观测累计下沉量均不超过2mm，即认为支撑架已经稳定。随后经监理工程师同意，于2月20日开始进行卸载。2月23日，模板上部堆载全部清理完成后，进行了最后一次模板变形观测。

整个加载过程中，观察承重支撑架基础无明显变形，如图2所示。

图2 渡槽预压试验现场

6 堆载预压观测记录

预压沉降量观测采用TS06全仗义进行测量，精确到毫米。全部重量达到25％时对支撑架、底模等处的观测点进行标高和平面位置坐标测量，并详细做好记录。分析支撑架的变形规则。继续按上一步的步骤进行压重，待压至预压总重量的25％、50％、75％及100％时继续对观测点进行测量并详细做好记录。压重至预压总重量的100％（即模板和槽体自重的120％）时停止压重并持荷一天。在首次加载前先观测一次，作为起始观测值，以后每加载完毕观测一次。全部加载完毕后，8h观测一次，18h观测一次，24h观测一次，若全部加载完毕后支撑架顶部累计观测每点下沉量均不超过2mm，即认为支撑架已经稳定。

木桥沟渡槽槽身承重支撑架预压试验成果统计见表1。

7 堆载预压试验评价

木桥沟渡槽槽身承重排架堆载预压按照专项施工方案要求程序进行，预压过程经现场监理工程师旁站见证，预压变形数据采集真实可靠。排架设计及基础处理方案满足要求。根据预压变形观测数据统计成果，建议如下：

（1）已预压区调整模底标高为：槽身底部设计标高＋22mm（$\Delta 2$平均值），断面间按线性插入法进行调整。

（2）没进行预压区调整模底标高为：槽身底部设计标高＋31.1mm（$\Delta 2$平均值＋$\Delta 1$平均值），断面间按线性插入法进行调整。

表1   木桥沟渡槽槽身承重支撑架预压试验成果统计表

观测点编号	观测点部位	初始点高程 H_1/m	卸载前高程 H_3/m	卸载后高程 H_4/m	非弹性变形 $\Delta 1 = H_1 - H_4$/m	弹性变形 $\Delta 2 = H_4 - H_3$/m
1月1日	贝雷梁观测点	333.657	333.64	333.65	7	10
1月2日	贝雷梁观测点	333.638	333.602	333.63	8	28
1月3日	贝雷梁观测点	333.627	333.602	333.621	6	19
1月4日	模板观测点	340.664	340.64	340.658	6	18
1月5日	模板观测点	340.666	340.647	340.656	10	9
2月1日	贝雷梁观测点	333.642	333.604	333.633	9	29
2月2日	贝雷梁观测点	333.631	333.574	333.62	11	46
2月3日	贝雷梁观测点	333.63	333.591	333.62	10	29
2月4日	模板观测点	340.675	340.634	340.662	13	28
2月5日	模板观测点	340.658	340.619	340.647	11	28
3月1日	贝雷梁观测点	333.66	333.638	333.652	8	14
3月2日	贝雷梁观测点	333.652	333.619	333.645	7	26
3月3日	贝雷梁观测点	333.648	333.621	333.64	8	19

续表

观测点编号	观测点部位	初始点高程 H_1/m	卸载前高程 H_3/m	卸载后高程 H_4/m	非弹性变形 $\Delta 1 = H_1 - H_4/m$	弹性变形 $\Delta 2 = H_4 - H_3/m$
3月4日	模板观测点	340.675	340.648	340.665	10	17
3月5日	模板观测点	340.879	340.854	340.867	12	13
平均变形值					9	22

注　1. 已预压区调整模底标高为：设计标高＋$\Delta 1$平均值。

2. 没进行预压区调整模底标高为：设计标高＋$\Delta 2$平均值＋$\Delta 1$平均值。

3. 排架设计及基础处理方案满足要求。

渡槽其他跨可以采用没有预压对模板标高进行调整，以保证设计体型。其他类似工程的施工可借鉴参考试验成果。

8　结语

通过上述试验表明，现浇混凝土临时支撑架施工是一个重要环节，临时支撑架施工过程中质量控制是关键，也是保证混凝土结构施工正常开展的重要工序。施工单位有时往往会凭借工作经验进行施工，导致临时支撑架失稳、贝雷架弯曲变形等事故。临时支撑架预压既是支撑架施工的安全保证，又是对临时支撑架搭设最终质量的检验，同时也是高风险的试验项目。完善的支撑架预压方案，在很大程度上可降低现浇临时支撑架施工的安全风险。预压沉降观测可在临时支撑架增加载重的全过程进行变形实时观测监控，也可作为数据异常监测的预警，最终达到及时处理、确保施工安全的目的。

参考文献

［1］ 黄南育. 混凝土现浇支撑架预压试验技术探讨 ［J］. 建设监理，2020（3）：86－88.

［2］ 徐鑫哲. 现浇箱梁满堂支撑架预压施工分析 ［J］. 四川水泥，2018（12）：284.

［3］ 孟路. 加强弦杆贝雷梁现浇支撑架预压试验研究 ［J］. 建筑技术开发，2018，45（7）：1－3.

［4］ 张凯. 市政桥梁工程现浇结构支撑架预压实验 ［J］. 科技创新与应用，2019（33）：109－110.

［5］ 向阳，李峰，陈崇德. 普溪河渡槽施工造槽机拼装及预压试验控制研究 ［J］. 水利建设与管理，2021，41（7）：49－53.

［6］ 谢彬. 某大桥刚桁拱架预压试验分析 ［J］. 青海交通科技，2018（4）：67－70.

［7］ 赵伟，鲁斌. 承重支撑架预压试验成果及分析 ［J］. 中华民居（下旬刊），2013（11）：109.

［8］ 欧平，黄宾. 现浇连续箱梁中支撑架预压施工技术研究 ［J］. 广东科技，2010，19（6）：170－171.

审稿人：李　林

基于 BIM 技术模块化机电安装系统施工技术

万义贵/中国水利水电第十四工程局有限公司

【摘　要】　本文以成都地铁 18 号线兴隆路站冷水机房模块化装配式安装施工为例，重点阐述了利用 BIM 技术对地铁车站机电管线综合深化，统筹考虑设备、管线安装，进行模块化设计，工厂预拼装，机电安装模块运至现场进行装配式施工。通过全过程质量控制，有序组织各专业进行施工，减少现场拆改问题，保证管线安装符合设计要求，外观整齐统一。达到了预期施工效果，可为以后类似工程提供借鉴。

【关键词】　地铁车站　机电安装　BIM 技术　管综深化　模块化装配式施工

1　工程概况

兴隆站是地下三层岛式车站，车站总长 322.25m，标准段宽 24.2m，车站总建筑面积 30772m²。有效站台长度 186m，车站主体建筑面积 20139m²，车站附属建筑面积 6636m²，如图 1 所示。

图 1　兴隆站整体模型图

2　机电管线设计

地铁车站涉及主要一级分类专业共计 20 个，即线路、房屋建筑、供电、车辆、通信、信号、环境控制、给排水及消防、消防报警系统、机电设备自控系统、自动售检票系统、电梯与防护设备、车辆运营、客运服务、设施设备、仪器仪表及工具器械、机电设备、管理工具、屏蔽门、综合监控、信息系统。管综深化设计具体管线系统分类可以分为 38 个类别。冷水机房主要大型设备包括三台冷水机组、三台冷冻水泵、三台冷却水泵、分水器与集水器，管线系统包括冷冻水管、冷却水管、两条 1000mm×1000mm 排风风管，以及消防水管、动照桥架等。

3　主要施工方案和施工工艺

利用 BIM 技术对冷水机房进行模块化装配式施工，首先进行管线综合深化设计，优化设备安装空间位置，优化管线安装方式；然后进行模块化划分，逐个模型进行深化，设计模块接口及连接方式。绘制各个模块加工、装配图，进行集中化、工厂化生产，在工厂中进行预拼装合格后，再打包运至施工现场进行模块化装配式安装施工。

3.1　施工工艺流程

模块化装配式冷水机房施工工艺流程如图 2 所示。

3.2　既有建筑结构模型创建

收集建筑结构施工图纸，根据施工图创建机电安装系统建筑结构 BIM 模型。

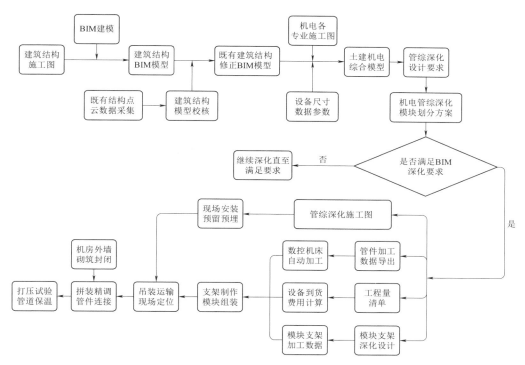

图 2　模块化装配式冷水机房施工工艺流程图

因影响建筑结构施工因素很多，施工队伍按照施工蓝图建成的主体结构与图纸会有一定误差，再则，设计前期施工图资料搜集不完整，缺少变更资料文件。因此获取现场主体结构准确的空间尺寸数据显得尤为重要。为准确获取现场安装空间真实数据，采用三维激光扫描仪对既有主体结构进行三维空间扫描，获得空间点云数据。这样有效地解决了现场施工误差，以及其他因素造成的实际建筑结构空间与原设计图纸的偏差，避免深化模型与现场不符的问题。通过系列软件对点云数据处理后，能够获得现场确切的三维空间尺寸。

将三维点云数据转换成三维模型与 BIM 建筑结构模型进行对比，利用三维点云模型对 BIM 模型进行校核，对空间尺寸差异大的部分进行分析确认，对 BIM 模型进行纠正。通过现场复核后对 BIM 模型进行调整。在机电安装系统既有结构设定测量特征点，通过特征点与模型中对应点进行互相校核，并利用选定的测量定位特定点作为后期安装定位参照点。采用全站仪对现场施工点位进行施工放样，为后期现场安装做准备。

3.3　采用 BIM 技术进行机电管综深化与模块划分方案比选

在利用三维点云模型复核纠正后的模型上，根据通风空调专业相关图纸，创建三维模型。根据地铁综合管线深化设计要求，制定机电安装系统管综深化方案。全专业考虑，从运输线路、安装、调试全过程考虑，全面模拟现场施工实施情况。不断深化设计管线布置方案，协调专业间矛盾，优化机电安装系统平面

布局。要求模块分割合理，运输方便，高效节能，方便维护。

机电安装系统设备管线深化方案形成后，提出模型化分割方案。进行方案深化设计审核，审核中提出的修改意见要进行继续深化，直至满足深化要求，以达到模型分割合理、运输方便。

深化设计三维模型（以兴隆站为例）如图 3 所示，冷冻水泵三维模型（模块）如图 4 所示，冷却水泵模块如图 5 所示。

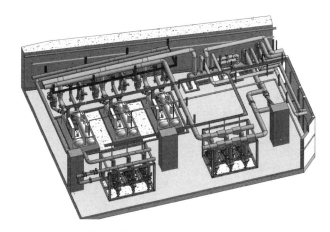

图 3　冷水机房深化设计三维模型

3.4　管综深化方案数据导出及管线自动生成加工

对通过方案深化审核的模块化模型进行加工数据导出，利用后续机械加工部件数据导出软件，例如 Rebro，

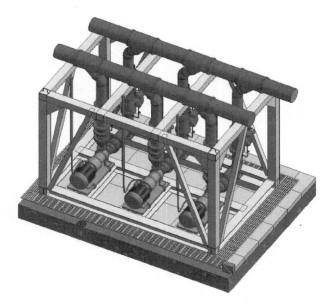

图 4 冷冻水泵三维模型（模块）

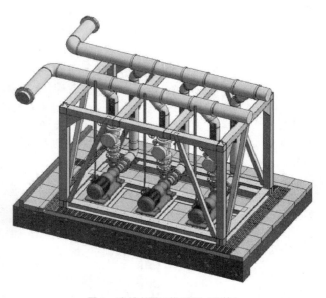

图 5 冷却水泵三维模型（模块）

对机电安装系统深化设计方案中各部分管线导出加工数据。将BIM模型机械加工数据导出后，直接将加工尺寸数据导入数字化机床进行自动加工。各个部件成品粘贴安装位置识别二维码，加工完成的部件粘贴对应的二维码。通过管理平台识别二维码，可以找出该部件的安装位置、构件编号、构件尺寸等详细信息。

同时，利用深化BIM方案导出设备、管道材料表，确定到货时间节点。模块内包含阀门、法兰盘、管段在模块安装支架上进行安装连接。优先采用自动TIG焊接，尤其对各个管道接口法兰盘等连接关键节点，要进行精确定位安装，为后期模块拼装连接做好准备。某些大型设备，需要进行安装前期相关准备工作，例如冷水

机组需进行法兰接口工厂焊接等。冷却水泵、冷冻水泵等设备需进行模块支架固定安装，即进行模块化工厂组装施工。对已经完成的模块要进行模块校核，看是否符合深化设计方案。采集已经完成的模型的点云数据生成三维模型，利用点云三维模型进行预拼装。

各个模块要进行吊装、搬运、安装施工模拟，确保站内运输通道有足够宽度，预留后砌筑墙体设置合理。

3.5 模块支架深化设计数据导出加工

对管综模型进行分割后，分别计算各个分块的重量，进行钢框架受力分析，按相关规定制作对应钢结构框架，以便后期吊装运输。完成管综部件加工后，在加工厂进行拼装焊接作业，对模型进行钢框架焊接安装。要满足吊装、运输的便捷性、安全性，满足运输过程中受力变形要求。

设备进场后使用汽车吊将其从运输车上吊至地面；吊装前检查吊装绳有无断裂，是否符合规范；吊装钩保险装置是否完好；信号工、司索工、操作人员证件是否齐全。以上都符合要求方可吊装。

起吊设备时，要先进行试吊，观察设备受力及平衡情况，确认安全可靠后方可正式起吊；吊装时吊车车臂下严禁站人，吊装位置做好防护；设备下落速度要平缓，作业人员要在指挥人员的统一指挥下，相互配合，设备即将落地前，要有相关人员进行扶持调整，保证设备的落点正确无误。

受力点不得使机组底座产生扭曲和变形。吊装机组的钢绳注意不要使仪表盘、油管、气管、液管、各仪表引压管受力，钢丝绳与设备接触处应垫以软木或其他软质材料，以防止钢丝绳擦伤设备表面油漆。

3.6 设备安装要求

3.6.1 冷水机组安装

（1）冷水机组货到工地后，按规定核对其机型、厂家，有无损坏说明书和合格证等。

（2）冷水机组安装前，应对其基础进行验收，基础标高、位置、尺寸满足设计要求，基础表面无蜂窝、麻面、裂纹、漏筋，验收合格后方能安装。当设计无要求时，基础顶面距地坪装修完成面不应小于150mm。

（3）安装放置设备，应用衬垫将设备垫妥，防止设备变形及受潮。设备应捆扎稳固，主要承力点应高于设备重心，以防倾侧。

（4）受力点不得使机组底座产生扭曲和变形。吊装机组的钢绳注意不要使仪表盘、油管、气管、液管、各仪表引压管受力，钢丝绳与设备接触处应垫以软木或其他软质材料，以防止钢丝绳擦伤设备表面油漆。

（5）将机组模块搬运到基础旁，然后起吊到基础上方一定的高度上，使机组对准基础上事先划好的纵横中心线，徐徐地下落到基础上。

（6）机组模块就位后，它的中心线应与基础中心线重合。若出现纵横偏差，可用撬棍伸入底座和基础之间空隙处的适当位置，前后左右地拔动设备底座，直至拔正为止。

（7）机组需防潮，安装平稳、牢固、稳定。

（8）机组安装应用衬垫将设备垫妥，防止设备变形及受潮；设备应捆扎稳固，主要承力点应高于设备重心，以防倾侧。受力点不得使机组底座产生扭曲和变形，用水平仪测量机组压缩机的纵、横向水平度。纵、横向水平度允许偏差均为 1/1000，机座底垫橡胶减振垫。

3.6.2 水泵安装

（1）水泵安装前，应对设备型号、规格和质量文件进行检查，确认无误后方可进行安装。

（2）水泵安装前，应对其基础进行验收，基础标高、位置、尺寸满足设计要求，基础表面无蜂窝、麻面、裂纹、漏筋，验收合格后方能安装。当设计无要求时，基础顶面距地坪装修完成面不应小于 150mm。

（3）三个冷却水泵作为一组与模块支架组成一个模块，水泵直接在加工厂房中安装在模块支架上，水泵与模块钢支架之间应设减振垫，减振垫的厚度宜采用 20mm，减振垫应成对放置，设备应采用螺栓与钢支架模块进行固定。

（4）水泵就位时，纵向中心轴线应与模块钢支架中心线重合对齐，并找平找正。

（5）水泵吸入口处应有不小于 2 倍管径的直管段，吸入口不应直接安装弯头。

（6）吸入口水平段上严禁因避让其他管道安装向上或向下的弯管。

（7）入水管段安装顺序依次为：阀门、Y 形过滤器、橡胶软接头、偏心变径。水泵吸入管变径采用偏心变径管，顶平。

（8）出水管段安装顺序依次应为同心变径管、橡胶软接头、止回阀、阀门。

（9）进出水管均应设置独立的管道支吊架，防止设备受力。

（10）水泵模块组装完成后，应进行同轴度校正。

（11）地面垫层和基础施工前应先敷设接地扁钢，设备安装完成后应进行可靠接地。

3.6.3 集分水器

（1）集分水器设置混凝土基础，基础顶面距地坪装修完成面为 150mm，集分水器支架统一采用 10 号镀锌槽钢制作，支架高度为 600mm。

（2）集分水器与支架之间应设置绝热木托，绝热木托厚度与保温厚度一致，宽度与支架宽度一致。

（3）成排阀门的排列应整齐美观。

（4）膨胀水箱定压管不得设置在集水器。膨胀水管补水点在冷冻水泵吸入口总管处，选取点结合设计图纸

并根据现场实际管线敷设情况尽可能靠近吸入口总管的水平管段。冷冻水系统快速补水管手动阀门应设置机房内便于操作处，距地面高度宜为 1.3~1.5m。

3.6.4 传感器安装

（1）仪表数量：流量传感器 1 台；压力传感器 3 只；温度传感器 4 只；每台冷机自带水流开关 2 只（检测冷冻水，冷却水水流）。

（2）流量传感器安装原则：在水平管道的最低点或者垂直管道上，安装在冷冻水回水水平管道的最低点；直管段要求：上游侧为 10 倍的管径（最小为 5 倍），下游侧为 5 倍管径（最小为 3 倍）。

（3）冷冻水供水母管传感器上面安装压力传感器和温度传感器：沿着水流方向依次为压力传感器、温度传感器，间隔 3~5 倍的管径。

（4）冷冻水回水母管上面安装的传感器有流量传感器，压力传感器，温度传感器：沿着水流方向依次为流量传感器（满足第 2 条安装原则）、压力传感器、温度传感器间隔 3~5 倍的管径。

（5）冷却水出水（站在冷机的角度）主管上（冷却水旁通阀前侧）安装的传感器有压力，温度传感器：沿着水流方向依次为压力传感器、温度传感器，间隔 3~5 倍的管径。

（6）冷却水回水（站在冷机的角度）主管上安装一只温度传感器。

（7）分割在模块钢支架管段范围内的传感器在加工厂中安装在模块钢支架中，与对应管段或者设备组装成一个模块安装单元。整体吊装运输就位安装。

3.7 现场安装准备及设备基础等工作

3.7.1 设备基础施工

根据深化设计方案平面布置图，进行设备基础施工，机房排水沟施工。在 BIM 模型中设定参考点位，用以校核现场施工精度、设备基础平整度等情况，确保模块安装位置的精确度，对不满足要求的要及时调整。

3.7.2 现场运输通道确定

采用汽车吊装模块、运输至车站，以兴隆站为例，运输至车站二号风亭组，活塞风井口处。将模块吊装至活塞风井内，采用地坦克及滑轮水平运输，通过人防门运输至机电安装系统。在机电安装系统靠近车站小里程方向设置后期砌筑封闭墙体，作为临时运输通道。

模块支架尺寸为 3770mm×2500mm×3650mm（长×宽×高），满足运输通道宽度，并有足够的富余空间。运输顺序为集水器模块、冷水机组模块、冷却水泵模块、冷冻水泵模块及其他连接管段、装配构件运输。

3.8 吊装运输与设备现场安装（模块定位、装配式施工）

采用 BIM 三维施工模拟，设备吊装、运输施工现

场情况，先对整个流程进行演示。采用全站仪将 BIM 模型中的安装点位在施工现场进行放样。若现场偏差较大要及时调整，并找到原因，确定最优解决方案。设备要进行多次预拼装，校核连接安装精度，确保符合安装规范要求。吊装就位安装无误后，同时进行后砌筑墙体封闭施工。

3.9 阀门及管道压力试验

3.9.1 阀门安装完成前应对阀门进行压力和强度试验

（1）将试压泵、阀门、压力表、进水管接在管路上并灌水，待满水后将管道系统内的空气排净放气阀流水为止，关闭放气阀。待灌满后关进水阀。用手动试压泵或电动试压泵加压，压力应逐渐升高，一般分 2～3 次升到试验压力。当压力达到试验压力时停止加压。

（2）对于工作压力大于 1.0MPa 及在主干管上起到切断作用和系统冷水运行调节功能的阀门和止回阀，应进行壳体强度和阀瓣密封性能的试验，且应试验合格。壳体强度试验压力应为常温条件下公称压力的 1.5 倍，持续时间不应小于 5min，阀门的壳体、填料无渗漏。严密性试验应为公称压力的 1.1 倍，在试验持续的时间（60min）内保持压力不变。

3.9.2 管道安装完成后应对管道进行压力和强度试验

（1）将试压泵、阀门、压力表、进水管接在管路上并灌水，待满水后将管道系统内的空气排净放气阀流水为止，关闭放气阀。待灌满后关进水阀。

（2）用手动试压泵或电动试压泵加压，压力应逐渐升高，一般分 2～3 次升到试验压力 1.5MPa。当压力达到试验压力时停止加压。

（3）空调水管在试验压力下，稳压 30min，且无渗漏水现象，压力表指针下降不超过 0.05MPa，且目测管道无变形就认为强度试验合格。

（4）把压力降至工作压力进行严密性试验。在工作压力下对管道进行全面检查，稳压 24h 后，如压力表指针无下降，管道的焊缝及法兰连接处未发现渗漏现象，即可认为严密性试验合格。水压严密性试验应在水压强度试验合格后进行。

3.10 水系统保温

3.10.1 材料技术要求

（1）水管及附件保温采用密度为 64kg/m³ 的水管用玻璃棉管壳，导热系数不大于 0.043W/（m·K）（平均温度 70℃），燃烧性能级别为 A 级不燃材料。保温层厚度见表 1。

（2）机房内、风道内及区间（含端门外）冷冻水系统的保温层外应覆以铝皮金属保护壳，铝皮厚度不低于 0.5mm。

（3）保温材料的胶带应与贴面材料颜色一致或相近。

表 1　　　　　水管保温层厚度表

保温水管公称直径/mm	保温层厚度/mm
DN≤32	30
32<DN<100	40
DN≥100	50

3.10.2 施工要求

（1）保温应在管道试压合格之后进行施工。

（2）冷冻水系统管道保温棉管壳拼接缝隙或保温棉管壳与绝热木托之间的缝隙均不应大于 2mm，纵缝应错开。管壳应用专用胶带粘贴，每节管壳不少于 2 道，其间距宜为 300～350mm。

（3）冷冻水管道的阀门、过滤器、补偿器及法兰等部位应单独设置保温，保温内部的空隙应采用玻璃棉块填充密实，保温应能单独拆卸，且不应影响其操作功能。

4　施工注意事项

4.1　复核现场安装空间

利用三维激光扫描、现场实测对土建结构尺寸数据进行采集，作为机电安装系统模型创建的复核数据。常规采用建筑、结构设计图进行机电安装系统安装空间建模，由于图纸更新不及时，变更文件零散，且由于现场施工存在不同程度的误差。所以经常出现结构与原设计图纸不符合的问题。而结构施工完成后，可以采集现场数据对模型进行校核，有效地保证了深化设计的安装空间与现场实际情况一致。

4.2　做好交底和管线部件加工

先对工人进行交底。从 BIM 模型中导出深化的管综加工数据后，利用数控机床进行管件切割测试、利用高精度焊接机器人对管件进行焊接测试。虽然自动化加工可以很好地保证部件加工质量，但是对人员的要求比较高，需要对整个流程进行熟悉。

4.3　做好部件及成品的二维码标记

加工好的管线部件，要及时进行二维码打印，标记清楚安装部位及构件信息。部件应该分组清晰，摆放整齐。

4.4　做好安装施工模拟

提前做好吊装、运输、安装模拟，尽可能地多利用 BIM 技术对安装现场条件进行演练，对现场突发情况做好充足的准备。

5 工程施工效果

利用 BIM 技术对地铁车站冷水机房机电系统进行整体性、系统性、模块化深化设计，工厂化预制加工、工厂预拼装、打包运输至施工现场。通过设备运输通道将模块运至安装位置，按照工序进行拼装施工。现场施工完全实现了 BIM 模块化深化设计的效果，设备安装位置合理，设备运行检修空间符合要求。管道安装排列整齐，冷水机房净空高度符合要求、通道宽敞。冷水机房完成效果如图 6 所示。

图 6　冷水机房完成效果

6 结语

本文以兴隆站模块化冷水机房施工为例，运用了三维点云数据、BIM 深化设计、模块及框架支撑结构设计、数控机床自动化加工技术、现场点位放样安装等先进技术，前期对机房进行了大量信息数据搜集整理。综合考虑各方面施工因素，深化设计成果切合现场实际情况，对现场情况考虑完善周全。使得现场安全文明施工水平大幅提高，有力地保障了现场施工安全，节约现场施工工期。实现工厂定制化、管线设备模块化、成套化、体系化、系统功能集成化，有利于施工质量的把控。作为 B 标首次成功运用模块化机电安装系统的案例，极大地增强了使用模块化机房施工的信心，积累了宝贵的应用经验，使得施工顺利进行，获得广泛好评。该工法的使用极大地提高现场安装效率和操作的精细程度，节约成本，提高企业生产效益，保证冷水机房施工成品达到预期效果。

参考文献

[1] 晏华平. 基于三维激光扫描技术的室内场景及管道系统的模型重建 [J]. 北京测绘，2019，33（10）：1206 - 1209.

[2] 聂星. 青岛地铁 2 号线泰山路站机电 BIM 深化流程及应用探讨 [J]. 工程技术与应用，2018（11）：68 - 69.

[3] 郭红，纪光范，何琳. 建筑通风管道镀锌风管自动化加工方法研究 [J]. 自动化技术与应用，2022（8）：18 - 21.

[4] 路书永，闫冬冬. 管道预制自动焊工艺的开发及应用 [J]. 金属加工（热加工），2013，12（12）：29 - 31.

连续刚构桥悬臂挂篮施工线形控制方法研究

路　飞　李　谋　李亚辉/中国水利水电第十四工程局有限公司

【摘　要】 高墩大跨连续刚构桥由于其跨度大、结构复杂，因此在施工中面临着许多技术难题。悬臂挂篮施工作为一种常用的施工方法，具有高效、快捷的特点，被广泛应用于这类桥梁的建设过程中。本文分析了基于高墩大跨连续刚构桥悬臂挂篮施工线形施工测量的线性控制具体方法，为桥梁悬臂挂篮施工提供了参考性意见。

【关键词】 线形控制　高墩大跨连续刚构桥　悬臂挂篮

1　引言

在悬臂挂篮施工中，由于桥梁高墩、大跨的特殊结构和施工环境的复杂性，以及风力、悬臂自重等多种因素的影响，同时悬臂挂篮施工涉及工作平台的悬挂和移动，桥墩结构受风荷载和悬臂自重等多重因素的影响，可能引起悬臂线形的不稳定，进而影响施工安全、质量和进度。为此，需要深入研究悬臂挂篮施工过程中线形控制的原理和方法，以制定科学合理的控制策略，提高工程施工的可控性和安全性。本文对洛泽河特大桥悬臂挂篮施工线形控制展开深入研究，从施工测量控制角度，为悬臂挂篮施工中的线形控制问题提供科学的解决途径，可为类似工程的施工提供借鉴。

2　项目概况

洛泽河特大桥位于分离式路基上，主桥为预应力混凝土连续刚构桥，全长610m，跨径布置为（80＋3×150＋80）m，主桥箱梁采取挂篮悬臂浇筑施工，最大施工悬臂长度为150m，最大悬浇重量为172t，全桥共有6个2m长的主跨，跨中合龙段和4个边跨现浇梁段各长5.7m，梁高相同。主梁悬臂浇筑采用菱形挂篮进行，挂篮结构如图1所示。挂篮施工顺序为：在托架上进行

浇筑完成的主梁0号块上拼装挂篮，然后采用挂篮对称悬浇施工1～19号节段，拟配备8套16个挂篮同步进行悬臂浇筑施工，左右幅同时施工，按设计要求合龙。在施工过程中，由于桥墩的高度和桥梁跨度的增大，悬臂挂篮受到风力、悬臂自重等多种外部因素的影响，容易导致悬挂线形的波动和不稳定。因此，通过科学合理的线形控制手段，可以有效避免施工过程中线形的波动，确保结构各部位受力均匀，最终提高桥梁的整体质量。

3　高墩大跨连续刚构桥悬臂挂篮施工线形控制的策略

3.1　基准测量

高墩大跨连续刚构桥悬臂挂篮施工中的基准测量是确保整个工程准确性和稳定性的关键环节，在悬臂挂篮安装之前，需进行详细的基准测量以建立一个准确的参考框架。这包括控制测量、基准测量等。

控制测量采用《工程测量标准》（GB 50026—2020）的精度要求，平面控制测量采用卫星定位测量，其技术指标见表1。

高程控制测量采用水准测量，其技术指标见表2。

控制测量需有针对性地建立局部的加密控制网，为后续施工提供相对准确的基准数据。在埋设控制点时，尽量选择使用方便且基础稳定的地方埋设，同时尽可能

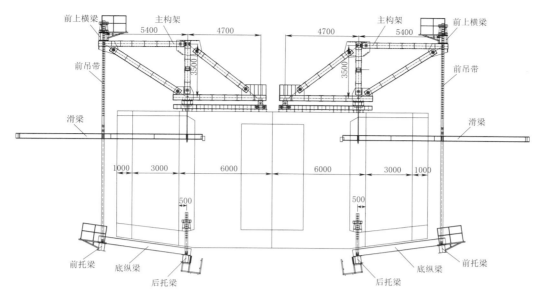

图 1　挂篮结构图（单位：mm）

表 1　卫星定位测量控制网的主要技术指标表

等级	基线平均长度 /km	固定误差 A /mm	比例误差系数 B /(mm/km)	约束点间的边长 相对中误差	约束平差后最弱边 相对中误差
四等	2	≤10	≤10	≤1/100000	≤1/40000

表 2　水准测量的主要技术指标表

等级	每千米高差全中误差 /mm	路线长度 /km	观测次数		往返较差、附合或环线闭合差	
			与已知点联测	附合或环线	平地/mm	山地/mm
三等	6	≤50	往返各一次	往返各一次	$12\sqrt{L}$	$4\sqrt{n}$

埋设为强制对中墩，减少使用过程中的误差，保证精度。在控制测量内外业工作过程中严格按照规范开展，并要形成互检制度，最终成果报审完成后方可投入使用。为了方便施工测量，在下部工程施工以前，在主跨小里程高处建立两个控制点即 A、B 点，在主跨大里程高处建立两个控制点即 C、D 点，以便于箱梁施工测量。

基准测量需对主桥墩之间的准确距离、高度以及桥梁的设计位置使用全站仪进行三维测量，确保在建立基准时能够捕捉到各个方向的精确数据，同时，需要确定高墩结构的准确高度和主桥墩之间的准确距离，以建立一个绝对的基准点。主桥墩平面实测坐标及相对位置见表3。

表 3　主桥墩平面实测坐标及相对位置表

序号	实测坐标 X	实测坐标 Y	相对距离 ΔD	备注
Z15－1	3052357.958	502213.127		
Z15－2	3052344.252	502215.773		
Z16－1	3052329.264	502065.886	150.011	15～16 号墩
Z16－2	3052315.445	502068.556	150.009	15～16 号墩
Z17－1	3052300.512	501918.654	150.013	16～17 号墩

续表

序号	实测坐标 X	实测坐标 Y	相对距离 ΔD	备注
Z17－2	3052286.737	501921.314	150.015	16～17 号墩
Z18－1	3052271.741	501771.426	150.013	17～18 号墩
Z18－2	3052257.969	501774.073	150.025	17～18 号墩
Y15－1	3052384.595	502227.839		
Y15－2	3052370.869	502230.488		
Y16－1	3052356.085	502080.572	150.001	15～16 号墩
Y16－2	3052342.35	502083.222	150.002	15～16 号墩
Y17－1	3052327.595	501933.274	150.028	16～17 号墩
Y17－2	3052313.85	501935.954	150.000	16～17 号墩
Y18－1	3052299.105	501785.997	150.007	17～18 号墩
Y18－2	3052285.35	501788.677	150.009	17～18 号墩

此外，还涉及对地面的测量，以确定悬臂挂篮的安装位置。地面的平整度和稳定性对悬臂挂篮的支撑至关重要，因此确保基准测量覆盖悬挂区域的地面情况，以便在后续施工中提供合适的支撑。基准测量的结果不仅

为悬臂挂篮的精确悬挂提供了依据，同时为后续的结构测量和监测奠定了基础。准确的基准数据对于整个工程的顺利进行至关重要，可以避免悬臂挂篮悬挂位置的偏差，确保施工过程中结构的准确性。在基准测量的基础上，工程团队能够更加自信地进行悬臂挂篮的后续测量和调整。这项工作是高墩大跨连续刚构桥施工的关键环节，通过精确的基准测量，确保了整个悬臂挂篮测量施工过程的可控性和安全性。

3.2 挂篮位置校准

高墩大跨连续刚构桥悬臂挂篮测量施工中，悬臂挂篮位置校准，对于整个工程的成功至关重要。挂篮位置校准的目的是确保挂篮与设计位置一致，以保证后续的悬臂挂篮测量和施工的准确性。具体而言，进行挂篮位置校准前，需要详细检查悬臂挂篮的设计图纸和规格要求。包括挂篮的尺寸、结构特点以及悬挂点的设计位置，根据这些设计参数，现场人员可以确定挂篮应当悬挂的理论位置，可以采用激光测距仪对挂篮的相对位置进行测量，采用全站仪和水准仪对挂篮的横向和纵向坐标进行测量，获取挂篮的实际坐标数据，以确保挂篮位置准确，为后续的调整提供实测数据。

悬臂挂篮测量采用《工程测量标准》（GB 50026—2020）中桥梁施工测量精度要求控制，其轴线位置相对轴线点的允许偏差为 $L/25000$，顶面高程相对控制点的偏差为 $\pm L/12500$（注：L 为跨径）。

一旦获得实际位置数据，则需与设计位置进行比对。如果存在任何偏差，及时进行调整，可以通过悬臂挂篮上的调整装置对挂篮的悬挂点进行微调，以确保其与设计位置完全符合。最后，挂篮位置校准还需要考虑悬挂点的水平和垂直方向的校准，通过调整悬挂点的高度，确保挂篮悬挂在水平方向上，同时，通过调整悬挂点的水平方向位置，使得挂篮垂直于设计位置。

3.3 悬臂挂篮姿态测量

悬臂挂篮姿态测量是高墩大跨连续刚构桥悬臂挂篮测量施工中的重要步骤，其目的在于实时监测悬臂挂篮的姿态、倾斜和位移等关键参数，以确保悬臂挂篮在悬挂过程中保持稳定和垂直。通过高精度传感器的应用和实时监测，确保悬臂挂篮在悬挂过程中的姿态稳定，为

工程的成功进行提供了重要保障。

姿态测量采用《工程测量标准》（GB 50026—2020）中变形监测的精度要求，其等级采用一等，具体精度要求见表 4。

表 4　　变形监测精度要求表

等级	垂直位移监测		水平位移监测
	变形观测点的高程中误差 /mm	相邻变形观测点的高差中误差 /mm	变形观测点的点位中误差 /mm
一等	0.3	0.1	1.5

实际操作中，选择在挂篮关键部件位置粘贴反光贴，采集三维坐标，确定挂篮部件空间位置及部件间的相对位置，实时监测挂篮状态。测点布置如图 2 所示。

在后续施工中，也可利用先进的传感器技术，如倾角传感器和陀螺仪，对悬臂挂篮的姿态进行实时测量。这些传感器能够高精度地捕捉悬臂挂篮的倾斜角度和旋转方向，提供准确的姿态信息。传感器数据可通过无线传输或数据线传输至控制中心，实时监测悬臂挂篮的状态，获取挂篮姿态情况数据，从而迅速做出反应。这有助于预防悬臂挂篮在悬挂过程中出现的异常情况，确保工程的顺利进行。此外，垂直度和水平度的监测有助于避免悬臂挂篮的倾斜，这两者的准确测量对于悬臂挂篮的稳定性至关重要，特别是在悬挂较长的悬臂时，以防止结构的不均匀受力和不稳定振动。悬臂挂篮姿态测量还包括对悬挂点的位移监测，通过监测悬挂点的位移，能够及时发现悬挂点的偏移或位移异常，采取相应的调整措施，以确保挂篮在悬挂过程中保持在设计位置。与此同时，需要及时分析监测数据，对悬臂挂篮的姿态进行评估，并做出必要的调整，实时响应，保障悬臂挂篮在悬挂过程中的稳定性，提高工程的施工效率和安全性。

4　线形控制效果

经过对洛泽河特大桥施工过程和结果进行全面检查，确认各项指标均符合设计要求和施工规范，质量合格。质量验收结果为：验收合格。实际线形测量部分平面数据见表 5。

表 5　　　　　　　　　　　　　　主跨实测平面坐标偏差表

序号	实测坐标		设计坐标		偏差值	
	X	Y	X	Y	ΔX	ΔY
1	3052352.453	502066.997	3052352.46	502067.004	0.007	0.007
2	3052349.698	502052.756	3052349.706	502052.765	0.008	0.009
3	3052346.036	502033.836	3052346.038	502033.844	0.002	0.008
4	3052340.114	502003.236	3052340.107	502003.243	-0.007	0.007

序号	实 测 坐 标		设 计 坐 标		偏 差 值	
	X	Y	X	Y	ΔX	ΔY
5	3052334.549	501974.478	3052334.557	501974.468	0.008	−0.01
6	3052329.647	501949.15	3052329.656	501949.149	0.009	−0.001
7	3052326.613	501933.474	3052326.614	501933.472	0.001	−0.002
8	3052314.587	501935.801	3052314.588	501935.8	0.001	−0.001
9	3052319.208	501959.682	3052319.21	501959.691	0.002	0.009
10	3052323.594	501982.344	3052323.59	501982.343	−0.004	−0.001
11	3052328.839	502009.449	3052328.833	502009.458	−0.006	0.009
12	3052333.706	502034.595	3052333.703	502034.601	−0.003	0.006
13	3052337.025	502051.745	3052337.031	502051.749	0.006	0.004
14	3052340.427	502069.324	3052340.433	502069.32	0.006	−0.004

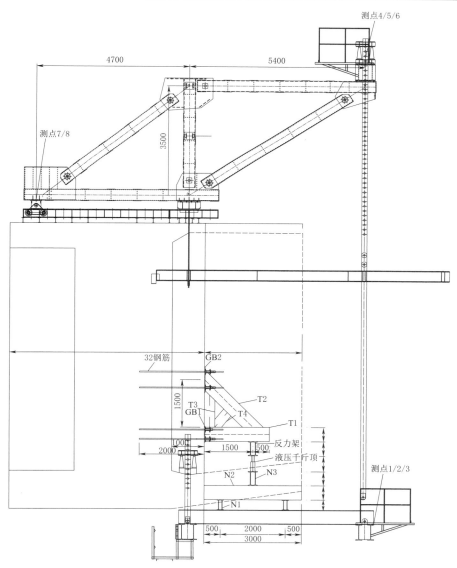

图 2（一） 挂篮测点布置图（单位：mm）

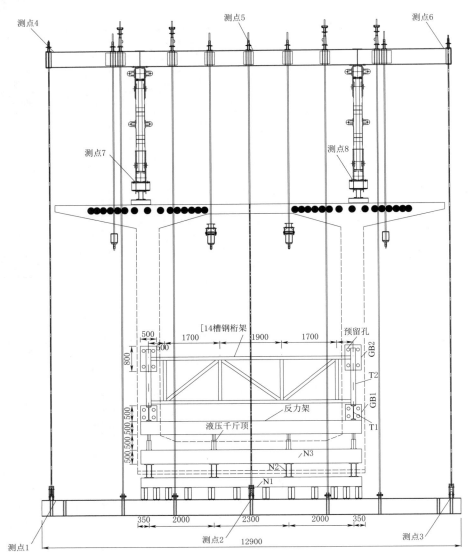

图 2（二）　挂篮测点布置图（单位：mm）

5　结语

　　针对洛泽河特大桥主跨挂篮采取的一系列控制措施，保证了箱梁线形的平顺，各节段标高均满足指令要求，合龙段高差满足精度要求，保证了施工质量。综上所述，基于高墩大跨连续刚构桥悬臂挂篮施工线形控制的过程中，通过具体的操作，构建了一套科学有效的线形控制方案，为高墩大跨连续刚构桥梁悬臂挂篮施工提供了全面的技术支持。通过上述施工测量以及控制策略的综合应用，不仅能够确保悬挂线形的稳定性和安全性，同时也为提高工程效率、保障工程质量奠定了坚实基础。

参考文献

［1］　吕金焕. 高墩大跨连续刚构桥悬臂挂篮施工技术［J］. 工程机械与维修，2022（5）：105－107.

［2］　刘锡良. 基于高墩大跨连续刚构桥悬臂挂篮施工线形控制研究［J］. 黑龙江交通科技，2022（7）：101－103.

［3］　陈飞龙. 山区高速公路高墩大跨径连续刚构桥施工技术控制［J］. 黑龙江交通科技，2019（9）：109－111.

［4］　孙睿，李吉勇，余振栋，等. 挂篮变形控制方法在桥梁线形施工中的研究［J］. 建筑施工，2016（3）：361－363.

［5］　韩巧雯，申铁军. 大跨度刚构桥主墩监测及合龙段测量要点分析［J］. 四川建材，2023（8）：151－153.

［6］　安维辉. 预应力混凝土连续刚构桥悬臂施工线形控制［J］. 山西建筑，2007（14）：315－314.

［7］　孙建伟，曲正家，李凤玲. 连续刚构桥悬臂施工方法及线形控制［J］. 黑龙江交通科技，2010（9）：96－97.

［8］　冯晓丹. 高墩大跨连续刚构桥悬臂挂篮施工线形控制［J］. 科学技术与工程，2017（27）：285－289.

地铁车站区域防汛理念施工

陈圆云　李　治　罗国聪/中国水利水电第十四工程局有限公司

【摘　要】　本文介绍了一种地铁车站区域防汛理念施工工艺。该工艺适用于地铁车站防洪度汛施工，对于其他市政工程深大基坑施工也具有一定的适用性。该工艺主要以区域防汛为理念，以面代点，防汛措施布置由场内扩大到场外，以防河流、沟渠洪水及排水管网堵塞为重点。引入了暴雨强度公式，以理论结合实际，以100年一遇防洪标准科学合理布置防汛措施，实现精准设防。通过成都轨道交通18号线西博城站、19号线二期合江站两个工程实例对该技术的应用效果和意义进行了简述。

【关键词】　地铁车站　防洪度汛　区域防汛

1　引言

近年来，由于受全球气候变暖的影响，极端降雨天气频繁发生，灾害频发，城市内涝问题愈发严重。随着我国城镇化进程不断加快，城市规模不断扩大，城市特大暴雨内涝不仅对城市居民生活产生影响，而且严重危害了城市居民的生命和财产安全，也严重制约了城市经济和社会发展。尤其是2021年"7·20"郑州强降雨发生后，城市排水与暴雨内涝防范工作的重要性越来越受到相关部门和社会公众的重视。我国的地下空间开发与利用起步较晚，利用形式比较简单，地下设施类型也不多。城市地下空间的发展在全国范围内来讲，各城市间发展不平衡。地铁是现代社会公共交通的重要方式，在这种极端气候下，地铁车站施工阶段面临防汛风险逐渐增大，防汛工作显得越来越重要。如果施工场地周边排水设施超出自己的排水能力，很容易造成积水，甚至影响基坑安全，造成重大经济损失。做好地铁施工阶段防汛工作对于提高城市安全保障、保护作业人员生命财产安全有积极意义。孔祥睿针对近年来城市区域性暴雨洪涝等极端天气频发的态势，研究分析地铁车站及正线发生水淹事故的原因提出具体防汛准备和应急策略。陈波立足于"防大汛、抢大险、救大灾"的目标，紧紧围绕防汛对象、人员安排、物资准备、培训演练等方面进行分析探讨，有效提高车站防汛工作能力。

为切实做好轨道交通建设工程防汛工作，保障汛期建设工程施工安全，提升防汛应急处置能力，确保轨道交通工程在建项目安全度汛，本着"防大汛、抢大险、抗大灾、科学防控"的工作原则，以"基坑沉降变形控制在设计允许范围内、不影响市政管网及周边建（构）筑物安全、迁改及封堵后管网无隐患、基坑及结构不积水"为工作目标，成都轨道交通19号线二期工程土建8工区经过实践，结合2019—2021年成都地铁防汛施工经验，为减小汛期带来的生命财产损失，总结出了一套地铁车站区域防汛理念施工工艺。

该工艺适用于地铁车站防洪度汛施工，对于其他市政工程深大基坑施工也具有一定的适用性。

该工艺主要以区域防汛为理念，以面代点，防汛措施布置由场内扩大到场外，以防河流、沟渠洪水及排水管网堵塞为重点。汛前提前进行详细摸排，做到了如指掌。

工艺引入了暴雨强度公式，结合重庆、杭州、济南等城市100年一遇极端降水，科学合理布置防汛措施，实现精准设防。

通过运用该工艺，可详细分析工程周边存在的防汛隐患，有利于有针对性地采取防汛措施，可以最大限度地减少或避免洪水风险。

2　工艺原理和流程

2.1　工艺原理

区域防汛理念在于将基坑周边设防范围扩大，至少调查了解施工现场周围5km范围内的水系、排水设施，防止因水系泄洪、堵塞等原因带来的防汛隐患。

工艺引入暴雨强度公式，根据基坑周边地势，进行分区设防，利用截水沟、分水岭、横跨基坑沟渠将地铁基坑划分为各防汛区域，并分别计算降雨量，确定排水设施尺寸大小、水泵容量。

过去城市治涝往往是在灾害产生之后被动地启动应急减灾措施，而新形势下应对城市内涝灾害应该重视灾前减灾措施。以"安全第一、常备不懈、以防为主、全力抢险"为方针，总结历年各地区防汛隐患、典型案例，吸取教训，举一反三，加强防汛风险预判和隐患排查整治，制定典型防汛隐患重点治理措施。

多次组织开展"双盲"演练，不设计演练剧本，不划定演练范围，不提前"打招呼"，一切向实战看齐的方式展开。演练过程中暴露出的短板和漏洞，制定有针对性的整改措施，全面提高应急处置能力和水平，筑牢汛期的安全屏障。

2.2 工艺流程

工艺流程：周边建（构）筑物调查→周边水系调查→周边道路市政管网排水能力调查→防汛分析、排水设施配置计算→施工现场准备→建立应急管理机制→组织应急演练，具体工艺流程如图 1 所示。

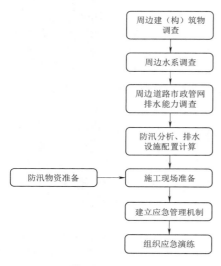

图 1 工艺流程图

2.3 操作要点

2.3.1 周边建（构）筑物调查

根据工程设计情况及施工组织设计特点，为详细了解施工场地周边的自然环境和人文环境，施工前对合江站及站前站后明挖区间施工场地和周边的建（构）筑物、特殊地理环境进行踏勘、调查等工作，统计、梳理、汇总、总结好过程中调查获取的数据、信息及影像等资料，判断对本工程施工的影响程度，以便后续施工过程中采取合理的针对性措施，为进场施工做好准备。

针对车站深基坑施工可能受影响的范围，周边建（构）筑物及地下管线等在施工过程中可能遭受的破坏程度，结合类似工程项目的施工经验，确定调查范围为工程周边 $2H$（H 为基坑开挖深度）。

针对车站雨季防汛施工可能受影响的范围，周边建（构）筑物、公园、农田、商场、小区等在施工过程中可能遭受的防汛风险，确定调查范围为工程周边 1km，主要调查建（构）筑物周边地势、排水能力、施工阶段是否引起其排水路线改变及排水能力减小等。

主要的调查方法是成立前期调查小组，结合工程现有地勘资料、设计资料，通过卷尺、测量仪测量、拍照等形式，对工程施工场地和周边的建（构）筑物、地下管线等方面进行调查。对周边建（构）筑物，首先对主要特征进行走访调查，其次通过确定拟建筑物的位置关系，分析拟建筑物的基坑开挖是否对其有影响，如有影响通过走访产权单位索要相关建（构）筑的竣工图、施工图等资料，复印归档，为后期施工方案选型及保护措施提供可靠依据。当发现周边环境实际状况与建设单位提供的资料不一致或工程周边环境调查资料不能满足勘察、设计、施工需要时，及时反馈建设单位、设计单位制定相应措施。

2.3.2 周边水系调查

河流、沟渠施工对基坑影响极大。一是水系周边地下水丰富，基坑开挖过程中要选择合适的降水方案；二是汛期河流、沟渠中易涨水，泄洪道周边基坑防汛风险极大。因此施工前对水系进行调查尤为重要。

施工前要对车站周边 5km 内水系进行详细调查，与河道管护单位取得联系，要了解水系用途（是灌溉渠、泄洪道还是天然沟渠），根据水系用途采取相应措施；要了解水系的设计流量，统计每年汛期高峰时各河道、排洪渠的流量，做好相应防范工作，以西博城站为例，区域防汛水系排查情况如图 2 所示。

2.3.3 周边道路市政管网排水能力调查

城市市政管网是车站施工阶段主要排水口，施工前要对车站周边 1km 内排水管网进行详细调查，首先摸清入河排水口及辖区范围内排水管网的数量、敷设情况、运行状况、排水能力及雨污分流或雨污合流等情况。对明显排水管线及附属设施（如雨污水窨井等）作详细调查、记录、量测。按规定填写排水调查表，查明每种管线的类型、管径、埋深和材质等，尤其是管网变材点、变径点的位置。调查中若有少数井盖无法开启或流向不明无法量测数据的，可采用业主提供的管线探查资料或者采用内窥、导线、物探等方法获得。根据调查结果绘制排水管网一张图，以西博城站为例，区域防汛市政排水管网排查情况如图 3 所示。

经过调查，梳理市政管网病害：一是认真排查治理临近基坑、盾构隧道进出洞、中间风井、暗挖拱顶上方的雨污水管，明确管线与基坑的位置关系，制定专项防范方案，并明晰责任人；二是及时完成周边管网疏通，确保汛期排水畅通。对基坑周边存在 1.0m 以上的雨污水、自来水等重要管线的工点，及时调整围护桩施工方案。

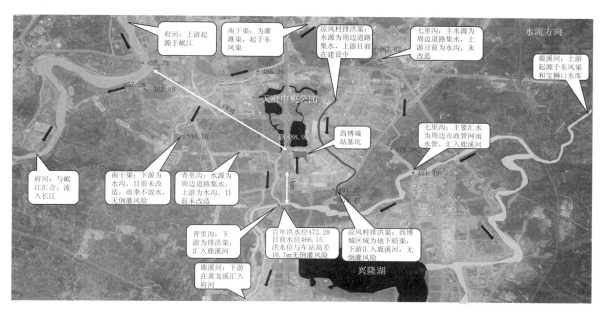

图 2 区域防汛水系排查情况（以西博城站为例，单位：m）

图 3 区域防汛市政排水管网排查情况（以西博城站为例，单位：高程 m，尺寸 mm）

2.3.4 防汛分析、排水设施配置计算

为了加强相关工作，中国气象局预报与网络司积极组织广东省气象局、中国气象局公共气象服务中心等单位编制并印发《城市排水工程设计——暴雨强度公式编制技术指南》，以满足各地气象部门开展城市排水工程设计相关气候可行性论证工作提出的技术需求。

根据暴雨强度计算公式确定降雨强度，参考《室外排水设计规范》（GB 50014—2006），采用数学模型法以降雨强度、汇水面积作为基数计算得出雨水流量。

最后根据雨水流量、排水沟设计流速等数值，计算得出水泵选型等。

以成都市气象局 2015 年 5 月发布的最新暴雨强度公式为例：

$$i = \frac{44.594(1+0.651\lg P)}{(t+27.346)^{0.953[(\lg P)^{-0.017}]}}$$

式中：P 为设计暴雨重现期：采用 $P=100$ 年；i 为降雨强度，mm/min；t 为设计降雨历时，$t=10$min。

此公式适用于成都市中心城区及温江、郫县、双流、新津、新都等地区，其他周边地区（彭州、都江堰、崇州、蒲江、大邑、邛崃、龙泉驿、青白江、金堂）可作参考。

考虑到地铁车站开挖面积大，影响范围广，基坑施工期间防洪压力较大，防洪设防按照 100 年一遇进行考虑。

汇水面积较大时，根据地形，进行分区设防，利用截水沟、分水岭、横跨基坑沟渠将地铁基坑划分为各防汛区域分别进行计算。

根据《室外排水设计规范》(GB 50014—2006)，面积为基坑周边汇水面积，采用数学模型法计算雨水设计流量，即

$$Q = \Psi i F$$

式中：Q 为设计流量，m^3/h；Ψ 为地面雨水综合径流系数；F 为汇水面积，hm^2。

最后根据雨水流量 Q，选择防汛分区水泵配置，水泵选型公式为

$$P = Qhg \div 3600 \div i \div \delta$$

式中：h 为扬程，根据基坑深度最深 25.88m，取 $h = 26m$；g 为重力加速度，m/s^2；i 为效率，取 0.75；δ 为电机安全系数，取 1.2。

2.3.5 基坑上排水及防汛措施

(1) 根据周边建(构)筑物、水系、市政管网调查结果，结合防汛分析、排水设施排水能力计算结果，合理选择并配置抽水泵，汛期施工时采用钢管与水泵连接接出基坑。

(2) 基坑两侧地表采用明沟排水，设置 450mm×400mm 排水沟，采用 C20 混凝土，其坡度不宜小于 0.3‰，设置断面如图 4 所示。水沟上加盖格栅板，格栅板大样如图 5 所示。排水沟每隔 40m 设置集水井，尺寸为 1.0m×1.0m×1.5m。水沟内积水引入沉淀池。汛期前及时清掏，做好防渗漏措施。

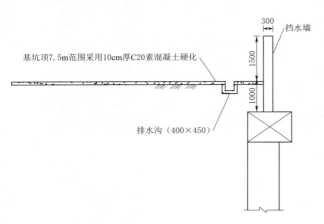

图 4 排水沟及挡水坎断面图（单位：mm）

2.3.6 基坑底排水及防汛措施

(1) 明挖基坑工程是地铁建设三大施工方法的主要组成之一。近年来，随着城市轨道交通工程的迅猛发展，地铁基坑工程开挖深度越来越深，其施工风险也越来越大。在施工中应结合勘察、设计、施工经验，选择适合降水方案，一般应考虑地质条件和施工现场的环境因素。一是基坑内施工作业必须保证正常进行；二是要切实做到防患于未然，防止因基坑外地下水位下降而对

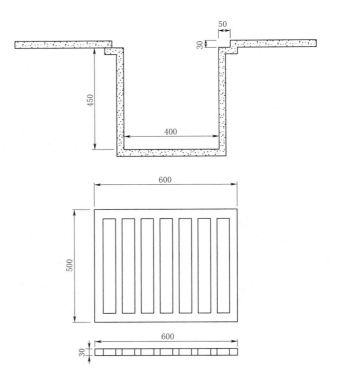

图 5 排水沟及格栅盖板大样图（单位：mm）

周围已建建筑物、管线、路面等造成的各种危害；另外，降水方案有时也会受到场地、文明施工等因素的制约。为取得良好的降水效果，有时需要同时采用多套降水方案。

(2) 在邻近建筑物或重要保护的文物附近和地层比较复杂的地层中开挖深基坑，大多数采用围护桩加桩间止水支护，而在实际施工中都会因或多或少的一些施工误差和地下不明障碍物的影响造成局部桩缝止水失败，导致在基坑开挖时发生漏水、漏砂，阻碍了土方开挖，同时威胁到基坑安全和基坑周边建筑物的安全。

(3) 基坑开挖过程中如遇基坑坑壁有渗漏水点，首先要找出渗漏源，及时堵住渗漏源，并及时进行网喷支护，对于渗漏量较大的漏水点采取在网喷面埋设明排水管或安设泄水盲管，将水引流至基坑内排水系统，再由抽水泵排入基坑周边下水管网。

2.3.7 典型防汛隐患重点治理措施

(1) 基坑周边挡水墙。基坑周围的挡水墙选用钢筋混凝土结构，其强度不低于 C20，钢筋须稳固锚入地下。挡水墙设置高度不低于 1.5m，挡水墙厚度不低于 30cm。

(2) 排水沟设置。基坑周边设置截排水沟，采用 C20 混凝土，深度 40cm，宽度 45cm，水沟上加盖格栅板，水沟内积水引入降水井管或沉淀池。汛期需及时清掏，做好防渗漏措施。

(3) 断头管"双重封堵"。严格落实雨污水断头管"双重封堵"，临近基坑侧与检查井两侧均进行封堵，封

堵需采用 C30 混凝土，封堵长度至少大于管径 30cm。

（4）市政管网病害治理。一是认真排查治理临近基坑、盾构隧道进出洞、中间风井、暗挖拱顶上方的雨污水管，完善汛期管网一张图，明确管线与基坑的位置关系，制定专项防范方案，并明晰责任人；二是及时完成周边管网疏通，确保汛期排水畅通。对基坑周边存在 1.0m 以上的雨污水、自来水等重要管线的工点，及时调整围护桩施工方案。

（5）临河地铁施工作业。临河地铁施工作业应增加红外夜视探头，抽水设备同步跟进，落实单独逃生通道；基坑作业或移交站后管理的车站出入口外应设挡水墙。

（6）既有线附近施工防汛治理。汛期，附属结构施工且与既有线联通的工点，与运营线路接口做不低于 2m 的钢筋混凝土挡墙，并用砖砌体结构实现全封闭。与在建线路通道接口应全断面钢筋混凝土结构封堵，并与运营方应建立联络机制。

3 区域防汛理念实施效果

3.1 18 号线西博城站区域防汛

3.1.1 工程概况

成都轨道交通 18 号线工程机电安装与装修 B 标西

博城站，西博城站位于成都市天府新区中央公园东南角，东侧临蜀州路，与中国西部国际博览城比邻，西侧临天府大道，南侧为规划的配套商业用地，北侧为天府中央公园，平面位置如图 6 所示。场地范围地处低洼地带，汇水面积 15.17hm²，北侧为天府公园人工湖，防汛隐患极大。18 号线与地铁 1 号线、6 号线及 16 号线有四线换乘车站，四线空间关系如图 7 所示，位于天府大道东侧、福州路下方、蜀州路东侧，形成"H"形换乘，施工阶段各车站正处于装饰装修阶段，若雨水倒灌车站，将造成极大经济损失，防汛风险极大。

图 6 西博城站平面图

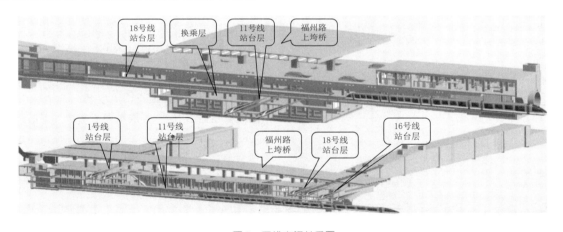

图 7 四线空间关系图

（注：11 号线车站站台层在 1 号线、18 号线、16 号线车站下方。18 号线自北向南 2‰下坡，16 号线自北向南 2‰下坡，11 号线自东向西 2‰下坡，1 号线自南向北 2‰下坡。）

3.1.2 施工情况

施工阶段，根据地形标高，将西博城站划分为南侧基坑 B、C、D、E、F、G、H 七个区域，北侧基坑内分为 I、K 两个区域，并根据汇水面积按照 100 年一遇防洪标准配置应急水泵。C、D、E、F 区集水均采用 11kW 水泵抽排至 B 区水泵房内，B 区水泵房及其地表积水集水采用 2 台 55kW 水泵进行抽排至厦门路 DN1200 市政雨水管网；H 区采用 11kW 水泵抽排至厦

门路 DN1200 市政雨水管网；G 区采用 3 台 11kW 水泵抽排至天府大道 DN900 市政雨水管网。I 区设两个集水坑，采用 2 台 11kW 水泵抽排至坡顶集水坑内，集水沿着场内排水沟排至 DN900 市政雨水管网；K 区采用 1 台 11kW 水泵抽排至坡顶排水沟内，集水沿着场内排水沟排至 DN900 市政雨水管网，防汛分区如图 8 所示。

以西博城站 B 区为例，2019 年 4—7 月防汛施工期间，设计雨水流量 $Q = 892.51\text{m}^3/\text{h}$，见表 1。

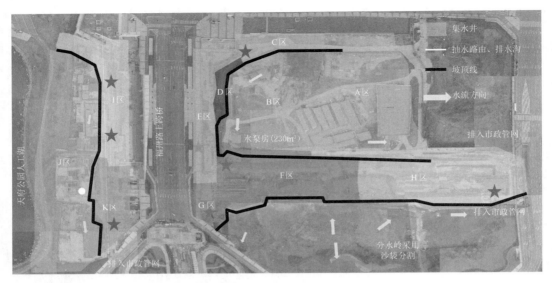

图 8　西博城站防汛分区图

表 1　西博城站 B 区汇水面积雨水流量

区域	汇水面积 F /hm²	设计降雨重现期 /年	降雨历时 t /min	暴雨强度 h_y /(mm/min)	径流系数	雨水流量 Q /(m³/h)
B 区	4.0351	100	20	2.46	0.15	892.51

$$P = Qhg \div 3600 \div i \div \delta$$

式中：h 为扬程，根据基坑深度最深 25.88m，取 $h=$ 26m；g 为重力加速度，m/s²；i 为效率，取 0.75；δ 为电机安全系数，取 1.2。

将数据代入上式得：

$$P = 892.51 \times 26 \times 9.8 \div 3600 \div 0.75 \div 1.2 = 70.2\,(\text{kW})$$

由此可知，B 区采用 2 台 55kW 水泵进行抽排满足要求。

西博城站 B 区防汛施工期间实测最大雨水流量为 314.58m³/h＜892.51m³/h。

西博城站施工跨越 2019 年、2020 年两个汛期，未发生防汛预警，各项施工内容有序推进，顺利通过验收移交，该区域防汛理念施工工艺成功应用于本工程。

3.2　19 号线合江站区域防汛

3.2.1　工程概况

合江站为 19 号线二期工程的终点站，车站与站后明挖区间设于东山大道三段东侧，天府新区与简阳市之间城市绿隔区域。车站范围存在翁家沟、东风渠等 5 条沟渠，横跨结构，平面布置如图 9 所示。车站地处低洼地带，周边汇水面积大，主要为东侧农田及龙泉山汇水，且主体结构施工跨越汛期，基坑基底防浸泡是基础质量管控重点。

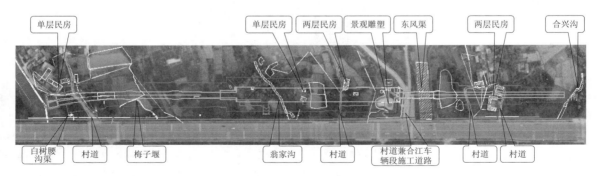

图 9　合江站总平面图

进场后经调查，由于 18 号线合江车辆段施工时对片区水系进行了改造，合江车辆段下游沟渠无力承担洪水排放，造成车辆段下游河段两岸极易遭受洪水的威胁。19 号线合江站地处低洼地带，且施工期间需对结构

范围内 4 条沟渠进行临时导改，防洪防涝风险极大，具体水系排查情况如图 10 所示。

3.2.2　施工情况

施工阶段，根据地形标高，将合江站划分为 A、B、

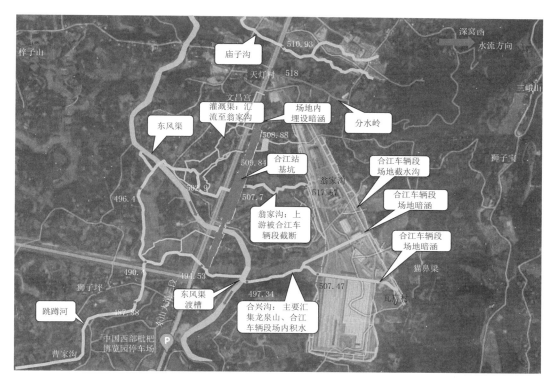

图 10　合江站区域防汛水系排查情况（单位：m）

C、D、E 五个区域，并根据汇水面积按照 100 年一遇防洪标准配置应急水泵。基坑周边配置 7 台 7.5kW 基本抽水泵和 2 台 45kW（300m³/h）应急抽水泵，汛期施工时采用钢管将水泵连接接出基坑。

　　通过合理的施工组织，在场地内对白树腰、梅子堰、翁家沟、东风渠进行临时导改导流，保证汛期时排水顺通。基坑内汇水均抽排至导流沟渠下游，避免集水浸泡基坑，分区布置如图 11 所示。

　　以合江站 A 区为例，2020 年 4—7 月防汛施工期间，设计雨水流量 $Q = 5814.26\text{m}^3/\text{h}$，见表 2。

表 2　　合江站 A 区汇水面积雨水流量

区域	汇水面积 F /hm²	设计降雨重现期 /a	降雨历时 t /min	暴雨强度 h_y /(mm/min)	径流系数	雨水流量 Q /(m³/h)
A 区（白树腰堰）	3.75	100	10	3.39	0.8	5814.26

　　A 区（白树腰堰）采用预留 $DN1000$ 混凝土过水涵管从北端头进行绕行引流。

$$R = D/4 = 0.25\text{m}$$

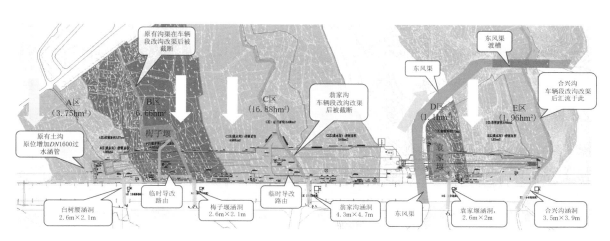

图 11　合江站防汛分区图

$$A = D^2 \times \pi/4 = 0.785\text{m}^2$$
$$i = 0.01$$

n 根据《室外排水设计规范》（GB 50014—2006）表 4.2.3 进行取值，即 $n = 0.014$。

$$v = R^{\frac{2}{3}} \times i^{\frac{1}{2}}/n = 2.83\text{m/s}$$

$$Q_{管} = vA = 8014.769\text{m}^3/h > Q = 5814.26\text{m}^3/h$$

因此 A 区采用 $DN1000$ 混凝土管排水满足要求。

防汛施工期间实测最大雨水流量为 $3583.17\text{m}^3/h < 8014.769\text{m}^3/h$。

合江站施工跨越 2020 年、2021 年两个汛期，未发生防汛预警，各项施工内容有序推进，顺利通过验收移交，该区域防汛理念施工工艺成功应用于本工程。

4 结语

以成都轨道交通 18 号线工程机电 B 标西博城站、成都轨道交通 19 号线二期工程土建 8 工区合江站施工为研究对象。通过该工艺的应用，西博城站平稳度过 2019 年汛期和 2020 年汛期，实现验收移交；合江站平稳度过 2020 年汛期和 2021 年汛期，实现验收移交，切实保障了施工作业生命财产安全、工程安全。

区域防汛理念施工适用性强，施工安全性高，施工成本低，社会效益显著，可为其他类似工程提供借鉴。

参考文献

[1] 朱海燕. 北京市地铁站暴雨内涝脆弱性评估研究 [D]. 北京：首都经济贸易大学，2018.

[2] 李世豪. 郑州市区洪涝风险分析及内涝积水模拟研究 [D]. 郑州：郑州大学，2016.

[3] 刘笑芳，郭东亮. 从城市内涝现象看我国城市地下空间规划 [J]. 四川建筑，2014，(5)：34 - 35，38.

[4] 孔祥睿. 城市轨道交通车站及正线防汛减灾策略研究 [J]. 中国防汛抗旱，2023，(10)：58 - 62.

[5] 陈波. 地铁车站防汛工作措施探讨 [J]. 现代城市轨道交通，2017 (11)：57 - 59.

[6] 王萃萃，翟盘茂. 中国大城市极端强降水事件变化的初步分析 [J]. 气候与环境研究，2009 (5)：553 - 560.

[7] 张冬冬，严登华，王义成，等. 城市内涝灾害风险评估及综合应对研究进展 [J]. 灾害学，2014 (1)：144 - 149.

[8] 刘永勤. 地铁基坑工程的风险特点及其控制措施 [J]. 岩土工程学报，2008，30 (S1)：657 - 658.

[9] 张跃进. 关于基坑漏水、漏砂处理的应急措施 [J]. 西部探矿工程，2012 (10)：6 - 7.

手掘式顶管下穿高速公路施工技术

王庆龙 齐燕清 朱 杰/中国水利水电第十四工程局有限公司

【摘 要】 非开挖工程技术彻底解决了管道埋设施工中对地面建筑物的破坏和道路交通的堵塞等难题，在稳定土层和环境保护方面凸显其优势。本文主要对手掘式顶管下穿变速公路施工技术进行了介绍。手掘式顶管属于非开挖工程技术中的一种，具有土方开挖少、人员投入少、文明施工及环境保护程度高、不影响交通及地面建筑物、不需要大量征地及拆迁工作，以及操作简单、设备投入少、施工成本低、施工进度快等特点，在地下及地面障碍物较多的情况下，具有较好的应用前景，可为其他工程借鉴参考。

【关键词】 非开挖技术 手掘式顶管 泥浆减阻 下穿高速路

1 引言

非开挖技术是近年来才开始频繁使用的一个术语，它涉及的是只通过开挖工作井与接收井进行地下管线的铺设。通过工作井把要顶进的管子顶入接收井内，一个工作井内的管子可在地下穿行 1500m 以上，具有经济、高效、保护环境的综合功能。手掘式顶管属于非开挖工程技术中的一种，向家坝灌区邱场分干渠自贡段观音坝水库充水管线下穿 G85 银昆高速内宜段，下穿段采用手掘式顶管方式进行施工，最大限度地保证了高速公路的安全运行。

2 概述

向家坝灌区北总干渠邱场分干渠自贡段观音坝水库充水管线全长 1553m，设计输水流量为 1.05m³/s，前接观音坝泵站，充水至观音坝水库，由充水管线（压力钢管段、球墨铸铁管埋管段、顶管段）、调压塔、控流站、高位出水池和充库明渠组成。

观音坝水库充库管线在 K1＋077.3～K1＋173.3 段通过顶管施工下穿 G85 银昆高速内宜段，与高速公路交角为 76.64°，埋深 15.08m，顶管段长 96m，顶管材质为 DN1000mm 的 K9 级球墨铸铁管，外包 C40 钢筋混凝土，由专业厂家制作成型。工作井净空尺寸为 7m×5m×5m（长×宽×高），导向墙厚 40cm，推力墙厚 1.0m，接收井净空尺寸为 5m×4m×2.7m（长×宽×高），井壁及底板均为 C25 钢筋混凝土。

3 工程地质条件

管线穿越区为低丘及丘间槽地地貌，槽地高程一般为 349～354m，宽 100～400m，丘顶高程一般为 360～382m，低丘周缘为缓坡，坡角一般为 10°～15°，线路穿越区无崩塌、滑坡不良地质现象；丘间槽地多为水田、水塘，地表分布有残坡积的粉质黏土，厚 1.5～3.0m，饱水，呈软塑～流塑状；下伏基岩为侏罗系中统上沙溪庙组（J₂s）中厚层状长石砂岩、粉砂岩及泥岩，呈不等厚互层状，岩层产状 140°∠7°～14°，强风化厚度约 3.7m，弱风化厚约 4.0m。

充库管道采用明挖铺设的方式，管沟开挖深度约 2.5m。管底地基主要为强～弱风化基岩，承载力可满足设计要求。K1＋077.3～K1＋173.3 段下穿银昆高速公路内宜段，埋深 15.08m，采用顶管施工方式，穿过部位在路基下方的粉质黏土层中，地下水低于管底高程。

顶管段穿越地层为坡表部位粉质黏土层，其土体物理力学参数见表 1。

表 1 土体物理力学参数表

地层	主要岩性	密度 /(g/cm³)	抗剪强度		允许承载力 /MPa	桩侧阻力标准值 /kPa
			f′	c/MPa		
Q₄	粉质黏土（山坡）	1.90	0.25～0.30	0.015～0.020	0.12～0.13	30～40
	粉质黏土（沟塘）	1.85	0.20～0.25	0.010～0.015	0.08～0.09	15～20

4 工作井验算

4.1 工作井内净长计算

根据《给水排水工程顶管技术规程》(CECS 246：2008) 中式 (10.4.2)，工作井内净长为

$$L \geqslant L_2 + L_3 + L_4 + K$$

式中：L 为工作井内净长，m；L_2 为下井管节长度，该工程标准管节长度为 4.0m；L_3 为千斤顶长度，该工程千斤顶长度为 1.5m；L_4 为留在井内管道最小长度，取 0.5m；K 为后座和顶铁的厚度及安装富余量，取 1m。

则工作井内净长 $L \geqslant 4.0 + 1.5 + 0.5 + 1 = 7 \mathrm{(m)}$。

该工程工作井内净长取 7.0m，满足要求。

4.2 工作井内净宽计算

根据《给水排水工程顶管技术规程》(CECS 246：2008) 中式 (10.5.1)，工作井内最小宽度为

$$B = D_1 + 2.4$$

式中：B 为工作井内最小宽度，m；D_1 为管道外径，该工程管道外径为 1.173m。

则工作井内最小宽度 $B = 1.173 + 2.4 = 3.573 \mathrm{(m)}$。

该工程工作井净宽取 5.0m，满足要求。

4.3 工作井深度计算

根据《给水排水工程顶管技术规程》(CECS 246：2008) 中式 (10.6.1)，工作井底板面深度为

$$H = H_s + D_1 + h$$

式中：H 为工作井内底板面最小深度，m；H_s 为管顶覆土层厚度，该工程管顶覆土层厚度为 3.15m；D_1 为管道外径，该工程管道外径为 1.173m；h 为管底操作空间，该工程取 0.55m。

则工作井内底板面最小深度 $H = 3.15 + 1.173 + 0.55 = 4.873 \mathrm{(m)}$。

该工程工作井底板面深度取 5.0m，满足要求。

5 顶管施工验算

5.1 基本参数

顶管基本参数见表 2，计算简图见图 1、图 2。

表 2　顶管基本参数表

项　目	参　数
管道顶力计算依据	CECS 246：2008
管道截面形式	圆形
管道的计算顶进长度 L/m	96

项　目	参　数
管道外缘底部至导轨底面的高度 h_2/mm	140
接收井支撑垫板厚度 h_4/mm	100
接收井地面至井底的深度 H_2/mm	5110
后座墙尺寸 $B \times H$（宽×高）/mm	6400×5000
后座墙顶至地面高度 h_5/mm	0
顶管设备选型	手掘式
顶铁外径 D_s/mm	1200
地面至管道底部外缘的深度 h_1/mm	4450
基础及其垫层的厚度 h_3/mm	410
工作井地面至井底的深度 H_1/mm	5000
后座墙支撑作用	考虑
土抗力安全系数 η	1.5
基坑支护基础底至后座墙底高度 h_6/mm	800

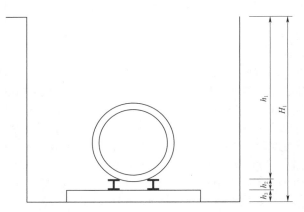

图 1　顶进工作井深度示意图

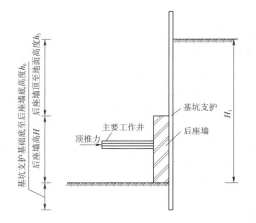

图 2　工作井后座墙示意图

5.2 土层参数

土层参数见表 3。

<table>
<thead>
<tr><th colspan="2">表 3　土层参数表</th></tr>
<tr><th>项　目</th><th>参数值</th></tr>
</thead>
<tbody>
<tr><td>土的容重 γ /(kN/m³)</td><td>19</td></tr>
<tr><td>土的内摩擦角 φ /(°)</td><td>30</td></tr>
<tr><td>土的黏聚力 c /kPa</td><td>40</td></tr>
<tr><td>被动土压力系数 K_p</td><td>3</td></tr>
</tbody>
</table>

后座墙土体允许施加的顶进力为

$$F = K_p \gamma H_1 B (h_5 + 2H + h_6)/(2\eta)$$
$$= 3 \times 19 \times 5 \times 6.4 \times (0 + 2 \times 5 + 0.8)/(2 \times 1.5)$$
$$= 6566.4 \text{(kN)}$$

5.3　管道参数

管道基本参数见表 4，圆形管道截面示意见图 3。

<table>
<thead>
<tr><th colspan="2">表 4　管道基本参数表</th></tr>
<tr><th>项　目</th><th>参数值</th></tr>
</thead>
<tbody>
<tr><td>管材类型</td><td>钢管管道</td></tr>
<tr><td>管道最小有效传力面积 A /m²</td><td>0.218</td></tr>
<tr><td>管材受压强度折减系数 φ_1</td><td>1</td></tr>
<tr><td>钢管顶管稳定系数 φ_4</td><td>0.45</td></tr>
<tr><td>管道尺寸 $D \times t$ （外径×壁厚）/mm</td><td>1173×86.5</td></tr>
<tr><td>顶力分项系数 γ_d</td><td>1.3</td></tr>
<tr><td>管材脆性系数 φ_3</td><td>1</td></tr>
<tr><td>管材受压强度设计值 f_c /(N/mm²)</td><td>215</td></tr>
</tbody>
</table>

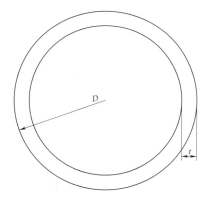

图 3　圆形管道截面示意图

根据《非开挖管道施工用球墨铸铁顶管》（TCFA 02010202-4—2017）中"表 6 顶管允许承受顶推力"，公称直径为 1000mm 的管道允许最大顶力为 5080kN。结合设计图纸，管道允许最大顶力为 5000kN。

管道允许最大顶力取 $[F_r] = 5000$kN。

5.4　顶推力验算

主顶工作井基本参数见表 5。

<table>
<thead>
<tr><th colspan="2">表 5　主顶工作井基本参数表</th></tr>
<tr><th>顶进井布置</th><th>只设主顶工作井</th></tr>
</thead>
<tbody>
<tr><td>主顶工作井千斤顶个数 n_z</td><td>2</td></tr>
<tr><td>管道外壁与土的平均摩擦力 f_k /(kN/m²)</td><td>8</td></tr>
<tr><td>主顶工作井千斤顶吨位 P_z /kN</td><td>3200</td></tr>
<tr><td>主顶工作井千斤顶液压作用效率系数 η_h</td><td>0.7</td></tr>
<tr><td>挤压阻力 R /(kN/m²)</td><td>400</td></tr>
</tbody>
</table>

顶管设备的迎面阻力

$$N_f = \pi(Ds - t)tR = 3.14 \times (1.2 - 0.2) \times 0.2 \times 400$$
$$= 251.2 \text{(kN)}$$

总顶力：

$$P = \pi D L f_k + N_f = 3.14 \times 1.173 \times 96 \times 8 + 251.2$$
$$= 3079.913 \text{(kN)}$$

主顶工作井的千斤顶推能力：

$$T_z = \eta_h n_z P_z = 0.7 \times 2 \times 3200 = 4480 \text{kN} \geqslant P$$
$$= 3079.913 \text{kN}$$

管道允许最大顶力：

$$[F_r] = 5000 \text{kN} \geqslant P = 3079.913 \text{kN}$$

后座墙土体允许施加的顶进力：

$$F = 6566.4 \text{kN} \geqslant P = 3079.913 \text{kN}，满足要求。$$

5.5　导轨间距验算

导轨基本参数见表 6。

<table>
<thead>
<tr><th colspan="2">表 6　导轨基本参数表</th></tr>
<tr><th>项　目</th><th>参数值</th></tr>
</thead>
<tbody>
<tr><td>导轨高 d_1 /mm</td><td>200</td></tr>
<tr><td>管外底距导轨底距离 e /mm</td><td>140</td></tr>
<tr><td>导轨上顶面宽 d_2 /mm</td><td>150</td></tr>
</tbody>
</table>

导轨间距：

$$A = 2[(D - d_1 + e)(d_1 - e)]^{0.5} + d_2$$
$$= 2 \times [(1173 - 200 + 140) \times (200 - 140)]^{0.5} + 150$$
$$= 667 \text{(mm)}$$

6　顶管施工方法

6.1　施工总体程序

根据施工区域的水文地质和工程地质情况分析，采用人工挖掘顶进的方式进行施工。顶管施工工作内容包括测量放样、工作井及接收井开挖及防护、工作井及接收井排水、顶管施工、高速路沉降观测等。顶管施工工艺流程见图 4。

6.2　工作井、接收井施工

具备施工条件后，首先按照设计图纸要求完成工作

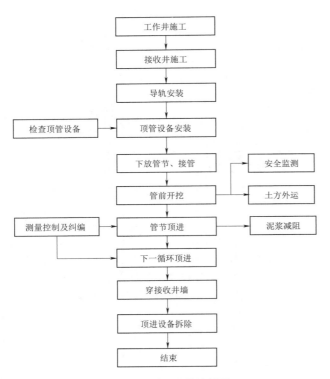

图4　顶管施工工艺流程图

井、接收井施工，开挖施工时尽量减少原土体扰动，混凝土浇筑施工需保证井内净空尺寸要求。

6.3　顶管设备安装

6.3.1　导轨

导轨的设置是顶管工程的关键，要求设置牢固可靠，轨距高程正确，并预埋螺栓，以便通过扣件扣紧导轨，并保证水平，其安装精度甚至决定管道是否可顶好，要求两导轨应顺直、平行、等高，其纵坡应与管道设计坡度一致。导轨轴线偏差不大于3mm；顶面高差0～±3mm；两轨间距±2mm。

6.3.2　千斤顶

千斤顶的选择应根据该施工段土质、顶进管道自身重量、摩擦力等计算，该工程顶管采用320t千斤顶2台，50t纠偏千斤顶2台即可满足。

千斤顶在使用前必须到专门的检测单位进行检测、校正，合格后方可用于工程施工。安装时千斤顶与管道中心对直，其作用点在管道圆心上，千斤顶的纵线坡度应与管道设计坡度一致。

6.3.3　顶管井提升设备

工作井顶管出土采用5t单梁门式起重机吊运，进场前必须提供出厂合格证和检验合格证明，并提前办理相关手续。该工程顶管专用K9级$DN1000$mm球墨铸铁管单节长度为4m，单节管道重量为3.685t，顶进设备安装及管道下管均采用5t单梁门式起重机吊运。

6.4　顶管施工

6.4.1　管前挖土

管前挖土时控制管节顶进方向和高程、减少偏差和重复作业，是保证顶管质量的关键。

本工程顶管位于高速公路原回填路基以下2～3m的地层，均处于泥质粉砂岩层，拟采用3种开挖方案结合，具体如下：

（1）在软土层中采用人工手持开挖工具掘进，开挖与顶进循环交替作业，循环进尺0.3m，保证操作人员的安全。

（2）进入强风化岩层后，采用人工手持风镐进行开挖作业，开挖循环进尺0.3m。

（3）进入弱风化岩层后，由于岩层硬度大，风镐作业无法有效破除，在中风化岩层内采用机械水钻作业，对岩体扰动小，开挖循环进尺0.3m，水钻施工后的成型效果见图5。

图5　水钻施工后的成型效果

要求管前开挖不得超挖，防止高速公路路面出现沉降。为加快工作进度，每班两个人，轮流开挖。在开挖出的土石方外运过程中，保证管内不得有泥土石子等杂物。渣土用四轮小车从管内拖出集中至工作井后，用 5t 单梁门式起重机进行垂直运输，吊至地面装车运至指定地点堆放。

6.4.2　下管

挖土前应先下管，并做好以下几项工作。

（1）检查管道：下管前应先检查管道外观，主要检查管道有无破损及纵向裂缝，端面要平直，管壁应光洁无坑陷或鼓泡。检查合格后对管道进行编号，用起重设备吊至工作井的导轨上就位。

（2）吊管：吊管前检查行车吊，对管道进行试吊，确认安全可靠方可下管。下管时工作坑内严禁站人。当距导轨在 30～50cm 时，施工人员方可进坑工作。

（3）管道就位：第一节管在导轨上就位，测量管道中心及前后端的管底标高，确认标高符合设计要求后方可顶进。第一节管为工具管，顶进方向与高程的准确是保证整段顶管质量的关键。

6.4.3　顶进

该工程顶管采用直径 1.0m 的 K9 级 DN1000mm 球墨铸铁管，允许最大顶力为 5000kN，采用 2 台 320t 的液压千斤顶作为主顶，2 台 50t 千斤顶进行纠偏。管道顶进方向示意见图 6，顶进开始时，先缓慢进行，待各接触部位密合后，再按正常速度顶进。顶进若发现有油路压力突然增高，应停止顶进，检查原因经过处理后方可继续顶进，回油时，油路压力不得过大，速度不得过快。挖出的土方要及时外运，及时顶进，使顶力限制在较小范围内。

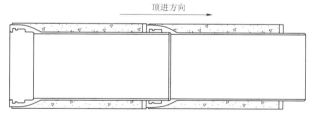

图 6　管道顶进方向示意图

顶进施工中，发现管位偏差 10mm 左右，即应进行校正。校正要逐步进行，偏差形成后，不能立即将已顶进好的管道校正到位，应缓慢进行，使管道逐渐复位，禁止猛纠硬调，以防损坏管道或产生相反的效果。

6.4.4　管道的连接与密封

每根球墨铸铁管接口接头之间采用 O 型橡胶圈密封，管口完好不得损坏，以保证管节在对接过程中，橡胶圈不发生移位、不翻转，保证管节的密封性。

橡胶圈应保持清洁、无油污，并存放于阴暗干燥处，防止老化。施工时，采用清水对管口凹槽进行清理，待凹槽面干燥后，涂上强力胶水，将橡胶圈牢固粘贴于管口凹槽处，下一管节端部涂无腐蚀性润滑油后再进行对接，防止橡胶圈发生翻转、移位和断裂。

6.5　触变泥浆减阻措施

顶进施工中，为了降低阻力，向管壁与土壁之间注入由膨润土、碱（碳酸钠）和水按一定比例配制而成的触变泥浆，形成泥浆环套，降低管节外壁和土层间的摩擦力，从而达到减小顶力的效果。

为使泥浆能够达到较好的充满度，在每节管中部同一断面位置的管顶及横向两侧管壁设置 3 个直径为 50mm 的注浆孔，在管道顶进 10～15m 后，开始注入减阻泥浆。边顶边注，注浆压力为 0.2MPa，以保证注浆饱满，达到润滑减阻的效果。压浆总管采用直径为 20mm 的白铁管，除第一节管外，总管每隔 4m 安装一只三通，再连接压浆软管并接至压浆孔处。顶进时，压浆要及时有效地跟进，保证泥浆环套完整有效。

膨润土触变泥浆参数见表 7。

表 7　膨润土触变泥浆参数表

项　　目	参数值
比重/(g/m³)	1.1～1.6
静切力/Pa	100
黏度/s	>30
失水量	<25m³/30min
稳定性	静置 24h 无离析水
pH 值	<10

6.6　管道灌浆措施

由于顶进球墨铸铁管管壁四周有少量空隙，为使管道与地层间空隙填充密实，防止地下水填充空隙后造成土质地基软化管道沉陷或石质地基段管道上浮变形，确保顶进管段不沉陷或上浮变形，在顶进完成后立即对管外壁进行注浆置换触变泥浆以固结土体。

灌浆孔由顶管生产厂家在管道预制进行预留螺纹管或现场制作处理。水泥浆配比为水：水泥＝1：1，可掺入适量粉煤灰，粉煤灰掺入量不大于 30%。注浆压力为 0.2～0.5MPa。压浆孔上均设管螺纹、管箍及丝堵，将制作好的压浆管头预先拧紧插入管道上。压浆过程中，控制压浆量及压浆压力，待下一压浆孔中出现压浆液并且压浆压力不发生变化时，每孔稳压时间不得小于 2min，及时关闭压浆孔上控制阀，进行下一个孔压浆。灌浆完成后对预留灌浆孔采用封堵螺栓或者厚浆型环氧树脂进行封堵。

6.7 安全监测

6.7.1 地表监测监控

（1）在公路两侧硬路肩或排水沟各布置一个断面的地表沉降观测断面，每个断面 5 个测点，顶管轴线上方一个测点，两边各两个测点，测点间距 5m。

（2）在工作井四个角设置位移监测点。

（3）地表监测监控频次及报警特征值见表 8。

表 8　地表监测监控频次及报警特征值

序号	监测对象	监测项目	工况	监测方法和频率	报警特征值
1	路面及边坡	沉降、位移、隆起	开挖、顶进	定量：3 次/d	预警值 5mm/d；累计值 15mm
		裂缝	开挖、顶进	巡视：3 次/d	10mm
2	工作井	位移	开挖、顶进	定量：2 次/d	预警值 5mm/d；累计值 15mm
		裂缝	开挖、顶进	巡视：2 次/d	10mm

监测数据达到报警特征值时，立即向现场管理人员汇报。现场管理人员收到报警后，立即停止施工，查明原因并对保护对象采取应急措施，待排除问题后方可继续顶进施工。

6.7.2 有害气体监测

为防止施工过程产生的硫化氢（HS）、一氧化碳（CO）、二氧化碳（CO_2）等有害气体因通风不到位、超过允许浓度，对施工人员造成伤害，应定期或在因故长时间不通风情况时进行有害气体的监测，具体监测频次如下：

（1）当顶进深度大于 20m 后，每天至少早晚各测一次。

（2）当通风机检修或因故停止通风时间超过 1h 时，每隔 1h 测一次，超过 3h 时，每隔 30min 测一次。

（3）因故或节假日停工较长时间时，复工时先通风不少于 3h 后方可进洞进行监测。监测时自工作井位置管口逐步向深处进行，当发现有害气体超标时，立即撤出管外。继续通风后再继续监测，直至有害气体浓度符合要求，管理人员及施工人员方可进入管内。

7 工程实施效果

下穿高速公路顶管工程在施工许可手续办理完成后开始组织施工，历时 48d，平均日进尺约 2.0m，最大日进尺为 2.6m，施工过程中未发生伤亡事故。根据监测成果资料显示，高速公路路面及两侧边坡累计最大沉降值为 8mm，地表未产生裂缝，测值正常。顶管施工对高速路未产生影响，高速公路的安全运行得到了有效保证，达到了预期效果，并得到了监理、业主、高速公路运营管理单位以及地方水利行政主管部门的一致好评。

8 结语

手掘式顶管适用于管径在 1.0～2.5m 的给排水管道顶管施工，能够穿越公路、河川、地面建筑物、地下构筑物以及各种地下管线等，具有土方开挖少、人员投入少、文明施工及环境保护程度高、不影响交通及地面建筑物、不需要大量征地及拆迁工作，以及操作简单、设备投入少、施工成本低、施工进度快等特点，在地下及地面障碍物较多的情况下，具有较好应用前景。

参考文献

[1] 侯小龙，袁胜强. 手掘式顶管下穿既有道路施工技术要点分析 [J]. 施工技术，2018（S1）：674-676.

[2] 李勇，段玉刚，李正前. 手掘式顶管法在成都市中水回用工程非开挖铺设 ϕ1840 管道中的应用 [C] // 中国非开挖技术学会. 2003 非开挖技术会议，2024.

[3] 中国工程建设标准化协会. 给水排水工程顶管技术规程：CECS 246：2008 [S]. 北京：中国计划出版社，2008.

[4] 赵付安. 非开挖顶管施工在管道排水工程中的应用 [J]. 黑龙江交通科技，2010（3）：6-7.

[5] 倪文琴. 人工掘进法顶管施工在地下管道工程中的应用 [J]. 江苏水利，2010（3）：21-22.

[6] 刘晓军. 顶管技术在市政给水管道施工中的应用 [J]. 技术与市场，2011（12）：79，81.

[7] 邵保献，顾青林，王晓敏，等. 供水管道穿 S213 省道顶管施工技术 [J]. 河南水利与南水北调，2015（20）：20-22.

[8] 刘琨，余洪强，张二勇，等. 高水位长距离顶管施工工艺的应用研究 [J]. 中国石油和化工标准与质量，2012（7）：64-65.

[9] 中华人民共和国水利部. 水利水电工程坑探规程：SL 166—2010 [S]. 北京：中国水利水电出版社，2011.

波形钢腹板预应力混凝土连续梁施工技术研究

郭永芳/中国水利水电第十四工程局有限公司

【摘　要】　本文以漳河大桥主桥波形钢腹板预应力混凝土连续梁施工为例，重点阐述波形钢腹板如何高效、安全地完成梁段悬臂施工，采用理论结合实践的方法对墩顶0号、1号梁段及边跨现浇梁段、悬臂段、合龙段、波形钢腹板、体外索预应力、施工检测等进行关键技术研究，确保漳河大桥主桥的顺利合龙，结合桥梁设计形式创新、施工方法的梳理总结，为类似桥梁结构施工提供借鉴。

【关键词】　漳河大桥　波形钢腹板　连续梁　技术研究

1　引言

漳河大桥上部设计采用波形钢腹板预应力混凝土连续梁结构，悬臂浇筑是施工的重难点，为避免悬浇节段混凝土一次浇筑量大对挂篮产生较大的变形，在对挂篮设计时对其进行了优化。根据现场实际情况决定采用异步挂篮法施工，通过对施工过程各工序施工工艺的研究分析，结合桥梁施工监控，经实践检验，桥梁施工工艺技术的可靠性和施工过程的安全性得到有效保障。

2　工程概况

漳河大桥主桥是一座跨径组合为65m＋3×125m＋65m的波形钢腹板预应力混凝土连续梁，梁体设计采用单箱单室截面，主桥梁面设3％的单向横坡，由箱梁纵桥向沿顶板顶缘中轴线旋转形成，箱梁横桥向底面保持水平。沿桥梁前进方向纵坡为1.3％，墩台沿中轴线对称布置。单幅桥梁全宽12.22m，箱梁底面宽度6.5m。桥梁主墩箱梁中心垂直高度7.5m，桥梁两端过渡墩及跨中箱梁中心垂直高度3.5m，梁底面以2次抛物线设计。箱梁翼板边缘悬臂长2.86m，悬臂板外缘厚0.20m，内缘根部厚0.7m。波形钢腹板设计波长1.6m，设计波高0.22m，设计水平面板宽0.43m，波形钢腹板单块最大尺寸为5.231m×4.753m×0.42m，重4.294t。波形钢腹板跨中至桥梁主墩顶厚度依次采用16mm、18mm、20mm、22mm四种型号，波形钢腹板与桥梁混凝土顶板的连接采用波形钢腹板上顶面焊有翼缘板与穿孔板的Twin－PBL键连接方式，与底板的连接则采用"开孔角钢＋贯通钢筋"连接方式，主桥总体跨径设计三维模型如图1所示。

图1　主桥总体跨径设计三维模型图

3　总体设计方案

主梁段落划分为6种形式，0号、1号梁段为桥梁主墩托架现浇段，2～12号梁段为挂篮悬臂浇筑段，全桥设计13号梁段为边跨、次边跨、中跨合龙段（单幅桥梁2个边跨合龙段、2个次边跨合龙段和1个中跨合龙段）。14号、15号梁段为边跨托架现浇段。0号梁段长度为8m，1～2号梁段每段长度为3.2m，3～12号梁段每段长度为4.8m，13号梁段长度为1.6m，14号梁段长度为2.4m，15号梁段长度为2.44m。

4　施工技术

4.1　主要施工顺序

（1）步骤1。

1）主梁0号、1号梁段待桥墩施工完成验收合格后，在墩顶旁安装托架、预压托架、安装模板、绑扎钢筋、吊装 1 号波形钢腹板、混凝土浇筑，箱梁 0 号、1 号梁段施工完成后，混凝土强度达到设计的 100% 后，对称张拉纵向预应力钢束。

2）安装 2 号波形钢腹板、拼装、预压挂篮、绑扎 2 号梁段底板钢筋。

3）对称浇筑 2 号梁段底板、养护，安装 3 号波形钢腹板。

（2）步骤 2。

1）对称平衡浇筑 2 号梁段顶板、3 号梁段（n 号梁段）底板、安装 4 号梁段（n+1 号梁段）波形钢腹板。

2）在混凝土强度达到设计的 100% 后，对称张拉对应纵向钢束。

3）空挂篮前移就位。

4）重复上述 1）～3）顺序，对称施工 4～12 号梁段，异步悬臂浇筑示意如图 2 所示。

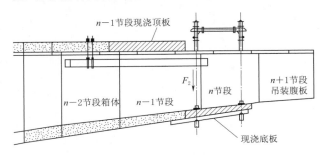

图 2　异步悬臂浇筑示意图

（3）步骤 3。

1）悬臂梁段施工的同时，在边墩安装托架，立模浇筑边跨现浇段 14 号、15 号梁段。

2）对称张拉 12 号纵向钢束后，挂篮前移至待浇边跨合龙段，安装边跨合龙段内外刚性支撑。

（4）步骤 4。

1）采用吊架立模浇筑边跨合龙段 13 号梁段。

2）在混凝土强度达到设计的 100% 以后，先对称张拉边底板纵向连续钢束，再对称张拉顶板连续钢束，边跨完成合龙。

（5）步骤 5。

1）次边跨采用挂篮前移辅助合龙，施工过程中考虑到次边跨合龙段的操作空间需求，施工完成 12 号梁段后拆除一个墩挂篮，采用另一个墩 12 号梁段挂篮前移至次边跨合龙段，计算合龙段混凝土重量分配在两边梁段上，根据分配的混凝土重量计算两边梁段上端部的挠度，按照挠度等效原则在次边跨合龙段两侧梁端放置水箱并加入计算出的注水量配重，安装次边跨合龙段内外刚性支撑。

2）浇筑次边跨合龙段混凝土，在混凝土强度达设计的 100% 后，对称张拉对应顶、底板钢束，完成次边跨的合龙。

（6）步骤 6。

1）中跨同样采用挂篮前移辅助合龙，同样考虑到合龙段的操作空间需求，施工工艺同次边跨相同，最后安装中跨合龙段内外刚性支撑。

2）浇筑中跨合龙段混凝土，在混凝土强度达设计的 100% 后，对称张拉对应顶、底板钢束，拆除挂篮，中跨合龙。

（7）步骤 7。完成全桥体外索预应力张拉施工及全桥波形钢腹板面漆涂装。

4.2　主要施工工艺及注意事项

（1）墩顶 0 号、1 号梁段、边跨现浇段施工。墩顶 0 号、1 号梁段、边跨现浇梁段采用墩顶托架法进行施工，施工过程中为了实现混凝土腹板过渡到波形钢腹板的变化，1 号梁段波形钢腹板与混凝土腹板设置了内衬混凝土，内衬混凝土与底板混凝土同时浇筑，浇筑的混凝土与波形钢腹板螺栓钉连接。内衬混凝土模板和 1 号梁段内模板通用，0 号、1 号梁段及边跨现浇段施工工艺流程如图 3 所示，0 号、1 号梁段及边跨现浇段墩顶托架结构示意如图 4 所示。

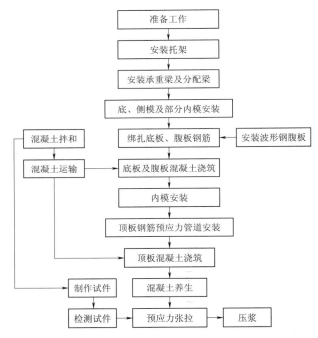

图 3　0 号、1 号梁段及边跨现浇段施工工艺流程图

（2）2～12 号悬浇梁段施工。2～12 号梁段为挂篮悬臂浇筑段。采用异步挂篮悬臂浇筑施工，总体施工步骤同前述主要施工顺序中的施工步骤 2，悬浇段施工工艺流程如图 5 所示。

1）墩顶梁段施工时，钢-混凝土组合腹板的内衬混凝土与现浇段的混凝土一次性浇筑成型。

2）节段位于塔吊的起重覆盖范围内，波形钢腹板采用塔吊直接起吊安装。

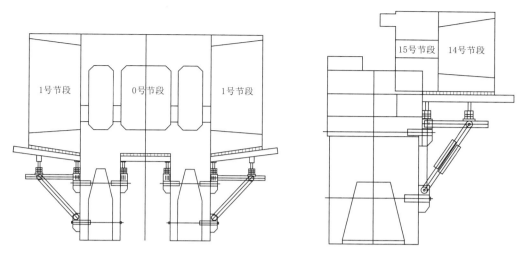

图4　0号、1号梁段及边跨现浇段墩顶托架结构示意图

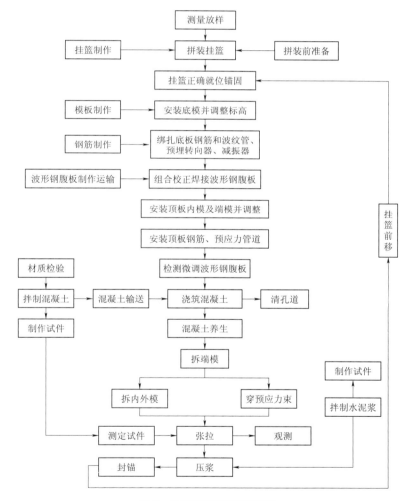

图5　悬浇段施工工艺流程图

3）安装波形钢腹板时，波形钢腹板的安装精度采用竖向高程和两段钢腹板接口前后夹角双控，安装精度以高程控制为主，夹角控制为辅；宜采取加密高程控制点等措施，确保波形钢腹板顶面PBL键和底面角钢埋入梁体底板和顶板的混凝土深度。安装完成后，宜在两侧的波形钢腹板之间设置临时横撑，增加其整体的横向刚度和稳定性。

4）在节段之间进行波形钢腹板的连接时，宜采用先螺栓连接后焊接的搭接连接方式。通过拴接对波形钢腹板进行临时连接固定时，宜按先采用与螺栓孔孔径大致相同的冲钉对钢腹板进行定位，按顺序再安装其他螺栓定位，最后采用连接螺栓替换冲钉进行固定，为焊接连接的现场施焊提供作业条件。

5）悬臂施工时，各节段的混凝土应按对称、均衡的原则进行浇筑。

6）悬臂浇筑节段混凝土时，按先底板、后顶板，由悬臂端向已浇段顺序进行。

7）应根据设计要求，对波形钢腹板与混凝土底板的接合部进行密封处理，防止雨水或附着在波形钢腹板表面上的凝结水渗透进入其内部，且在该接合部的混凝土顶面宜设置成有利于排水的斜面。

8）异步挂篮主要特性：异步挂篮结构简单，受力明确，重量轻、刚度大；挂篮的拼装、使用、拆除安全、方便；操作方便、安全，施工人员站在梁顶即可完成各项操作；挂篮设计采用大型结构软件进行整体三维空间分析，使用安全可靠；挂篮的外模板采用大块钢模板，可保证箱梁混凝土外观质量；底模平台高度小，可用于施工期间需控制桥下通航、通车净空的悬灌梁桥的施工；采用无平衡重液压千斤顶牵引方式，走行平稳、安全。

9）异步挂篮主要技术参数：适用施工节段长 3.2～4.8m；适用梁体宽度（底/顶）6.5～12.22m；适用梁高 3.5～7.5m；走行方式采用液压千斤顶。

（3）合龙段施工。

1）合龙顺序采用先边跨合龙，梁体结构由双悬臂状态转变为单悬臂简支状态，边跨合龙完成再进行次边跨的合龙，最后完成中跨合龙，呈连续梁受力状态。合龙段施工时需要进行临时配重，以平衡悬臂受力，配重采用水箱压重，压重水箱布置位置距离合龙段端头 5m，用来平衡浇筑混凝土重量，单个压载水箱配重为 1/2 合龙段混凝土重量，浇筑合龙段混凝土时同步放水卸载。

2）次边跨合龙段与中跨合龙段都采用挂篮辅助进行合龙，边跨合龙时，在直线段顶板及翼缘板上预埋预留孔，采用挂篮及直线段预留孔将挂篮模板系吊起，形成吊篮系统，进行合龙段施工。

3）进行边跨合龙之前，需完成以下施工：第 12 号梁段相关施工已完成，顶板预应力钢束张拉完成，同时标高、方位、管道及预埋件位置等都满足设计要求；边跨现浇段施工均已完成并经过连续三天持续的监测，边跨现浇段没有沉降，混凝土强度满足设计要求。上述要求都满足后，可以开始进行边跨合龙段施工。

4）次边跨合龙段施工在边跨合龙完成后第一次体系转换（即由 T 构转换为静定单悬臂）完毕并拆除边跨悬臂施工挂篮后进行，中跨合龙段施工在次边跨合龙完成后第二次体系转换完毕并拆除次边跨悬臂施工挂篮后进行。次边跨合龙段及中跨合龙段采用单侧挂篮施工，施工顺序由次边跨向主桥跨中对称合龙。

5）待混凝土强度达到设计强度的 100%，且混凝土龄期不少于 7d 后张拉合龙钢束，按先长束后短束的张拉顺序进行张拉。合龙段混凝土浇筑后，张拉合龙钢束前，采取措施减少箱梁悬臂的日照温差，可采用覆盖整跨箱梁或者加强整跨箱梁顶部的洒水降温措施减少温差。混凝土达到设计强度和龄期后，尽快张拉预应力钢束。合龙时段温度应控制在 15℃±5℃。

（4）波形钢腹板安装施工。波形钢腹板采用工厂预制加工，现场拼装焊接工艺施工，施工过程中波形钢腹板上翼缘钢板和混凝土顶板接触面采用双 PBL 键连接，与底板混凝土接触面采用角钢和贯穿钢筋结合的连接方式。节段间波形钢腹板连接采用双面搭接焊，波形钢腹板构造示意和波形钢腹板连接示意如图 6、图 7 所示。

图 6　波形钢腹板构造示意图

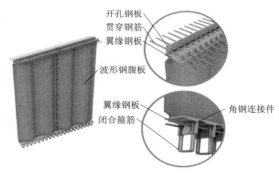

图 7　波形钢腹板连接示意图

（5）波形钢腹板现场涂装施工。现场涂装施工包括焊缝部位修复性涂装施工及全桥面漆涂装作业。修复性涂装主要是指波形钢腹板连接焊缝运输安装过程中受损伤部分，修复性涂装按照设计给定涂层执行，每层涂装完成后到下一层涂装留有一定时间间隔，全桥面漆涂装作业须待修复性涂装完毕成桥后整体进行。

1）修复性涂装前先对焊缝进行打磨处理，采用钢丝刷或砂轮磨光机对焊缝表面及焊缝两边进行打磨，去除钢腹板表面的锈迹、焊渣、氧化皮、油脂等污物，打磨出钢材本身的金属光泽，打磨宽度为 25～30cm，除锈等级不低于 St3.0 级。涂装前涂料应充分搅拌均匀，并进行焊接区域表面处理的质量检验，质量检验合格后开始进行涂装作业，涂装钢腹板不得在大风、雨、雪等特殊情况下作业，涂装后 4h 内应保护免受雨淋。

2）全桥面漆涂装应在成桥后修复性涂装完成并质量检验合格后进行，涂装开始前采用淡水、清洗剂等对成桥后的待涂装面进行清洁，可采用高压水枪清洗掉待涂装面灰尘和油污等。清洗完毕后利用拉毛机对待涂装表面轻微拉毛处理，也可采用砂纸或钢丝刷轻微打磨拉毛处理，处理目的是提高油漆层间附着力。处理完成后采用高压无气喷涂机按照喷涂顺序进行面漆涂装。

（6）体外索预应力施工。体外索的锚具及转向器定位要准确，体外索在全桥合龙之后，张拉的顺序是先边跨后次边跨，最后中跨。张拉时要沿纵横向对称张拉。为消除体外索在通车后运营过程中体外索与梁体发生共振，每束体外索都安装有减震器，减震器采用冷处理高强螺杆加工而成，安装过程中要严格控制其长度，避免对体外索产生拉力或压力，体外索张拉锚固后，应在锚具的喇叭管及连接管和锚头保护罩内灌注油脂防腐，提高体外索预应力防腐性能及抗疲劳性能，方便运营后期的检测、维修，必要时可以换索。

5 施工监控

5.1 主梁线性监控

为保证施工过程中动态监控测量的精度，便于测量结果比较及时应用，监控测量和施工测量可同网、同基准点布设。也可以在施工测量控制网的基础上，根据结构几何形态参数监测工作的可实现性和现场操作便利性要求，进行局部控制网优化处理，监控测量的测试项目包括主梁和轴线偏位等。对应各施工阶段，主要在以下各阶段必要时进行线形测定。

（1）悬臂混凝土施工过程中，在混凝土浇筑前后、预应力张拉前后、挂篮行走前后分别对主梁线形进行观测。

（2）桥梁合龙前后、体系转换前后线形及变位测定。

（3）加载二期前后全桥线形及变位测定。

5.2 主梁高程监控

在主梁每梁段浇筑完毕后，均需对浇筑面顶面标高进行监控，根据测量数据调整模型，给出下一主梁浇筑梁段的立模标高数值。浇筑面顶面标高需测量三个测点，同时对顶面高程及桥面横坡状况进行监测，另在下次浇筑模板搭设完毕后，对下一浇筑面的立模标高进行监测。在主梁每个浇筑阶段浇筑完毕后，均需对主梁高程及下一阶段立模标高进行监测，故每个主梁浇筑断面均为位移控制截面。本桥主梁高程监测选取所有托架浇筑段、悬臂浇筑梁段、合龙梁段施工截面进行控制。

5.3 主梁轴线偏位监测

主梁轴线偏位监测是对已施工完成梁段的中轴线和设计桥梁中轴线作对比求出偏差。由于本桥为曲线桥，在顺桥向有一定的曲率，施工过程中必须严格控制已施工梁段的中轴线与该桥的设计中轴线相吻合，同时梁体受混凝土徐变和现浇段超重以及施工偏差、主梁扭转等因素的影响，容易造成梁体产生局部变形或引起整个梁体偏离桥梁设计中轴线。为了保证边跨、中跨按设计中轴线正确合龙，必须控制主梁中轴线偏差值。

5.4 主梁尺寸监测

桥梁结构几何尺寸的控制是施工控制的关键点，任何一个施工结构物不可能达到与设计尺寸相吻合，只能尽量减少尺寸的偏差。在主梁每节段浇筑完毕后，均需对主梁横断尺寸进行监测，根据测量数据调整模型，验算结构受力状态，预测下一主梁浇筑截面的立模标高数值。

5.5 主梁应力监测

主梁梁段浇筑过程中，需对其主要控制截面进行应力监测，每个梁段浇筑完毕之后，需对控制截面应力进行测量，进而判定主梁内力状况是否满足要求，从而确定结构受力状态合理性。应力测试记录数据会同施工过程中的其他数据（例如混凝土弹性模量实测值、预加力实测值、临时堆积物信息等）要及时进行数据汇总、分析和计算。

5.6 主梁温度监测

该桥 0 号梁段为大体积混凝土浇筑施工，需谨慎考虑水化热问题，故浇筑过程中需对 0 号梁段大体积混凝土养生温度进行监测，监测位置为大体积混凝土内部与大体积混凝土表面施工过程中主梁温度监测，选取监测截面与应变监测相同，采用带有温度测试功能的振弦式传感器进行测试，传感器可同步采集应变与温度数据。

5.7 已完成梁段监测结果

全桥线性检测采用 Midas Civil 有限元模型建模及施工阶段动态调整分析，成桥后线性美观，符合设计及运营安全要求。

6 施工技术实施效果

6.1 实施工期和施工效率指标

该桥墩顶 0 号、1 号梁段采用托架法整体施工，单墩施工工期 45d。2～12 号悬浇梁段采用异步挂篮法施工，施工总工期 95d，平均 8.6d/节段。全桥合龙段施工工期 45d，平均 15d/合龙段，钢腹板的安装和边跨直线段不占用主线工期，不做分析。

6.2 实际监测数据

桥梁成桥合龙后，通过对主梁顶面线形进行测量检测，检测数据与设计进行对比分析，主梁最大误差为6mm，误差小于规范限值，标高理论值与实际值吻合良好，主梁线形顺畅，桥梁合龙后实测与理论梁顶标高差值如图8～图11所示。

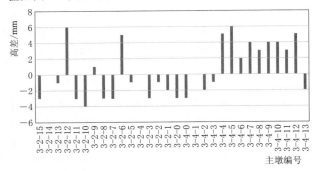

图8　3号主墩梁面实测与理论梁顶标高差值

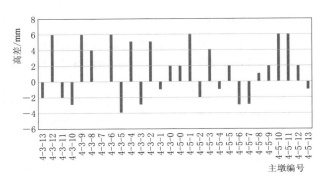

图9　4号主墩梁面实测与理论梁顶标高差值

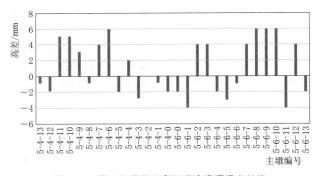

图10　5号主墩梁面实测与理论梁顶标高差值

图8～图11中竖轴表示高差，横轴第1个数字代表墩号，第2个数字代表延伸方向，第3个数字代表节段号，例如"3-2-1"表示3号墩，延伸方向向2号墩延伸，第1个节段。

6.3 质量验收评价

（1）主梁线形方面，施工过程中严格按照立模标高进行立模，立模误差均在5mm之内，成桥后梁面最大误差为6mm，梁段整体线形平顺流畅，表明施工监控

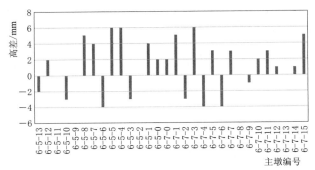

图11　6号主墩梁面实测与理论梁顶标高差值

理论可靠，分析方法正确、有效。

（2）成桥状态下主梁桥面标高实测值与理论值吻合良好，主梁线形顺畅。

7　结语

采用理论结合实践的方法对波形钢腹板变截面预应力混凝土连续梁施工技术进行研究，结合施工工艺技术全过程分析应用，详细介绍了墩顶0号、1号梁段及边跨现浇梁段施工、悬浇梁段施工、合龙段施工、波形钢腹板的施工、体外索预应力施工及全桥施工过程中的施工检测，为类似桥梁施工提供借鉴。同时，需要指出的是，不同桥梁施工形式有不同的特点，在实际应用过程中必须结合工程的实际情况进行施工工艺分析，动态优化施工方案，保证桥梁施工工艺技术的可靠性和施工过程的安全性。

参考文献

[1] 万建平. 大跨径预应力混凝土连续刚构桥悬浇施工技术 [J]. 中外建筑，2023（9）：106-108.

[2] 韩红春，张伟，孙殿国，等. 悬臂浇筑混凝土连续梁施工技术 [J]. 四川建筑，2008（1）：174-175.

[3] 林向楠. 波形钢腹板PC组合箱梁桥的新型异步施工技术探讨 [J]. 交通世界，2020（9）：116-117.

[4] 徐世亮. 东莞市环城路芦村特大桥中堂水道主桥挂篮设计、施工与工艺控制 [J]. 科技信息（科学教研），2007（36）：102-103.

[5] 李鑫奎，况中华，伍小平. 大跨波形钢腹板预应力混凝土连续箱梁桥施工控制研究 [J]. 世界桥梁，2017（2）：50-54.

[6] 张勇. 高墩大跨度连续刚构桥施工控制探讨 [J]. 中华建设，2009（6）：68-69.

[7] 张艳辉，杜巍. 大跨径桥梁施工的几何形态监测 [J]. 黑龙江交通科技，2007（7）：59.

[8] 王生俊. 大型桥梁结构的施工监测与控制技术 [J]. 公路，2002（9）：9-12.

[9] 刘路，龙华. 大跨度斜拉桥的施工监控研究 [J]. 四川建材，2015（5）：160-161，164.

[10] 于峥. 王家河特大桥高墩多跨矮塔斜拉桥施工关键技术研究 [J]. 中外公路，2021（3）：110-115.

高速公路桥梁跨既有道路现浇箱梁施工技术

汤超宇　李　谋　贾宗锋/中国水利水电第十四工程局有限公司

【摘　要】 以宜昭高速公路细沙互通为例，重点阐述跨既有道路现浇箱梁施工技术。现浇箱梁截面不对称，施工难度大，且下方道路需保证通行，故采用钢管柱＋贝雷片和满堂支架相结合的跨路跨河现浇箱梁施工工法组织施工，全过程质量控制，较好地完成了施工任务，达到了设计最终施工效果，可为以后类似工程建设提供借鉴。

【关键词】 现浇箱梁　贝雷梁　满堂支架　施工技术

1　引言

互通式立交通常截面不对称，受力复杂，施工难度大，技术含量高，多采用连续现浇箱梁，现浇箱梁施工多采用搭设满堂支架作为临时支撑。因满堂支架需要占用大量的施工场地，且对场地的平整度、承载力要求较高，需要大量使用钢管支架，材料投入费用大，且对跨路、跨河施工有局限性。基于上述问题，提出钢管柱＋贝雷片和满堂支架相结合的跨路跨河现浇箱梁施工工法，通过在跨河跨路桥跨采用条形基础＋预制独立基础的钢管柱＋贝雷架支架，在同联桥梁地质条件较好、无河道及通行要求的桥跨采用满堂支架的组合施工方式，在现浇箱梁施工时有效保障了既有道路通行，同时减小了基础不均匀沉降，在施工过程中取得了良好的经济效益和社会效益，在跨河跨路现浇桥施工中应用前景广阔。

2　工程概况

宜昭高速公路是四川省宜宾市至云南省昭通市的重要通道，是云南省与四川省重要高速公路主骨架的重要组成部分。宜昭 B4 项目部细沙互通位于云南省昭通市镇雄县杉树乡细沙村境内，起点桩号为 K135＋500，终点桩号为 K137＋078，全长 1578m，寨上 1 号大桥、C 匝道及 B 匝道均为跨路跨河现浇箱梁。

3　工法特点

（1）宜昭 B4 项目部细沙互通在跨河跨路现浇箱梁施工中通过在跨河跨路桥采用条形基础＋预制独立基础的钢管柱＋贝雷架支架，在同联桥梁地质条件较好、无河道及通行要求的桥跨采用满堂支架的组合施工技术，节约工期和成本、减少人力物力投入，弥补了满堂支架施工工艺的不足，丰富了跨河跨路及地质条件差的现浇箱梁施工手段。

（2）满堂支架施工对地基承载力要求高，细沙河流域内软土沉积厚度大，工程力学性质差，采用钢管柱＋贝雷片施工，极大减少了立杆的数量，通过布置条形基础＋预制独立基础，能有效克服基础不均匀沉降，适用于软土沉积地区施工，同时钢管柱独立式基础较基础设于承台等主体工程上的施工方法，有效避免了偏心受压，保证了主体工程的结构安全。

（3）考虑到桥跨下方道路的通行问题，采用钢管柱＋贝雷片施工方法有效增加了支架跨径及道路净空，提高了空间利用率，保证了既有通路畅通，同联现浇箱梁本工法采用钢管柱＋贝雷片与满堂支架结合的施工方法，有效优化了项目区施工设备的资源配置，加快了施工进度。

4　工艺原理

现浇箱梁满堂支架施工是按一定间隔，密布搭设脚手架，以起临时支撑作用的施工方法。施工时支架模板消耗量大、工期长，对山区桥梁及高墩有很大的局限性，且无法满足通行。

贝雷梁属于装配式钢结构，在施工现场通常根据所需要跨越长度由多片标准节贝雷片组装而成，其力学性能具备桁架和钢梁的特征，结构简单、施工方便、力学性能稳定。

钢管柱＋贝雷片工艺原理：原地面处理合格后浇筑条形基础及预制独立基础，以便施工部署及受力计算后调整横向钢管柱的间距，保证钢管柱达到最佳受力状态；钢管柱采用 ϕ630mm×8mm 钢管，钢管端头采用1.2cm 厚钢板封闭，加法兰结构，以便连接成不同高度的钢管柱，钢管柱横向采用工字钢剪刀撑连接，工字钢和钢管桩采用焊接的连接方式，增强整体稳定性；现浇箱梁下钢管柱的横向间距为 4.1～4.5m，纵向间距为

7.5m，通过增大柱间距，形成通行通道；钢柱之间横纵桥向每两根相邻的钢管柱上下 4m 采用工 18 工字钢做水平连接和剪刀撑连接，钢管柱底部统一采用直径12mm 的钢筋拉结，保证钢管柱纵向稳定性；钢管柱上设置双排工 63a 工字钢做横梁，横梁上架设纵桥向贝雷桁架梁，贝雷桁架梁上架设横桥向工 14 工字钢，工字钢间距 0.9m，作为满堂架的支撑平台。保证在满足强度和刚度的同时满足承载力要求，具体布置情况如图 1所示。

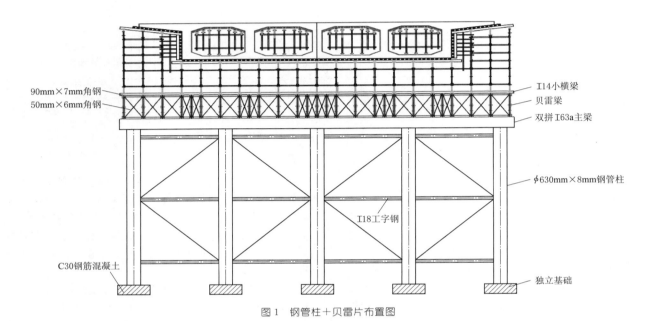

图 1　钢管柱＋贝雷片布置图

图中标注：
90mm×7mm角钢
50mm×6mm角钢
C30钢筋混凝土
工14小横梁
贝雷梁
双拼工63a主梁
ϕ630mm×8mm钢管柱
工18工字钢
独立基础

5　施工工艺流程及操作要点

5.1　施工工艺流程

现浇箱梁满堂支架施工工序为：支架受力计算→材料进场验收→地基处理→支架搭设→底模安装→支架预压→预拱度调整→侧模安装、钢筋绑扎等→内模安装→混凝土浇筑养生→顶板混凝土浇筑养生→（预应力张拉）→模板、支架拆除。钢管柱＋贝雷片施工工序为：支架计算→材料进场验收→地基处理、独立基础预制→钢管柱立柱施工→主横梁施工→贝雷片施工→满堂支架施工→底模安装→支架预压→预拱度调整→侧模安装、钢筋绑扎等→内模安装→混凝土浇筑养生→顶板混凝土浇筑养生→（预应力张拉）→模板、支架拆除。现浇箱梁钢管柱＋贝雷片施工工艺流程如图 2 所示。

5.2　操作要点

5.2.1　支架受力计算

（1）荷载组成选取箱梁混凝土自重、模板体系荷

载、振捣混凝土动载、倾倒混凝土动载、人群机械动载、方木自重、工字钢自重、满堂支架自重及贝雷支架自重，均布荷载设计值为结构重要性系数×（恒载分项系数×恒载标准值＋活载分项系数×活载标准值）。

（2）分别计算工字钢、支架及贝雷片的弯矩、剪力和挠度是否满足要求；钢管柱的稳定系数、抗压强度、稳定强度是否满足要求；条形基础及预制独立基础承载力是否满足要求及支架整体稳定性系数是否满足要求。

5.2.2　地基处理

（1）基坑超挖部分原则上要进行回填处理，回填前必须将槽内杂物清理干净，严禁带水回填。采用优质素土或砂砾回填，并分层夯实，每层 30cm，保证回填后地基承载力达到要求，然后开始进行基础施工。基础位置不在基坑附近的基础施工需在原地面直接开挖，开挖后测地基承载力，地基承载力要达到要求，如不能达到，必须进行石渣换填，处理合格后方能进行后续施工。

（2）基础施工完成后进行条形基础施工，条形基础采用 C15 混凝土浇筑，厚度 20cm，条形基础长度按实际钢管柱布置两侧各外延 1m，纵桥向两侧各外延

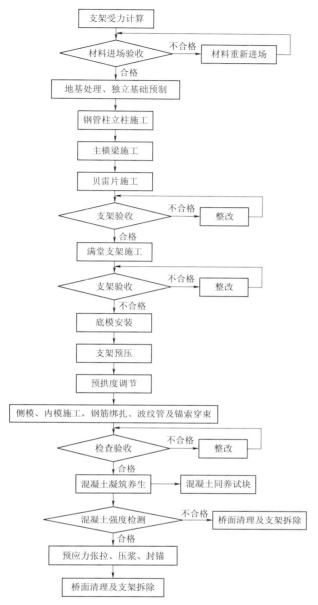

图 2　现浇箱梁钢管柱＋贝雷片施工工艺流程图

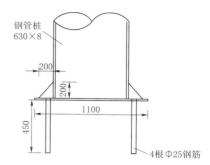

（a）钢管桩与基础连接立面图

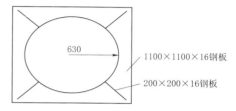

（b）钢管桩与基础连接平面图

图 3　钢管与预埋钢板连接大样图（单位：mm）

10cm，实际施工可根据地质情况做相应调整，并保证表面平整度。

（3）钢管柱基础采用 1.5m×1.5m×0.6m 的 C30 钢筋混凝土独立基础。基础混凝土钢管立柱位置下预埋 1.6cm 厚 110cm×110cm 钢板，要求钢板水平。基础配筋形式为：上下层分别布置 15 根 Φ 20 钢筋，同时按 10cm 的间距配置 Φ 12 箍筋。预制独立基础预埋吊装筋，以便后期施工及拆除调运。

5.2.3　钢管柱立柱施工

（1）立柱采用 φ630mm×8mm 钢管柱，钢柱底部焊接在预埋钢板上与基础连接，同时在四周采用加焊 200mm×200mm×8mm 及 300mm×300mm×16mm 三角钢板，以加强钢柱稳定性，连接大样图如图 3 所示。

（2）钢管柱横桥向采用工字钢剪刀撑连接，工字钢和钢管桩采用焊接的连接方式，增强整体稳定性。横桥向间距 4.1～4.5m 布置，纵桥向间距按 7.5m 布置，具体施工时按实际桥跨计算做相应调整。钢柱之间横纵桥向每两根相邻的钢管柱上下 4m 采用工 18 工字钢做水平连接和剪刀撑连接。

5.2.4　主横梁施工

立柱横桥方向主梁采用双拼工 63a 型工字钢，工字钢安装时要保证工字钢中心与钢管立柱中心重合，钢管立柱施工过程中要注意竖向垂直度的控制。

5.2.5　贝雷片施工

（1）为方便补盘扣架安装施工，贝雷梁顶标高视地形和梁体横、纵坡度情况控制在距梁底最小距离在 2.5～3.8m 范围内。贝雷梁纵向长度根据箱梁跨度来布置，腹板下按 45cm 间距布置单层贝雷梁，两端翼缘板下按 90cm 间距布置单层贝雷梁，箱室下按 90cm 间距布置单层贝雷梁。贝雷梁顶部横桥向铺设工 14 工字钢小横梁，间距 90cm，与贝雷梁接触位置设置限位卡。

（2）先将贝雷梁在地面上拼装分组连接好，在横桥向工字钢上按照要求的间距用红油漆标出贝雷梁位置，用汽车吊将已连接好的贝雷梁按照先中间后两边的顺序吊装到位。单排贝雷梁吊装时必须设置两个起吊点，并且等距离分布，保持吊装过程中贝雷梁平衡，以避免吊装过程中产生扭曲应力。贝雷梁全部架设完毕后每隔 90cm 设置工 14 工字钢作为分配梁，再在工字钢分配梁上搭设满堂脚手架。

5.2.6　盘扣架施工

（1）盘扣架支架立杆步距 1.5m，顺桥向间距 120cm 布置，横桥向间距为 90cm，立杆底部安装底托，顶部安装调节顶托。顶托丝杆外露长度不得大于 20cm，底托丝杆外露长度不得大于 15cm。

（2）支架底部向上 30cm 布设一道扫地杆，四边通长布置。为保证整体架体稳定性，四周满设一排斜杆，斜杆应与脚手架同步搭设，加固件、斜撑应符合现行行业标准。

（3）支架底部安装底托，底托立在工 14 小横梁上，底托与工 14 小横梁需严格对中。

5.2.7 底模施工及支架预压

（1）盘扣架支架搭设完成后，在调节顶托上架设工 14 工字钢，后沿顺桥向铺设方木，方木铺设完成后按相关规范要求铺设现浇箱梁底模。

（2）底模铺设完成后，进行支架预压施工，具体施工流程如图 4 所示。

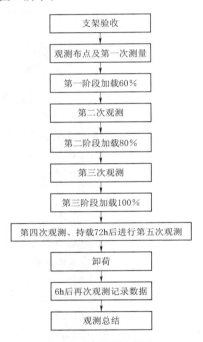

图 4　支架预压流程图

（3）支架搭设完成后，对支架平面位置、顶面高程等进行全面复核，并对支架安装的牢固、整体及安全性进行全面检查、验收，检查支架搭设、安装、受力的整体性、均匀性，保证支架的整体强度和刚度，确保支架在施工过程中的安全可靠。

（4）支架搭设完成后铺设底板模板和侧模，然后纵向设在每跨的 L/4、L/2、L3/4 处及墩柱部位布置监测点，共 5 个监测断面。在模板上每个监测断面设置 4 个监测点，对称布置，分别布置于箱梁腹板部位。

（5）加载分三次进行，按照"先两边、后中间、先低后高、保持对称"的原则进行。加载时按照预压总荷载的 60%、80%、100% 分三级加载，加载时加载重量的大小和加荷速率与地基的强度增长相适应。

（6）预压前，测量人员采用水准仪测出所有观测点

高程，然后进行加载。每级加载完成后，应先停止下一级加载，并每隔 12h 对支架沉降量进行一次监测，当支架顶部监测点 12h 沉降量平均值小于 2mm 时，可进行下一级加载。在加载 60%、80%、100% 后均要复测各控制点高程。在加载 100% 的 24h（累计加载 72h）后支架沉降量不大于 2mm，则判定支架预压合格。

（7）卸载完成 6h 后，再次复测各控制点高程，以便得出支架和地基的弹性压缩（δ_1＝卸载后标高减去持荷后所测标高），用总沉降量（即支架持荷后稳定沉降量）减去弹性变形量为支架和地基的非弹性压缩（即塑性变形 δ_2）。

（8）根据实际预压测量结果，通过可调节顶托调整底板的标高设置预拱度。

5.2.8 钢筋绑扎、内模及波纹管、钢绞线施工

（1）支架预压完成后，进行钢筋绑扎。钢筋在使用前，按规定进行抗拉强度、伸长率、冷弯试验，试验合格后方可使用，钢筋加工和焊接质量要求符合规范规定。钢筋下料、加工、定位、绑扎、焊接应严格按规范及设计图纸进行。

（2）腹板内模采用竹胶板，在腹板设拉杆，以防止翼缘侧模移位，在内模安装前，腹板钢筋、预应力孔道及各种预埋件等安装完毕，并经各级检查合格后安装内模，模板安装前涂脱模剂。

（3）下层混凝土浇筑完成后进行上层顶板钢筋绑扎及预应力管道安装及穿束，顶板钢筋安装的同时安装混凝土顶面高程控制导轨，高程控制导轨设置在梁体两侧边缘外 15cm 左右，每侧各一条，导轨采用工字钢，导轨顶面与设计梁顶标高相同。

5.2.9 混凝土浇筑养护

（1）混凝土浇筑每一联纵向一次浇筑成型，浇筑前应注意检查预埋件、底板泄水孔、翼板处泄水孔和防撞栏预埋筋是否预留准确，模板和钢筋是否已经检验合格。

（2）箱梁竖向分两次浇筑完成，浇筑底板和腹板，浇至肋板顶部时采用双层连批滚、延迟振捣的方法，底板连续浇筑振捣，肋板混凝土跨中先振捣，支点周围的受拉区范围后振捣。延迟振捣的时间控制在 2h 以内，以确保在混凝土初凝时间内完成浇筑。

（3）在混凝土浇筑完成后，应在初凝后尽快保养，采用土工布或其他物品覆盖混凝土表面，洒水养护，混凝土洒水养护的时间为 7d，每次洒水以保持混凝土表面经常处于湿润状态为度。

5.2.10 预应力张拉、压浆及封锚

（1）在梁体混凝土强度达到 95% 设计强度、龄期不少于 7d 后方可张拉。钢束张拉时应以张拉控制力和伸长量进行双控制，实测伸长量与计算伸长量之差不能超过 ±6%。

（2）预应力筋张拉时，应先调整到初应力 σ_0，该初应力宜为张拉控制应力 σ_{con} 的 10%～25%，伸长值应从初应力时开始量测。钢筋的实际伸长值除量测的伸长值

外，必须加上初应力以下的推算伸长值。张拉按 $0 \rightarrow 0.15\sigma_{con}$（伸长值标记 L_1）$\rightarrow 0.4\sigma_{con}$（伸长值标记 L_2）$\rightarrow 1.0\sigma_{con}$ 持荷 5min 分级控制，对称张拉。

（3）预应力张拉后的管道压浆采用真空吸浆法的压浆工艺，预应力钢束管道均采用塑料波纹管，预应力张拉完毕后应尽快压浆，压浆前应用压缩空气或高压水清除管道内杂质，压浆料符合设计及相关规范要求。

（4）孔道压浆后，应立即将梁端水泥浆冲洗干净，同时清除支承垫板、锚具及端面混凝土的污垢，压浆养护期结束后开始封锚，封端混凝土为 C50 混凝土，浇筑完成后及时进行养护，防止混凝土表面开裂。

5.2.11 支架拆除

（1）在灌浆完成后大约 24h 后可以进行拆模，拆模的顺序从中间到端部，先翼板后底板，注意保护箱梁的外表。

（2）预应力梁在预应力筋张拉压浆完，压浆强度达到一定要求后，再拆除承重模板，以免梁体混凝土受拉造成不良影响。

（3）梁的支架拆除程序应从梁挠度最大处的支架开始，应对称、均匀、有顺序地进行，使梁的沉降曲线逐步加大。通常从跨中向两端进行。

（4）支架应从上到下、从跨中到两端顺序拆除，严禁两端拆除。

（5）支架拆除时，先通过转动顶托螺母，将可调顶托适当降低，使模板与混凝土脱离开，再从上到下依次拆除模板及支架。

5.3 施工注意事项

（1）支架应稳定、坚固，应能抵抗在施工过程中有可能发生的偶然冲撞和振动。

（2）支架立柱必须安装在有足够承载力的地基上，并保证浇筑混凝土后不发生超过允许的沉降量。

（3）满布支架可采用门型、碗扣、轮扣和钢管扣件等定型钢管支架产品。满布支架的地基必须进行妥善处理，避免产生过大沉降；对支架应进行强度和稳定性验算，应加强斜向连接与支撑，以保证支架的整体稳定。

（4）模架的支承系统应安全可靠，应具有足够的承载能力、刚度和稳定性。模架的后端宜设置后吊点，应

使模架中的模板与已挠梁段的悬臂端梁体紧密贴合，防止该处产生错台或漏浆。模架应设置预拱度，预拱度值应经计算并参考荷载试验结果确定。

（5）钢筋焊接前，必须根据施工条件进行试焊，合格后方可正式施焊。焊工必须持焊工考试合格证上岗。

（6）浇筑混凝土前应对支架、模板、钢筋、支座、预拱度和预埋件进行检查，并做好记录，符合要求后方可浇筑。

（7）模板在安装过程中，必须设置防倾覆设施。模板拆除应按设计要求的顺序进行，设计无规定时，应遵循先支后拆，后支先拆的顺序，拆除时严禁将模板从高处向下抛扔。

（8）梁式现浇施工时，梁体混凝土在顺桥向宜从低处向高处进行浇筑，在横桥向宜对称进行浇筑。混凝土浇筑过程中，应对支架的变形、位移、节点和卸架设备的压缩及支架地基的沉降等进行监测，如发现超过允许值的变形、变位，应及时采取措施予以处理。

（9）任一孔梁的混凝土浇筑施工完成后，内模中的侧向模板应在混凝土抗压强度达到 2.5MPa 后，顶面模板应在混凝土抗压强度达到设计强度等级的 75% 后，方可拆除；外模架应在梁体建立预应力后方可卸落。

（10）拆除作业必须由上而下逐层进行，严禁上下同时作业、野蛮施工。当脚手架采取分段、分立面拆除时，对不拆除的脚手架两端，应先按规定设置连接件和横向斜撑加固。

6 应用情况及经济社会效益

6.1 应用情况

6.1.1 支架预压数据分析

根据表 1 数据分析可知，预压荷载加载至 100% 的 24h 后，支架的最大沉降量为 3mm，最小累计沉降量为 0mm，平均沉降量为 2mm；预压荷载加载至 100% 的 72h 后，最大沉降量为 4mm，最小沉降量为 0mm，平均沉降量为 2mm，支架变形量较小，趋于稳定，已经达到预压目的，可以卸荷。

表 1　　　　　　　　　　　　　　　　支架沉降数据分析表

测点	加载前标高/m	加载中，预压荷载100%					累计沉降量/mm	卸载6h后		非弹性变形量 δ_2/m
		12h标高/m	24h标高/m	沉降量/m	72h标高/m	沉降量/m		标高/m	弹性变形量 δ_1/m	
1	−0.093	−0.104	−0.105	−0.001	−0.108	−0.003	−0.015	−0.103	0.005	−0.01
2	−0.035	−0.043	−0.045	−0.002	−0.047	−0.002	−0.012	−0.036	0.011	−0.001
3	0.05	0.046	0.043	−0.003	0.041	−0.002	−0.009	0.046	0.005	−0.004
4	−0.22	−0.23	−0.232	−0.002	−0.235	−0.003	−0.016	−0.23	0.005	−0.01
5	−0.156	−0.167	−0.168	−0.001	−0.17	−0.002	−0.014	−0.16	0.01	−0.004

续表

| 测点 | 加载前标高/m | 加载中，预压荷载100% | | | | | 累计沉降量/mm | 卸载6h后 | | 非弹性变形量 δ_2/m |
		12h标高/m	24h标高/m	沉降量/m	72h标高/m	沉降量/m		标高/m	弹性变形量 δ_1/m	
6	−0.062	−0.066	−0.068	−0.002	−0.072	−0.004	−0.01	−0.07	0.002	−0.008
7	−0.323	−0.331	−0.334	−0.003	−0.337	−0.003	−0.014	−0.335	0.002	−0.012
8	−0.248	−0.256	−0.256	0.000	−0.257	−0.001	−0.009	−0.255	0.002	−0.007
9	−0.161	−0.168	−0.17	−0.002	−0.173	−0.003	−0.014	−0.168	0.005	−0.007
10	−0.444	−0.455	−0.456	−0.001	−0.459	−0.003	−0.015	−0.455	0.004	−0.011
11	−0.357	−0.369	−0.372	−0.003	−0.373	−0.001	−0.016	−0.37	0.003	−0.013
12	−0.276	−0.287	−0.290	−0.003	−0.293	−0.003	−0.017	−0.278	0.015	−0.002
13	−0.537	−0.544	−0.546	−0.002	−0.546	0.000	−0.009	−0.545	0.001	−0.008
14	−0.462	−0.469	−0.473	−0.004	−0.474	−0.001	−0.012	−0.471	0.003	−0.009
15	−0.369	−0.378	−0.381	−0.002	−0.383	−0.002	−0.017	−0.375	0.008	−0.006
平均值				−0.002		−0.002	−0.013		0.005	−0.007

6.1.2 竣工验收数据分析

根据表2数据分析可知，箱梁的尺寸、轴线偏位、顶面高程及平整度等验收指标都满足设计规范要求，误差控制在允许范围内。

表2　　竣工验收数据分析表

| 测点 | 轴线偏位 (10mm)/mm | 顶面高程 (±10mm)/mm | 平整度 (8mm)/mm | 断面尺寸/mm | | |
				高度 (+5,−10)	顶宽 (±30)	顶、底、腹板厚 (+10,0)
1	3	−3	2	3	8	1
2	2	2	4	−2	5	3
3	3	−5	3	4	−6	3
4	5	4	5	1	11	2
5	4	−2	3	−2	−9	1
6	3	4	5	3	−7	3
7	4	−3	2	3	15	4
8	2	3	4	5	−5	2
9	6	5	3	−4	−3	4
10	5	−4	3	1	6	1

通过上述支架预压变形监测数据和竣工验收测量数据的收集与分析，钢管柱＋贝雷片与满堂支架结合的现浇箱梁施工工法在宜昭高速B4项目部细沙互通跨路现浇箱梁施工中得到成功应用，这一创新性的施工工法不仅显著提升了施工效率，同时也确保了工程质量和安全，达到了预期工程效果。

6.2 经济效益

该工程实现了跨既有道路现浇箱梁施工，在成本控制、施工进度及道路保通等方面都有明显优势，取得良好的经济效益。初步计算，节约各项设备和人工费约280万元。

6.3 社会效益

跨既有道路钢管柱＋贝雷片与满堂支架结合的现浇箱梁施工技术在细砂互通跨路现浇桥跨得到推广和应用，因其结构简单、受力稳定、施工快速且布设密度低，能显著减少成本投入、有效提高施工速度，具有广泛的应用价值。同时该工法能有效保障下方道路通行，减小地基不均匀沉降，保障了既有道路的通行和基础稳定。该工法的成功应用为类似工程的施工积累了施工经验，在实践和修正过程中积累了一套完整的组合支架现浇箱梁施工工法，具有指导意义，同时培养了一批现浇箱梁施工技术人才，社会效益显著。

7 结语

采用钢管柱＋贝雷片与满堂支架结合的跨路现浇箱梁施工技术，显著减少了成本投入，加快了施工进度，同时减小了基础的不均匀沉降，有效保障了下方道路通行，为同类型工程的推广及应用提供了一定的参考和借鉴，具有很好的应用前景。

参考文献

[1] 王洪滨. 满堂支架现浇连续箱梁技术在高架桥工程中的应用[J]. 北方建筑, 2024, 9 (1): 36-39.

[2] 梁仕杰. 贝雷梁＋满堂式支架的现浇箱梁施工技术[J]. 黑龙江交通科技, 2024, 47 (2): 83-86.

[3] 蔡吉宗. 公路工程支架现浇箱梁的施工及其安全风险分析[J]. 四川水泥, 2024, (2): 179-181.

[4] 曾祥利. 公路工程满堂支架现浇箱梁施工关键技术分析[J]. 建筑机械, 2024, (1): 70-72, 76.

[5] 贾凡翼. 公路桥梁施工中现浇箱梁施工技术分析[J]. 运输经理世界, 2024, (3): 88-90.

顶管机穿越国道、高速公路施工技术设计研究

王庆龙　李　钢　高乾龙/中国水利水电第十四工程局有限公司

【摘　要】　向家坝灌区一期二步工程是四川省重大水利工程，一期二步工程所属永兴支渠1号顶管下穿国道G247，全长105.7m，2号顶管下穿成宜昭高速，全长182.9m，顶管施工属于危大工程，采用非爆破开挖，制定合理的专项施工组织设计方案，保证隧洞顶管穿越国道、高速公路施工安全和顺利施工，可为类似大型灌区隧洞顶管穿越国道、高速公路施工提供借鉴。

【关键词】　大型灌区　泥水平衡顶管　穿越高速公路　技术设计研究

1　引言

顶管机施工为非开挖技术，在城市市政工程中应用较多，该项目泥水平衡顶管穿越隧洞段埋深2.5～20m，顶管管材采用Q345钢管，管径DN1200。施工洞脸支护和洞门封闭措施、工作井及相关辅助设施和措施、管背注浆措施、掌子面稳定措施、安全措施等的设计和实施，保证安全施工及毗邻和上部建筑物安全运行，施工过程中严格管理和实施。保证顶管施工工作井、顶进作业、起吊运输作业等各相关系统和设备可靠运行；弃渣满足环保水保要求，泥浆、污水、废水应处理后达标排放，顶管施工应遵守GB 50268—2008、DL/T 5148—2021等相关规定。

2　工程概况

2.1　简述

顶管施工段共有2处，均分布于永兴分干渠永兴支渠。1号顶管位于桩号4+782.559～4+888.358，下穿国道G247，全长105.799m；2号顶管位于桩号23+705.023～23+887.982，下穿成宜昭高速，全长182.959m，顶管穿越段埋深2.5～20m。顶管管材采用Q345钢管，管径DN1200。具体特性见表1。

表1　顶管施工段特性表

序号	项目名称	顶管长度/m	管径、厚度	穿越部位
1	永兴支渠1号顶管	105.799	Q345、DN1200、$t=12mm$	穿G247国道
2	永兴支渠2号顶管	182.959		穿S4成宜昭高速

2.2　设备选型分析

根据地质勘察报告，顶管穿越层岩体结构为碎裂状、散体结构，围岩主要为砂岩夹粉砂质泥岩，厚层状，井壁为可塑状粉质黏土，对于淤泥质黏土，砂岩和风化岩体中，结构面很发育，岩体破碎，地下水活动强烈，RQD值为10％～35％，岩层极不稳定，风化岩体受裂隙及层面控制，拱顶及边墙易产生塌落，甚至出现冒顶和地面塌陷，成洞条件差，由于其土质较软，切削容易，地下水含量较高，加上顶管工程工期仅只有8个月时间，十分紧迫，削切的泥土在泥土仓内形成塑性体，来土压力平衡，而在泥水仓内建立以压力10.2kPa的泥水、泥浆高于地下水，实现地下水压力平衡，因此选用具有破碎功能的平衡泥水的顶管机，通过把进水添加黏土等成分的比重调整到一定范围内，即使土质砂的挖掘面，一层结实的不透水泥膜也可以形成，同时土压力、地下水压力得到平衡，泥水平衡顶管机参数见表2。

表2　泥水平衡顶管机参数表

型号	尺寸（外径×长度）/mm	重量	切削刀盘			纠偏油缸		进排浆管径/mm
			最大扭矩/(kN·m)	功率/kW	最大转速/(r/min)	推力	纠偏角度/(°)	
XDN1350-R	$\phi1650×4670$	15	188	22×2	4.4	63×4	3	100

3 施工布置

3.1 工作井及接收井布置

根据顶管段穿越位置实际地形和现场情况,在公路两侧分别设置顶管工作井和接收井,工作井和接收井开挖不得影响公路路基的稳定性;为满足设备安装和顶管施工的需要,工作井深度超过设计图纸规定标高 0.6m;接收井深度超过设计图纸规定标高 0.2m。

穿越管道设计深度作为工作井施工深度,为确保顶管安全施工,现场勘察和试挖穿越的位置,基坑围护结构采用高压旋喷桩+钢板桩,在开挖时,设备顶进套管的支撑面是承受顶进反力的后背墙,其不得破坏原土层;处理墙面形成垂直状,小于±5°作为施工误差。为保证后背墙均匀传递顶力,设置用钢板和枕木做成的靠背挡板在后背墙原土层表面,工作井及接收井特性见表 3。

表 3　　　工作井及接收井特性表

序号	项目名称	顶管长度/m	管径、厚度	工作井尺寸/m	接收井尺寸/m
1	永兴支渠 1 号顶管顶进	105.799	Q345、DN1200、$t=12$mm	9×4.5	7×4.5
2	永兴支渠 2 号顶管顶进	182.959			

3.2 通风系统

设备通风:施工进管和人工进管过程中,送风通过采用通风管连接轴流鼓风机进行。

(1)按洞内最多人数同时工作计算,即

$$Q = kmq$$

式中:Q 为所需风量,m^3/min;k 为风量备用常用系数,常取 $k=1.1\sim1.2$;m 为最多人数。

洞内同时工作,洞内需要新鲜空气量按每分钟每人算,通常按 $3m^3/min$ 计算;按有两人在管内工作,取 $k=1.1$,$m=2$,则有 $Q=kmq=1.1\times2\times3=6.6(m^3/min)$。

(2)漏风计算,即

$$Q_{供} = PQ$$

式中:Q 为计算风量;P 为漏风系数,采用 $\phi200$ PVC 管,控制 2% 以下为每百米漏风率。

取 $P=1.02$,则 $Q_{供}=PQ=6.6\times1.02=6.73(m^3/min)$,取大于 7000L/min 风量离心鼓风机(或空气高压压缩机)作为满足要求的通风设备。

顶管段施工采用空压机+软管进行通风,用于输送空气进入管道,加速管内空气流通及循环。在顶管内进行作业的工人,需佩戴专门的复合型气体检测仪对管内气体进行探测,谨防有毒气体和管内含氧量低于生命所需的 18%。

3.3 顶进施工

3.3.1 初始顶进

初始顶进分为以下几步。

第 1 步:破洞。

第 2 步:入土顶管机。破除洞口后,开动顶管机刀盘,用主顶油缸徐徐地把顶管机推入土中。这一过程中应注意防止刀盘嵌入土中不转而顶管机壳体旋转,防止其旋转办法是控制顶进速度和顶管机左右两侧加设角撑。

第 3 步:将机头后方的机头管与一根管材连接,形成整体,用来控制顶进的高程和中线。至此,完成初始工作推进,此时停下来全面进行检查测量,便于数据分析,把测量数据绘成曲线,图 1 为顶管剖面示意图。

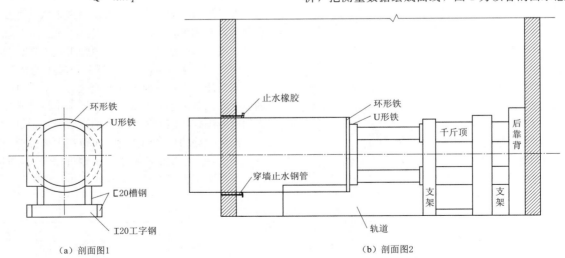

(a) 剖面图1　　　　　　　　　　　　　　(b) 剖面图2

图 1　顶管剖面示意图

3.3.2 纠偏操作

（1）系统纠偏主要设备：千斤顶、倾斜仪、位移传感器和油泵站组成。

（2）系统纠偏的作用：控制顶管施工中顶管机推进方向。

纠偏系统的动作控制是在地面操作室的操作台远程控制的。纠偏量的控制是通过安放在纠偏千斤顶上的位移传感器来实现纠偏量的控制，用纠偏千斤顶组合式动作来实现动作纠偏，千斤顶纠偏布置见图2。

图2　千斤顶纠偏布置图

3.3.3 组合纠偏动作

纠偏向上：左下、右下同时伸动作油缸。

纠偏向下：左上、右上同时伸动作油缸。

纠偏向左：右上、右下同时伸动作油缸。

纠偏向右：左上、左下同时伸动作油缸。

顶管作业质量好坏的关键是顶进过程中的纠偏，操作若不当，顶力可能造成骤升、破损管接口，严重时可能造成管道无法顶进，可能造成安全事故、质量事故和重大经济损失，所以纠偏显得尤为重要。

3.3.4 施工出土

将管节下到导轨上，就位以后，装好顶铁，校测管中心和管底标高是否符合设计要求，合格后即可进行管前端出土顶进工序。

在顶管机中注入含有一定泥量的泥浆，通过大刀盘切削顶管机前方的原状土，与注入的泥水搅拌，泥水通过吸泥泵排到地表泥浆池中沉淀，表层泥浆可以反复循环使用，沉淀下的泥沙用汽车外运。

3.3.5 注浆减阻

（1）注浆流程：造浆静置—注浆—顶进注浆—停顶—停止注浆。

（2）浆液配置：触变泥浆系统由拌浆、注浆和管道三部分组成。拌浆是把注浆材料兑水以后再搅拌成所需的浆液（造浆后应静置24h后方可使用）。注浆是通过注浆泵进行的，根据压力表和流量表，可以控制注浆的压力（压力控制在水深的1.1～1.2倍）和注浆量（计量桶控制）。注浆孔布置以及实物见图3。管道分总管和支管，总管安装在管道内一侧，支管则把总管内压送过来的浆液输送到每个注浆孔上去。

触变泥浆由膨润土、水和掺合剂按一定比例混合而成。施工现场按重量计的触变泥浆配合比为：水∶膨润

（a）布置实物

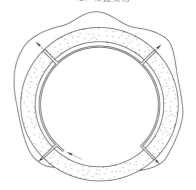

（b）布置示意图

图3　注浆孔布置以及实物图

土＝10∶1；膨润土∶CMC＝30∶1。该工程拟购置膨润土袋装复合材料，在现场施工加水拌和。

（3）注浆流程：造浆静置→注浆→顶管推进（注浆）→顶管停顶→停止注浆。

（4）数量和压力：压浆量为管道外围环形空隙的1.5倍，压注压力根据管顶水压力而定。

3.4　中继间设置

2号顶管位于桩号23＋705.023～23＋887.982，下穿成宜昭高速，全长182.959m，设1个中继间。

（1）中继间工作原理。在长距离顶进的过程中，由于地层与管道的摩擦力较大，当顶进阻力超过容许总顶力，无法一次达到顶进距离时，通过中继间将管道分段向前推进，使主千斤顶的顶力分散并使每段管道的顶力降低到允许顶力范围内。简单点说，中继间的作用就是传递顶力，是一截被设在管段中间的封闭环形小室，沿管环设置千斤顶。

（2）中继间拆除。结束后，由前向后依次拆除中继间内的顶进设备。拆除中继间应先将千斤顶、油路、油泵、电器设备等拆除。拆除油缸后应对中继间油缸位置处进行混凝土填充。每个中继间拆除的顺序应是：先顶部，再两侧，后底部。由第一个中继间开始往后拆，拆除的空间由后面的中继间继续向前顶进，使管口相连接。

4 工作井施工工艺

4.1 施工旋喷桩

旋喷桩采用单管法高压旋喷，高压旋喷工艺流程：施工准备→测量定位→机具就位→钻孔至设计标高→旋喷开始→提升旋喷注浆→旋喷结束成桩。

4.2 钢板桩施工

采用打桩机进行钢板桩的施工，施工工艺程序：放线定位→导梁安装→钢板桩施工→导梁拆除→基坑开挖土方。

4.3 冠梁及钢筋混凝土支撑施工

为保证围护结构的整体性，工作井围护结构设冠梁（压顶梁）。另外，围护结构支护体系第一道支撑采用钢筋混凝土支撑，与冠梁整体浇筑。

冠梁及混凝土支撑采用组合钢模型，钢筋现场绑扎，混凝土使用本标拌和混凝土，插入式捣固器振捣密实。冠梁及混凝土支撑随开挖进度分段进行施作。

4.4 土石方开挖

围护系统施工完成后进行工作井土方开挖，开挖分层高度不大于 3.0m，基坑底预留 30cm 保护层，人工开挖。工作井标准深度约 6.0m，采用小松 PC240LC - 8M0 长臂挖掘机直接开挖，垂直出土。然后采用 1.4m³ 挖掘机装 10t 自卸汽车，运送到附近的临时堆土场。

4.5 工作井混凝土施工

（1）底板混凝土。底板混凝土由 6m³ 搅拌运输车运送至工作井上部平台，溜管垂直下料，仓内使用溜槽配合下料，插入式振捣器振捣密实。

（2）导向墙、推力墙混凝土。导向墙、推力墙混凝土采用组合模板，混凝土由 6m³ 搅拌运输车运送至工作井上部平台，溜管垂直下料，仓内使用溜槽配合下料，入式振捣器振捣密实。

5 顶管施工

5.1 工艺流程

顶管施工工艺流程见图 4。

5.2 施工准备

（1）现场进行施工放线、测量。

（2）确定所有施工需用场地内及管线范围内障碍

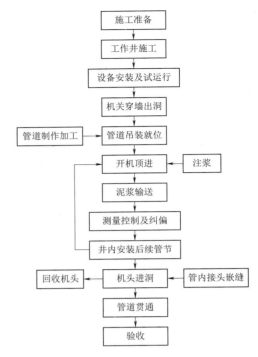

图 4 顶管施工工艺流程图

物，如准确确定电线杆、线管、树木及附近房屋等的位置。

（3）施工临时设施按施工平面规划图修建，要布置临时用水装运的设施、临时用电线路安装，采用机械排水方式对工作井内集水井进行排水。

（4）制作加工顶管所用的设备。

（5）根据顶进长度，准备各类所需线管和辅助支架等。

（6）组织相关部门、队伍开展施工安全、技术、质量交底工作。

5.3 顶管机进出洞技术

（1）出洞止水圈安装。洞口当机头逐渐靠近接收井时，顶进时的泥水压力必须控制好，顶进缓慢，封墙被机头刀盘慢慢破碎切削，顶管机进洞，机头整体进洞后应尽快和管节分离，并把管节和接收井的接头按设计要求进行处理，保证流失水土减少。

（2）出洞止水圈安装。如果出洞口遇到松散填土或流沙的话，也应做好密封措施。最简单的是安装出洞止水圈，如图 5 所示。

（3）顶管机头出洞口。顶管施工中的进出洞口工作是一项很重要的工作，是以后顶进各节管的导向管，施工中应充分考虑到它的安全性和可靠性。因此，首先，把主顶油缸与机头安装在牢固的基坑导轨上，机头与第一节管等后续管刚性联接。此时，应认真检测管子的中线和管前后端的管底高程，不调校至合乎规定不许将管子推前。其次，用主顶油缸慢慢把机头切入土中。这

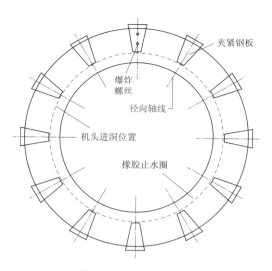

图 5　出洞止水圈结构图

时，由于机头尚未完全出洞，可以用水平尺在机头的顶部检测一下机头的水平状态是否与设计的管轴线保持一致。如相差太多，必须把机头退出来，重新再顶，同时检查不一致的原因。找到原因并把它纠正过来后才可再次顶进。机头在导轨上是不可以用纠偏油缸来校正方向的。

5.4　监测监控措施

（1）主要的监测监控措施包括工作井的位移监测、管线位移监测、地下水位监测、临近建（构）筑物沉降监测、临近建（构）筑物倾斜监测、地面沉降监测等。

仪器监测频率见表 4～表 6。

表 4　基坑坡顶仪器监测频率表

施工阶段	基坑开挖期	基坑主体结构施工期	基坑回填期	加密监测
监测频率	1 次/2d	1 次/5d	1 次/7d	—
预计次数	6 次	3 次	1 次	2 次

表 5　周边建筑物仪器监测频率表

施工阶段	基坑开挖期	基坑主体结构施工期	基坑回填期	加密监测
监测频率	1 次/2d	1 次/5d	1 次/7d	—
预计次数	10 次	3 次	2 次	3 次

表 6　顶管上方路面仪器监测频率表

施工阶段	顶管施工期	顶管完成后
监测频率	1 次/1d	1 次/2d
预计次数	9 次	3 次

（2）顶进过程中进行地面沉降、位移控制，预警值或特征值为：沉降±5mm/d，累计值±15mm，日最大变化量为±5mm。

5.5　顶管测量

（1）第一节管顶进时，在偏差校正过程中，间隔测量不大于 50cm，保证正确位置管道入土；正常顶进的管道进入土层后，间隔测量不大于 100cm。顶进管道的允许偏差见表 7。

表 7　顶进管道的允许偏差　单位：mm

项　目		允许偏差
管道端面垂直度		4
管道水平方向		10
管道转向误差		40
轴线位置	D≥1500	<200
管道内底高程	D≥1500	+40～−50
对顶时两端错口		50

注　D 为管道内径，单位：mm。

（2）测量内容：中心测量、高程测量、激光测量。

5.6　顶管工作井内设备安装

（1）安装导轨。采用 200mm 高度的钢轨为工程施工导轨，道轨安装用枕木辅助，与工作井预埋钢板底板焊接牢固，固定用型钢支撑或混凝土。安装导轨前对管道中心位置进行复核，确保轴线位置、导轨高程准确。必须正确稳固定位导轨，在顶进中承受各种负荷时不变形、不沉降、不位移。

符合安装导轨规定如下：

1）两导轨应等高、平行、顺直，其坡度应与设计管道坡度一致。当管道坡度大于 1‰ 时，按平坡铺设导轨。

2）安装导轨允许偏差应为：位置轴线：3mm；高程顶面：0～+3mm；轨道内距：±2mm。

3）导轨安装后必须稳固，不得发生位移，校核检查要在施工中经常进行。两轨道之间的宽度 B 可以根据公式求得，即：$B = \sqrt{D_{02} - D_2}$

（2）安装辅助设备及顶管机：采用 50t 汽车吊整体对 XDN1350-R 顶管机进行吊装。

（3）设备试运行。

设备试运行之前，应对设备的安装及各种管线、电缆的连接进行检查，确认安装和连接无误后方可接通电源。

6　安全生产保证措施

6.1　安全管理体系

安全管理采用"两级管控，一岗双责"的管理模式，安全生产保证体系见图 6。

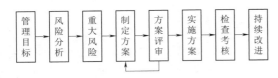

图 6 安全生产保证体系图

6.2 施工风险及防范措施

结合施工现场实际情况,顶管机穿越国道、高速公路施工危险源识别及控制方法见表8。

表 8 顶管施工危险源识别及控制方法

危险类别	危险源及其风险	控制措施	备注
其他伤害	非施工人员进入现场	安排门卫、专职安全员严控非施工人员进场	
	在地下管线未明或未采取措施情况下进行挖土方作业	开挖施工前必须要事先挖探沟	
	围挡施工没有稳定措施	安排专人负责现场安全施工	
	劣质材料进入现场	严控材料质量关,没有合格证的决不准进场	
	临建建设人员上岗前未经安全交底	任何施工工序进行前必须要有技术与安全交底	
物体打击	树枝、工具掉落,随意抛物等、树干倾倒	作业前进行安全技术交底,施工时按照施工方案作业;高处作业使用安全防护用品、专人监护;作业区域进行隔离警戒,并指派专人看护	
	在建工程与周边环境相距过近	设置安全通道	
坍塌	现场材料堆放不稳定	材料堆放要按要求、按规定存放	
机械伤害	搭设所用机械、机具安全装置不齐全	进场机械要有合格证	
	开挖过程中人站在机械回转半径内	人员要站在回旋半径外	

7 施工技术实施效果

7.1 实施工期和施工效率指标情况

按施工总体进度分析,顶管穿越按照施工计划、进度有序进行,按计划工期顶管日顶进速度为 3.5m/d,实际泥水平衡机顶管的整体顶进平均速度为 5.4m/d,其中1号顶管穿越G247国道4+798~4+848段的顶进速度平均值为7.6m/d,2号顶管穿越S4成宜高速23+856~23+959段的顶进速度平均值为 8.3m/d,机械顶管施工初期和末期速度较低,顶进速度低至 2.2m/d,顶进速度先缓慢再快速上升后急剧下降变化明显,除2号顶管穿越S4成宜高速稍有工期滞后外,其他基本满足进度计划要求,不影响整体工期;按照顶进平均速度计算工期至少节约40d,大大节约施工成本,施工效率提高36%,顶管施工工作井、顶进作业、启吊运输作业等各相关系统和设备可靠运行,泥水平衡机械顶进效率处于正常水平。

7.2 变形监测数据

顶管施工过程中对高速路路面及边坡沉降、基坑(井)位移进行了变形监测,沉降监测布设6组点位,每组3个,监测数据见表9。

表 9 沉降监测成果汇总表

监测项目	预警值/(mm/d)	实测值/mm	日最大变化量/mm	累计值/mm
沉降	±5	4	3	7
位移	±5	3	4	5

根据过程监测数据表明,顶管施工过程沉降值为4mm,日最大变化量 3mm,累计值为 7mm;位移3mm,日最大变化量 4mm,累计值为 5mm,综上所述,顶管施工沉降、位移变化均在预警值范围内,均未超过设计值和警戒值,满足设计要求。

7.3 质量验收最终评价

从顶管机穿越国道、高速公路施工实施效果来看,工程质量总体满足质量要求,在施工过程中,严格控制各工序施工质量作为施工质量管理重点来抓,对各工序施工全过程进行动态检查、监控,做到了发现问题及时整改。针对质量高风险部位施工,对质量风险实行动态管理,提前做好技术和质量交底,执行"三检"验收制度,"三检"人员进行过程旁站,实体质量持续受控,未发生质量事故和重大质量隐患事件,符合设计规范要求;弃渣、泥浆、污水、废水经处理后达标排放,满足环保水保要求。

8 结语

设计采用平衡泥水顶管技术施工主要是对隧洞穿越国道、高速公路进行保护，确保沉降控制在规定范围内，避免因施工沉降造成高额的维护资金，因此，需要进行科学合理的施工布置，确定适当的工作井与接收井，对顶进设备选型进行对比研究，选择安全、经济的满足工程质量和工期要求的顶进方法，提高小直径钢管顶进速度，节约施工工期。本文所述的顶管机穿越国道、高速公路的专项施工组织设计方案实施效果显著，可为类似工程提供借鉴。

参考文献

［1］ 张雨，赵文君，武凯，等. 泥水平衡顶管下穿城市道路地表沉降实测分析［J］. 福建建筑，2024（3）：96－100.

［2］ 中华人民共和国住房和城乡建设部，中华人民共和国国家质量监督检验检疫总局. 给水排水管道工程施工及验收规范：GB 50268—2008［S］. 北京：中国建筑工业出版社，2008.

［3］ 国家能源局. 水工建筑物水泥灌浆施工技术规范：DL/T 5148—2021［S］. 北京：中国电力出版社，2021.

［4］ 王军. 复杂地层土压力平衡盾构长距离掘进控制技术［J］. 交通科技与管理，2023，4（8）：77－79.

［5］ 杜昀峰，黄斐. 压顶梁与抗拔桩对地铁车站结构内力和变形的影响分析［J］. 广东土木与建筑，2022，29（8）：52－55.

［6］ 柘文奎，王招辉，邓才兵，等. 宜昭高速公路新场隧道大型溶洞处理施工技术［J］. 云南水力发电，2023，39（2）：176－178.

［7］ 高鹏. 隧洞围岩位移监测设计及结果分析［J］. 海河水利，2023（12）：55－58.

大跨度单层钢结构厂棚安装施工技术

陈圆云　李　冶　宁益果/中国水利水电第十四工程局有限公司

【摘　要】　本文介绍了一种适用于单层钢结构钢筋加工棚等大跨度空间钢结构施工的工艺，该工艺采用预拼装以及分块吊装的安装方法，降低了施工风险，提高了施工效率和质量。钢结构连接采用摩擦型高强度螺栓，自制桁架拼装定位胎架，安装拉索并进行初步张紧，保证主桁架吊装时不发生变形，减小或消除屋盖的下挠变形，提高结构稳定性。本文还通过工程实例——市域（郊）铁路成都至眉山线工程视高梁场，说明了该工艺的应用效果和意义，为我国的地铁建设提供了有力的技术支撑。

【关键词】　大跨度　单层钢结构　预拼装　厂棚

1　引言

大跨度钢桁架结构具有杆件和节点多、构造较为复杂的特点，徐龙等以威海国际贸易交流中心项目的钢结构主体工程为依托，通过有限元分析对大跨度管桁架拼装施工技术进行改造优化，提高了整体拼装精确度，高翔等以香港国际机场天际走廊工程为依托，针对场地受限情况下大跨度钢结构场外预拼装、整体顶升安装施工关键技术进行了研究。刘云针对大跨度钢结构施工支撑柱设置、平面及钢架结构稳定性等方面技术问题进行了分析并优化了施工流程。

在普通的单层钢结构安装施工中，一般情况下，只有常见的柱梁节点，连接形式也比较简单，随着空间钢结构设计技术的飞速发展，各种各样造型独特、样式新颖的建筑结构体系层出不穷，给钢结构施工提出了更高更难的要求，在大跨度钢结构施工成形过程中，除了要考虑合理的施工顺序，及其在施工荷载作用下的结构承载能力问题外，还需考虑结构由于失稳所致的破坏或倾覆问题。为了达到设计效果，同时又要考虑施工的技术经济性指标，就必须研究采用能够适应现场实际并结合设计特点的新的施工方法。

本文通过对钢筋加工棚安装施工技术的探索，采用预拼装以及分块吊装的安装方法，不仅可以更好地解决施工效率低，而且能够减少施工成本投入，便于现场施工管理。

2　工程概况

市域（郊）铁路成都至眉山线工程串联成都和眉山，线路向南串联天府文创城、视高、南天府公园、乐高、黑龙滩、岷东新区，止于眉山市东坡区眉山东站，线路长约59.14km，设计时速160km/h，其中地下段长9.99km、高架及路基段长49.15km。

视高梁场位于四川省眉山市青视路南侧，梁场设在路线右侧，对应正线里程桩号YCK30＋148～YCK30＋423，为满足施工需要，在梁场东侧建设钢筋加工棚一座，用于预制箱梁钢筋加工。加工棚设计长度104m、宽度26m、高度14m，建筑面积2704m²。钢筋加工棚建筑层数1层，结构总高度14m，结构形式为单层钢结构（排架结构），横向跨26m，纵向跨度8m。根据功能需求，钢结构厂房南北两端分别对中设置一道6.5m（宽）×6.0m（高）的彩钢瓦单开大门，西侧对中设置一道8.0m（宽）×6.0m（高）的彩钢瓦双开大门。

3　工艺原理和流程

3.1　工艺原理

根据整个加工棚钢结构的特点，按照已确定的构件逐跨分块吊装的总体思路，将所有钢构件按照安装轴线顺序划分为较小单元体或较大单元体，形成了立柱单元、主桁架单元、次桁架单元为依次顺序的非常清晰的循环安装过程，整体框架安装完成后进行屋顶及墙面的檩条和彩钢板安装，降低了施工对场地、道路及起重机的要求，减小了施工风险。

在钢结构施工现场中，施工场地小、施工条件差是普遍性问题，并且需要在有限工期内完成大量的、高质量工作。其中桁架作为较大单元体，对应轴的每榀桁架先利用定型胎架预拼装完成后进行吊装。主桁架预拼装采用卧式拼装，沿起拱轴线设置11组定位胎架，胎架平均间距约2.7m，布置形式如图1所示。主桁架在胎架上拼装完成后，在胎架上安装拉索并进行初步张紧及中间吊杆安全，确保主桁架吊装时不发生变形。定位胎架立面如图2所示。

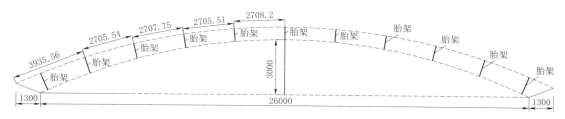

图1　主桁架预拼装定位胎架平面布置图（单位：mm）

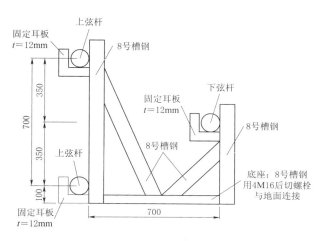

图2　主桁架预拼装定位胎架立面图（单位：mm）

该工艺适用于单层钢结构钢筋加工棚等大跨度空间钢结构施工。该工艺具有以下特点。

（1）通过剖析整个雨棚屋盖钢结构的特点，基本采用钢构件散件吊装，摒弃了传统的钢屋盖分段整体吊装方式，降低了施工风险。

（2）钢结构连接采用摩擦型高强度螺栓，施工时给螺栓杆施加了较大预应力，使得被连接构件的接触面之间由于挤压作用产生较大的摩擦力，从而阻止连接构件之间的相互滑移，实现了有效传递外力的效果，确保结构连接牢固。

（3）自制一种桁架拼装定位胎架，将人工搬运安装调整为移动式胎架预拼装，减少人员投入，降低施工成本，提高桁架安装的工作效率，提升安装质量。

（4）桁架在定型胎架上预拼装时安装拉索并进行初步张紧，施工过程较容易控制，确保主桁架吊装时不发生变形，使得屋盖下弦单元始终保持张紧状态，并由圆管撑杆上撑单层网壳，减小或消除重力荷载作用下屋盖的下挠变形，减小单层网壳的杆件内力，同时有效提高结构稳定性。

3.2　工艺流程

施工工艺流程如图3所示。

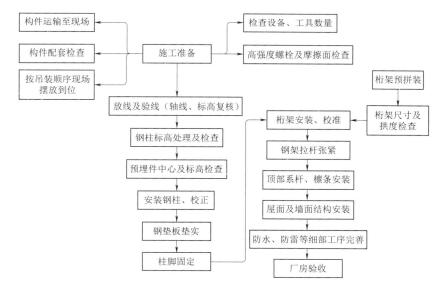

图3　施工工艺流程图

3.3　操作要点

3.3.1　施工准备

（1）钢柱基础及支撑面的准备。

1）安装前，基础混凝土强度必须达到设计要求。

2）根据测量控制网对基础轴线、标高、地脚螺栓等进行技术复核。

3）检查地脚螺栓的外露情况，若有弯曲变形、螺牙损坏，必须进行修正。

4）将柱子的就位轴线弹测在柱基表面上，以便钢柱准确就位。

5）对柱基标高进行找平：混凝土柱基标高浇筑一般预留50～60mm，在安装时用钢垫板找平。

6）钢垫板作支承板时，其面积应根据基础混凝土抗压强度、柱脚底板下二次灌浆柱底承受的荷载和地脚螺栓的紧固拉力来计算确定。垫板应设置在靠近地脚螺栓（锚栓）的柱脚底板加劲板或柱肢下，每根地脚螺栓（锚栓）侧应设1～2组垫板，每组垫板不得多于5块；垫板与基础面和柱底面的接触应平整、紧密；当采用成对斜垫板时，其叠合长度不应小于垫板长度的2/3；柱底二次浇灌混凝土前垫板间应焊接固定。

（2）机械设备准备。该工艺依托工程为市域（郊）铁路成都至眉山线工程视高梁场钢筋加工棚，单层厂房的施工特点是面积大、跨度大，主要选择移动式起重设备，如汽车起重机。其他机具还有高空升降车、电焊机、栓钉机、千斤顶、电动扳手等。

（3）构件及材料准备。

1）钢结构构件。钢构件通常在加工厂制作，运至现场进行吊装组立，堆放应按"重近轻远"原则。对较大的工程应另设堆放场地。堆放时，沿吊车开行路线两侧就近堆放，避免二次倒运。为保证堆放不产生变形及安全要求，垛高不应超过1.5m。

2）焊接材料。对焊接材料的品种、规格、性能进行检查。

3）高强度螺栓。应根据设计要求，对所需螺栓的数目、质量进行检查，并配套供应至现场。对成批次产品应进行抽样检验。

3.3.2　钢柱安装

（1）柱吊装前准备。待预埋板、预埋螺栓的轴线位置、平整度、标高检查合格后，将基础螺母（柱底下）拧到预埋螺栓上，用水准仪或经纬仪把基础螺母调平致同一水平，并加以适当固定。

（2）柱吊装前应再次检查柱的各种基准点，吊（捆扎）点以及表面是否有损坏和污垢，确认无误后才能捆扎和吊装。

（3）根据工艺依托工程钢柱最大重量为0.96t、最长为13.2m的特点，该工程为柱顶绑扎，采用一点吊的方式，直接吊装的将钢柱固定在混凝土支座上，并用地脚螺栓调节标高和垂直度。

主要施工工艺：钢柱绑扎→起吊→对位→临时固定→校正和最后固定。

先用吊索和活络卡环在吊点处进行捆扎，并在柱脚处设置缆风绳进行牵引，再由起重机边缓缓起吊边旋转起重臂，待柱吊直并使地板离预埋板10～30cm时停止，由人工和经纬仪控制垂直度和中心偏移，待柱位置完全准确后，调整柱底板下基础螺栓，并拧紧柱底板上面螺栓，固定柱位置，并做好临时支撑和固定。待柱吊装和调整后，应用临时支撑系统对柱进行固定。

（4）钢柱的调平。首节柱安装时，利用柱底螺母和垫片的方式调节标高，精度可达±1mm，如图4所示。在钢柱校正完成后，因独立悬臂易产生偏差，因此在上方主桁架安装前，柱脚底必须用钢垫板将柱脚底板可靠垫实，禁止地脚螺栓受力，后续完成安装后，再用无收缩砂浆灌实柱底。

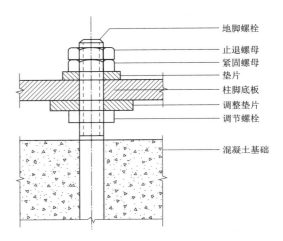

图4　柱脚底板标高精确调节装置大样图

3.3.3　拱（桁）架安装

最重构拱架每榀重量为986kg，吊装高度约12m，拱架吊装立面及吊点布置如图5所示。

（1）吊装前准备。待钢柱吊装好且检测合格后，应立即展开拱架吊装准备，如拱架的拼接，根据本工程跨度为26m单跨单根拱架的特点，按图纸编号及安装顺序在现场归类堆放。在吊装前检查吊点，检查基准面及中心线，表面损伤及污垢等；同时准备好两台高空升降车，以便空中拼装人员操作安全。

（2）吊装方法。工程采用二点吊装法，吊装时二头吊索与拱架吊点绑扎，然后吊索与起重机吊钩套住，起吊时先试一次拱架重心偏移（拱架保持平衡能力），确认无误后正常起吊，吊到装配位置，由柱上工人找准中心位置，用高强螺栓穿入连接梁和拱架的螺孔并套上螺母进行初拧，确认安装准确后，终拧固定并进行围焊。

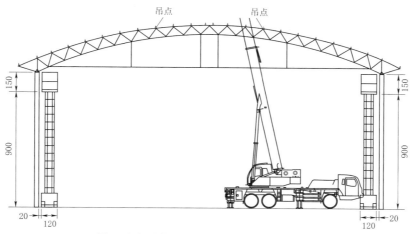

图 5 拱架吊装立面及吊点布置图（单位：cm）

拱架由卧式进行起吊，起吊时应注意吊点沿上弦杆中心轴线布置，应在吊点位置设置钢瓦板进行防护，防止其集中受力发生变形。

（3）主桁架安装后的临时固定。在主桁架安装后，为确保其稳定性，在其中心位置两侧分别拉设两根缆绳连接地锚螺栓，并采用 M30 花篮螺栓张紧。地锚设置由地锚板（200mm×300mm×10mm 钢板）及 4 颗 M24 锚地膨胀螺栓进行固定，其布置形式沿主桁架纵向中心线布置，锚点距离主桁架横向中心线 4m，对称布置，其连接节点如图 6 所示。

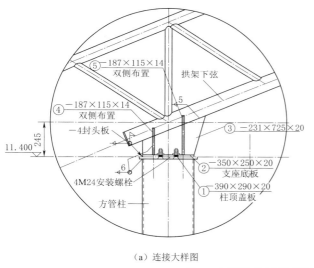

（a）连接大样图

（b）连接节点平面图

图 6 主桁架与钢柱连接节点图（单位：高程 m；尺寸 mm）

（4）桁架安装应在钢柱校正合格后进行，并应符合下列规定。

1）主桁架应在起板和吊装过程中采取临时加强措施，防止产生变形。

2）单榀钢桁架（屋架）安装时采用缆绳或刚性支撑增加侧向临时约束。

3）次桁架安装后对结构的刚度影响较大，支撑的校正和固定应在相邻主桁架固定后进行。

4）其他各跨在完成一个独立的有足够刚度和可靠稳定性的空间结构后，也要立即进行校正。

（5）结构安装完成后，应详细检查运输、安装过程涂层的擦伤，并补刷油漆，对所有的连接检查，以防漏拧或松动。

3.3.4 屋檩条及系杆安装

安装檩条时应在钢结构整体框架结构安装完毕，且钢结构主体调校完毕后进行。

檩条通过钢架上方的檩托，通过螺栓直接进行连接固定。同列檩托的焊接位置应在一条直线上，且与钢拱架保持垂直。对于坡度小于 1：12.5 的屋面，檩条安装时应注意消除由钢梁挠度而造成的屋面不平直现象。檩条间拉条对檩条起稳定作用，安装时拉条每端在檩条两面的螺母均要旋紧，以便将檩条调直。檩条间距按施工图纸要求布置，其误差值不大于±5.0mm，檩条直线度偏差不应大于 1/250，且不应大于 10mm。用钢尺和拉线检查。檩条大样如图 7 所示。

系杆的安装应在檩条安装完毕后进行。系杆的长度

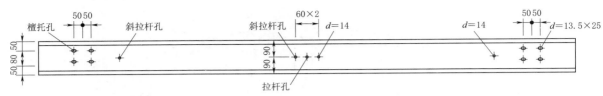

图 7 檩条大样图（单位：mm）

应根据实际情况进行调整，以保证其稳定性。系杆的安装位置应在檩条的中心位置，系杆的两端应分别与檩条和钢梁焊接固定。檩条与檩托连接方式如图 8 所示。

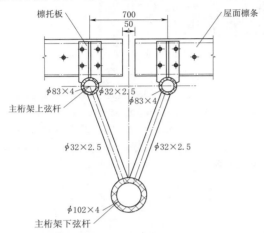

图 8 檩条与檩托连接方式图（单位：mm）

3.3.5 屋面及墙面彩钢瓦安装

（1）屋面板安装。彩钢瓦安装采用高空压瓦机进行现场压制安装。彩钢瓦压制前宽度 1m，压制完成后宽度 0.84m，压制沿跨度方向一次性压制，长度为 28.5m。高空压瓦机设置在钢结构厂房西侧，作业布置如图 9 所示，通过运输汽车进行固定，沿南侧依次步进安装。

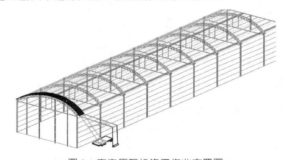

图 9 高空压瓦机施工作业布置图

利用缆绳对压制后的端头进行固定，一端通过人工利用加固完成拱架梁作为施工通道，做好安全保护措施后，沿着屋顶横跨方向进行拖拉引导，靠压瓦机站端人工辅助传导进行传递，铺设到位后用气钉枪将彩钢瓦固定于檩条上方。

首片彩钢瓦固定完成后，即可作为下一片彩钢瓦铺设的人员操作平台。

（2）墙面板安装。

1）施工方法。墙面板采用人工进行安装，高空彩钢瓦安装固定施工平台采用钢制安全爬梯进行施工。爬梯上部与柱间支撑进行固定，中间每间隔 3m 与墙面檩条进行固定，确保爬梯不发生偏移、倾斜。

首先将彩钢瓦垂直于墙面进行摆放，采用两根尼龙绳穿过墙顶部檩条上方，利用檩条作为起吊横梁对彩钢板进行提升。尼龙绳一端固定在墙面彩钢板顶部 1～2m 范围处，另一端由两个人员同时在立柱内侧进行提拉，彩钢瓦两侧人工辅助提升。

待彩钢瓦提拉到位后，作业人员通过固定爬梯进行彩钢板的固定作业，作业人员根据设计的墙面标记线，对其位置进行调整，在侧墙檩条上对安装彩钢瓦，用自攻螺丝固定。

2）工艺要求。首先用钢丝挂线或用钢筋设置孔点。根据预先设置好的控制点进行调整，在凹陷部位用垫铁垫实。将檩条安装完毕后，用铅坠、经纬仪、水平仪和钢丝等工具进行监测。检测其垂直度与平直度，方可进行下一步工作。

首块墙板的安装必须用经纬仪交叉 90°双向校正，然后根据厂房所处地的四季主导风向，按照设计好的排板方向依次铺设。安装第一张板要挂线，保证垂直度，安装 4～5 张板要调整 1 次垂直度，保证整体外墙板的垂直度。

铺设完毕的墙面要平整，接茬顺直，檐口和墙面下端基本呈直线，无未经处理的错钻孔洞。

（3）彩钢板搭接及防水施工。屋面及墙面压型金属板的长度方向连接采用搭接连接时，搭接端应设置在支承构件（如檩条、墙梁等）上，并应与支承构件有可靠连接。当采用螺钉或铆钉固定搭接时，搭接部位应设置防水密封胶带。

3.3.6 现场钢结构焊接

钢结构整体检查验收合格后即进行施工图中标注的现场焊接面焊接施工，主要是钢柱的柱顶盖板与拱架的支座地板连接节点处。

节点焊接时必须按照施工图要求设置衬板，且衬板须挑出钢梁翼缘板 10mm 兼做焊接引弧板。

焊接方法：手工电弧焊。

焊接材料：手工焊时，Q235 采用 E43 系列焊条，Q355 采用 E50 系列焊条。

焊缝高度不大于 5mm 时，应采用直径不大于 2.5mm 的焊条。焊接前，要对焊条进行烘干处理，构件焊接部位清理干净露出金属光泽。

焊接时应选择合理的焊接顺序，以减小钢结构中产生的焊接应力和变形，焊缝长度除设计图中注明外，其余均为满焊。

主材立柱的拼接、对接部位采对接焊缝等级为一级；其桁架上下悬杆的对接焊缝等级为二级；其余桁架中上下悬杆、腹杆壁厚均小于6mm，桁架的拼接采用全周角焊缝，立柱端部钢板底部构造焊缝采用角焊缝，角焊缝等级为三级。

焊接过程中，要始终进行柱、桁架、梁标高、水平度、垂直度的监控，发现异常应及时暂停，通过改变焊接顺序和加热校正等进行特殊处理。

3.3.7 焊接面防腐处理

该工艺依托工程钢结构防腐处理为钢构件防腐油漆，做现场焊接面由于焊接高温引起防腐油漆层损坏须进行二次防腐处理。

施工方法：清理焊渣和飞溅物并用电动磨光机打磨平整→用同种防腐油漆二次喷涂→和总体钢结构一起做防腐面漆。

4 工程实施效果

市域（郊）铁路成都至眉山线工程视高梁场钢筋加工棚于2023年5月25日开始厂棚框架安装，施工过程中采用该技术，于2023年6月25日完成安装，较传统钢屋盖分段整体吊装方式缩短了约30d工期，在减少安装人工费用、吊装设备投入费用、交通疏解费用上均取得良好的经济效益，节约交通疏解费11.3万元，节约安装人工费用18万元，节约设备租赁费及安全防护措施费用25.2万元，累计节约成本约54.5万元。

通过该技术的应用，取消原有的钢屋盖分段整体吊装方式后，通过对结构钢构件采用了分单元体散件吊装，单机作业的吊车吨位较小，均采用汽车吊，机动灵活，采用可移动拼装胎架，占用场地较少，对现场扬尘控制及噪声控制取得良好效果，更能适应复杂施工环境条件下多工种交叉作业，场地易于布置、工程进度可灵活安排、受干扰因素相对较少、有利于文明施工。

加工棚整体安装质量经验收合格，现已投入使用一年，厂棚安装效果如图10所示。

图10 厂棚安装效果图

5 结语

本文介绍了一种适用于单层钢结构钢筋加工棚等大跨度空间钢结构施工的工艺。该工艺采用预拼装以及分块吊装的安装方法，降低了施工风险，提高了施工效率和质量。采用摩擦型高强度螺栓连接，确保结构连接牢固，有效传递外力。自制桁架拼装定位胎架，减少人员投入，降低施工成本，提高桁架安装的工作效率，提升安装质量。在桁架预拼装时安装拉索并进行初步张紧，保证主桁架吊装时不发生变形，减小或消除屋盖的下挠变形，减小单层网壳的杆件内力，同时有效提高结构稳定性。本文还通过市域（郊）铁路成都至眉山线工程视高梁场工程实例说明了该工艺的应用效果和意义，展示了其在类似地层地铁车站施工的应用前景和价值。

参考文献

[1] 陆洋. 大跨度钢梁吊装施工管理 [J]. 中国建筑金属结构，2023（2）：153-155.

[2] 徐龙，杨智如. 大跨度空间曲面管桁架拼装关键施工技术 [J]. 建筑机械，2023（7）：82-86.

[3] 高翔. 整体顶升安装技术在大跨度钢结构桥梁工程施工中的应用 [C] //中国土木工程学会. 中国土木工程学会2020年学术年会论文集. 中国土木工程学会，2020.

[4] 刘云. 探析大跨度钢结构施工中存在的技术问题 [J]. 低碳世界，2017（5）：158-159.

[5] 谢士强，林静. 大跨度钢结构施工技术研究与应用 [J]. 四川建材，2012（6）：204-205.

[6] 晋成华. 大跨度钢结构施工探索 [J]. 门窗，2014（8）：146，148.

[7] 王瑞丽. 浅谈大跨度钢结构施工的质量控制 [J]. 中国高新技术企业，2009（2）：150-152.

[8] 罗明河. 大跨度屋面钢结构桁架吊装施工技术 [J]. 住宅产业，2021（12）：71-74.

[9] 于水，王雪娜，徐汝俊，等. 长河坝水电站出线竖井多（高）层钢结构施工 [J]. 云南水力发电，2017（S2）：115-119.

[10] 夏建俊，朱云良，潘国华. 大跨度钢结构桁架施工关键技术 [J]. 建筑施工，2017（2）：179-1981.

利用高回填区弃土场作为施工布置场地的治理技术探讨

李亚辉　陈康康　李　飞/中国水利水电第十四工程局有限公司

【摘　要】 本文以宜昭高速A3项目部5号弃土场顶部平台布置的砂石料系统、沥青站为依托，采用Midas GTSNX建立了弃土场的数值模型，分别对弃土场不设抗滑桩及防滑墙的工况、设抗滑桩及防滑墙的工况、建立场站后不设抗滑桩及防护墙的工况、建立场站后设抗滑桩及防护墙的工况等四种工况进行稳定性分析，然后按照既定的场站规划进行场站布置，节约了用地，并提出了施工监测措施。

【关键词】 高回填　弃土场　稳定性　施工监测

1 引言

随着现代交通建设的快速发展，高速公路等基础设施建设的需求日益增大。在这个过程中，高回填区弃土场的管理与治理显得尤为重要。有效地利用弃土场作为施工布置场地，不仅能节约土地资源，降低施工成本，还有助于减少对自然环境的破坏。然而，高回填区弃土场的稳定性问题一直是制约其有效利用的关键因素。因此，探讨高回填区弃土场的治理技术，确保施工过程中的稳定性与安全，具有重要的理论意义和实践价值。

本文依托宜昭高速A3项目部5号弃土场顶部平台布置的砂石料系统、沥青站的实际工程案例，深入探讨了高回填区弃土场的治理技术。通过采用先进的数值模型进行稳定性分析，对比了不同工况下弃土场的稳定性表现，并提出了相应的施工监测措施。这些措施旨在确保弃土场在施工过程中的稳定性，为类似工程提供有益的参考和借鉴。

2 工程概述

宜昭高速A3项目A3～A5号弃土场占地面积96亩，容量为68.1万 m³，在弃土场周边设置有80cm×80cm的截水沟，弃土场所处位置为山沟内，为确保弃土场施工期的稳定，在弃土场底部设置了打孔波纹管进行排水，在弃土场顶部设置了9m×3m排水明渠，为减小水流冲力，在平台适当位置及弃土场底部均设置了消力池，弃土场从下到上按照1：2的边坡进行修整，边坡与边坡之间设置了宽度不等的平台，弃土场总填土高度达到61m，沥青站及砂石料场设置在弃土场顶部291m平台及56m、46m大平台。弃土场横断面图和沥青站及砂石料场布置示意图见图1、图2。

3 数据模型

采用有限元软件 Midas - GTSNX建立结构仿真分析模型，采用SRM法，即基于有限元的强度折减法，具体方法为逐步减小土体抗剪强度，直到某一点计算不收敛为止，认为该点处于破坏状态，不需要假定破坏面。

由于弃渣体压实度较小，且多采用推填方式填筑，故弃土场比公路路堤更容易出现稳定性和变形问题，不仅如此，在弃土场顶部设置大型场站，如果设计不够完善，容易引起失稳。故需要在弃土场施工过程中增加相应的防护措施以确保弃土场的稳定性。

4 弃土场填土厚度对沉降的影响分析

为增加弃土场稳定性，对弃土场采用分层碾压的方式进行填筑，由于5号弃土场弃渣量一定，坡比一定，总的填土高度是一定的，按照1.0m、0.9m分层松铺填土高度进行现场试验，碾压遍数与沉降差关系曲线如图3所示。

由图3可得出：在沉降误差小于3.5mm以满足后续场站建设的基本要求下，填土厚度为0.9m时只需要碾压8遍就可达到控制指标。根据经济合理性原则，松铺填土厚度0.9m更为合适。

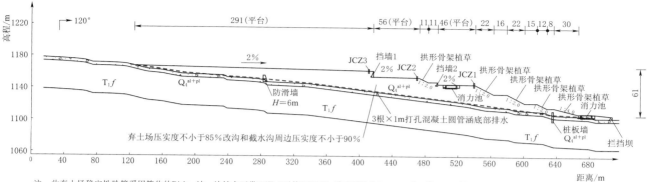

注：此弃土场稳定性验算采用简化的Bishop法，边坡在正常工况（天然工况下）稳定系数为2.082；非正常工况（饱和工况）稳定性系数为1.392。

图1 弃土场横断面（单位：m）

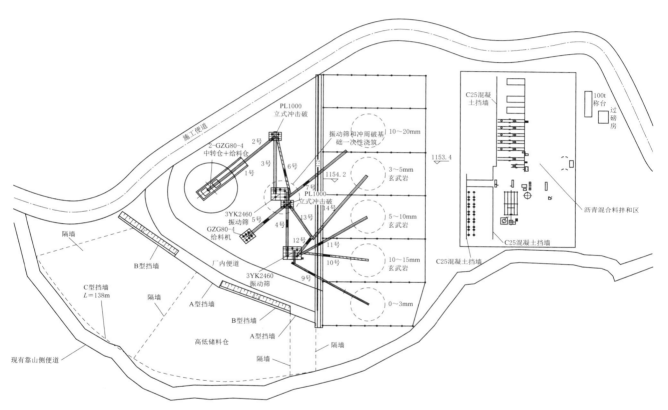

图2 沥青站及砂石料场布置示意图

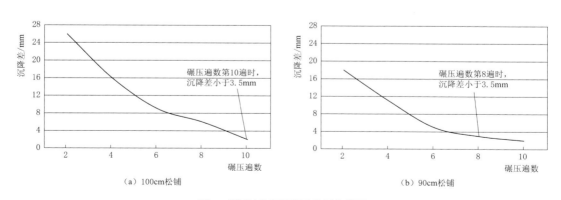

图3 碾压遍数与沉降差关系曲线图

5 四种工况条件下压实度对弃土场稳定性分析

本弃土场所处地形为山沟，为倾斜式地基，故对倾斜式地基上的弃土场进行变形破坏机理分析和稳定性研究，分别采取以下四种工况下进行弃土场及场站稳定性分析。

5.1 工况一条件下压实度对弃土场稳定性分析

工况一为弃土场无荷载、无抗滑桩、无防滑墙，按照渣场实际坡比及地形线走向建立三维数值模型，分别取 75%、80%、85% 的压实度进行弃土场稳定性分析，根据有限元软件计算所得。稳定系数为 3.2213 时，85% 压实度弃土场边坡稳定性有限元计算见图 4。

图 4　85% 压实度弃土场边坡稳定性有限元计算图
（稳定系数为 3.2213）

根据计算所得，在 75% 压实度时边坡稳定系数为 2.7656，在 80% 压实度时边坡稳定系数为 2.9432，在 85% 压实度时边坡稳定系数为 3.2213。

5.2 工况二条件下压实度对弃土场稳定性分析

工况二为弃土场有荷载、无抗滑桩、无防滑墙，按照弃土场实际坡比及地形线走向建立三维数值模型，分别取 75%、80%、85% 的压实度进行弃土场稳定性分析，根据有限元软件计算所得。85% 压实度弃土场边坡稳定性有限元计算见图 5。

图 5　85% 压实度弃土场边坡稳定性有限元计算图
（稳定系数为 2.1406）

根据计算所得，在 75% 压实度时边坡稳定系数为 1.6903，在 80% 压实度时边坡稳定系数为 1.8317，在 85% 压实度时边坡稳定系数为 2.1406。

5.3 工况三条件下压实度对弃土场稳定性分析

工况三为弃土场无荷载、有抗滑桩、有防滑墙，按照弃土场实际坡比及地形线走向建立三维数值模型，分别取 75%、80%、85% 的压实度进行弃土场稳定性分析，根据有限元软件计算所得。85% 压实度弃土场边坡稳定性有限元计算见图 6。

图 6　85% 压实度弃土场边坡稳定性有限元计算图
（稳定系数为 6.0000）

根据计算所得，在 75% 压实度时边坡稳定系数为 5.1250，在 80% 压实度时边坡稳定系数为 5.6427，在 85% 压实度时边坡稳定系数为 6.0000。

5.4 工况四条件下压实度对弃土场稳定性分析

工况四为弃土场有荷载、有抗滑桩、有防滑墙，按照弃土场实际坡比及地形线走向建立三维数值模型，分别取 75%、80%、85% 的压实度进行弃土场稳定性分析，根据有限元软件计算所得。85% 压实度弃土场边坡稳定性有限元计算见图 7。

图 7　85% 压实度弃土场边坡稳定性有限元计算图
（稳定系数为 5.1492）

根据计算所得，在 75% 压实度时边坡稳定系数为 4.3286，在 80% 压实度时边坡稳定系数为 4.6793，在 85% 压实度时边坡稳定系数为 5.1492。

根据以上四种工况分析可得：

（1）弃土场的稳定系数随着压实度的增大而增大。

（2）弃土场在受到外荷载的影响下，稳定系数随着荷载的增加而减小。

（3）弃土场在受到外荷载的影响下，在弃土场重心部位应力较为集中，容易产生滑移，通过在该部位增加防滑墙，在弃土场底部增加抗滑桩的方式，可以极大地提高稳定性。

（4）弃土场随着压实度的增加其稳定能力逐渐加强，选择 85% 的压实度作为设置场站的弃土场较为经济、合理。

6 现场施工监测

6.1 监测目的及点位布置

结合山区弃土场的工程特性，选取合适手段对边坡进行安全稳定检测，可确保在弃土场施工过程中，以及场站生产期间的人员与周边居民生命财产安全。根据要求，将控制点位选在弃土场两边山体稳定的基岩上，变形观测点选在各级平台顶部且利于人员观测的位置埋设，具体布置见图8，埋点用特殊标记的测钉埋设，埋深不小于1m。后期场站的变形观测点，选择在主要构

筑物混凝土基础布置监测点，做好标记和保护，罐体和拌和楼垂直度则通过上下两处反光贴测量数据，辅助反映构筑物的稳定性。

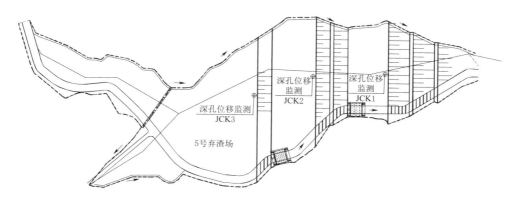

图8　5号弃土场监测点位布置图

6.2　监测点观测

边坡监测点的平面位置利用三个控制点做附合导线测量，高程用三角高程法测量。在开始监测前，对各测点做几次重复测量计算，待数据稳定后再开始正常监测。使用测角精度2″，标称精度2mm＋2ppm的徕卡TS02全站仪进行观测，水平角测量按左、右角观测各6个测回，距离测量和垂直角测量对向观测2个测回，仪器高、觇标高在测站上测前测后各量取一次取中数，测距边经过加乘常数、气象（气温、气压）改正后，用经两差改正后的垂直角进行倾斜改正，然后采用导线严密平差程序求得各控制点的坐标及高程。

构筑物基础监测点测量利用DS3水准仪测量，在开始监测前，用水准仪对各测点往返测量，反复测量几次，数值稳定后取平均数作为基础高程值。开始观测后，每次单程双测站观测，平差计算后取得各点数值，记录在专用观测表中，与初始高程对比，计算单次及累积沉降量。垂直度观测是对贴在构筑物上下两张反光贴测量坐标，计算两点相对位置，反映构筑物垂直情况，辅助沉降监测。数字水准仪观测要满足表1要求。

表1　　　　　数字水准仪观测要求

视线长度/m	前后视距差/m	前后视距差累积/m	视线高差/m	重复测量次数/次
≥3且≤75	≤2.0	≤6.0	≥0.45	≥2

6.3　监测周期

观测时间根据位移速度、施工情况、季节变化情况确定，原则上每周一次，雨季每周两次，在遇暴雨、变

形速度加快或者有其他突发情况时，观测次数相应增加。

6.4　人员巡视

项目部现场人员与测量人员共同组成巡视小组，每天坚持对现场情况人工巡视，主要观察弃土场裂缝情况，跟踪施工进展，排水沟、截水沟等排水设施是否通畅，挡墙、基础等是否稳定，有无新的地下水等，根据具体情况安排监测内容。监测工作应与现场施工人员达成共同工作目标，组织现场人员巡视检查是监测工作的主要内容，它不仅可以及时发现险情，而且能系统地记录、描述边坡施工和周边环境变化过程，及时发现不利状况。

6.5　预警机制

边坡稳定性评判主要根据以下几点综合判断。

（1）最大位移速率小于2mm/d。

（2）边坡开挖停止后位移速率呈收敛趋势。

（3）坡面、坡顶无开裂，裂缝的变化趋势变小。

在实际监测过程中，如果以上几点出现一点或者几点现象时，都应引起注意，及时对各项监测数据综合分析，讨论边坡稳定性，及时采取措施。

根据实测数据，出现不稳定情况时先通知现场停止施工，报分管领导综合判断，如不稳定情况和监测数据趋于平稳，则可继续开展施工；如监测指标超过控制标准，并经综合判断具有失稳风险时，立刻停止施工，填写联系函给相应部门，开展后续排险工作。

各周期变形观测结束后，应及时对观测点进行坐标及高程计算，以各观测点的零周期为初始值，计算观测值的差，即为变形观测点的水平位移和沉降量的大小。各周期观测成果的处理应与实际变形情况接近或一致，

变形观测点以观测数据为依据，通过分析变形的内外因之间的相关性，删除不显著因子的数据，建立相应的分析数据曲线表，分析变化趋势，达到指导施工、提前预警的效果。检测工作结束后，将原始数据及分析资料等相关材料汇集成册，作为后续工作的验证、辅助成果。

7 高回填区弃土场治理技术的实施效果

对3个监测点每周进行一次位移和沉降观测，连续观测30周，形成观测数据，见表2。

表2　　沉降位移观测记录表

观测周期	1号观测点			2号观测点			3号观测点		
	累计位移/mm		累计沉降量/mm	累计位移/mm		累计沉降量/mm	累计位移/mm		累计沉降量/mm
	ΔX	ΔY		ΔX	ΔY		ΔX	ΔY	
第1周	1	−2	−2	0	3	0	−3	2	2
第2周	−4	7	−2	−2	−6	2	−2	5	−3
第3周	−9	13	−5	−1	−8	1	−6	2	−3
第4周	−11	16	−6	−4	−5	2	−4	8	−5
第5周	−10	20	−5	−8	−9	8	−9	7	−6
第6周	−7	23	−3	−2	−14	3	−6	2	−9
第7周	−11	19	−4	−5	−17	1	−9	−1	−9
第8周	−11	20	−6	−9	−17	−1	−9	−2	−10
第9周	−12	22	−4	−11	−19	−2	−8	2	−11
第10周	−19	16	−5	−8	−18	−6	−7	0	−15
第11周	−14	18	−8	−7	−15	−10	−7	1	−21
第12周	−20	20	−7	−5	−16	−14	−9	2	−16
第13周	−24	17	−7	−13	−18	−13	−6	−5	−17
第14周	−23	20	−9	−11	−24	−9	−10	−8	−17
第15周	−24	22	−6	−13	−26	−8	−11	−7	−18
第16周	−25	25	−5	−12	−19	−7	−15	−7	−12
第17周	−22	32	−9	−10	−21	−14	−13	0	−14
第18周	−24	26	−9	−17	−22	−16	−12	0	−14
第19周	−26	27	−5	−22	−25	−16	−10	4	−15
第20周	−20	34	−11	−21	−29	−18	−9	−2	−24
第21周	−15	31	−10	−20	−28	−20	−15	−7	−23
第22周	−15	30	−14	−20	−25	−20	−17	−11	−20
第23周	−15	27	−14	−23	−25	−16	−17	−7	−19
第24周	−19	23	−17	−22	−26	−21	−18	−6	−15
第25周	−16	25	−18	−26	−25	−21	−22	−9	−17
第26周	−17	23	−23	−22	−24	−17	−25	−11	−16
第27周	−19	21	−22	−20	−21	−12	−26	−13	−12
第28周	−18	19	−21	−24	−21	−13	−25	−14	−10
第29周	−19	19	−22	−24	−21	−13	−24	−13	−9
第30周	−19	19	−22	−22	−20	−13	−25	−11	−10

由表2可知，1～3号观测点的位移和沉降的平均速率均小于0.15mm/d，弃土场安全稳定。在弃土场平台施工完自然沉降一周后便可进行场站平台的施工布置，沥青拌和站基础采用设计标号为C25的混凝土，待混凝土强度达到设计强度的80%后可进行拌和站安装。

8 结语

在弃土场设抗滑桩和防滑墙能极大提高弃土场的稳定性，对弃土场进行分层填土碾压时选取 0.9m 厚度既能满足场站基础要求又达到了经济性目的，弃土场随着压实度的增加其稳定能力逐渐加强，选择 85% 的压实度作为设置场站的弃土场较为经济、合理。

参考文献

［1］ 蔡先明. 山区高速公路弃土场稳定性评价 ［J］. 交通世界，2024（Z1）：123 - 126.

［2］ 叶志程，杨溢，左晓欢，等. 基于 Midas - GTS/NX 的不同工况下某边坡稳定性分析及加固措施 ［J］. 化工矿物与加工，2021，50（5）：16 - 19.

［3］ 谭鹏. 山区高速公路弃土场基本特性及其稳定性分析 ［D］. 重庆：重庆交通大学，2010.

［4］ 叶咸，陈文，张新民，等. 山区高速公路弃渣场工程安全稳定监测方法 ［J］. 中外公路，2021，41（6）：20 - 26.

［5］ 王和芬，晏欣. 滇中引水工程弃渣场安全监测设计及应用 ［J］. 水利建设与管理，2022，42（11）：1 - 5，11.

深基坑施工安全风险分析与控制措施研究

徐曾武　付绍强　孔　灵/中国水利水电第十四工程局有限公司

【摘　要】 在现代城市建设中，越来越多的高层建筑和道路需要在复杂的城市环境中建造，这就需要对深基坑施工安全进行更加严格的控制和管理。本文结合以往工程经验，围绕复杂环境下深基坑施工安全风险分析与控制措施进行研究。

【关键词】 复杂环境　深基坑施工　安全风险　控制措施

1 引言

随着城市建设的不断推进，深基坑工程在城市建设中起着越来越重要的作用，然而复杂环境下的深基坑施工面临着诸多安全风险，如地质条件复杂多变、周边建筑物及管线变形、倾斜和沉降、围护结构失稳等。本文旨在对复杂环境下深基坑施工的安全风险进行分析，探讨相应的安全控制技术和措施，为类似工程的安全施工提供可行的方案和理论基础。

2 工程概述

2.1 工程概况

龙台山陵园下穿通道工程基坑最大挖深为16.0m，位于泵房和框架连接段。通道起点ZK14＋505～ZK14＋620段现状为山头，标高为307.2～310.5m；ZK14＋620～ZK14＋712段通道位于现状鱼塘范围；ZK14＋712～ZK14＋900段东侧靠近陵园围墙，水平距离2～5m；ZK14＋900～ZK14＋980段位于陵园正门口；ZK14＋980～ZK15＋123段现状为山头，标高为302～307m。基坑围护结构主要形式包括钻孔灌注桩＋锚索、锚喷放坡、锚喷放坡＋土钉墙。龙台山陵园下穿通道平面位置图见图1。

2.2 基坑情况

龙台山下穿通道基坑以场平标高为基坑顶高程，基坑深度2～16m，基坑总面积33982m²，其中ZK14＋505～ZK14＋620段设计结构形式为L形挡墙，ZK14＋620～ZK14＋712段、ZK14＋712～ZK14＋783段、ZK15＋123～ZK15＋242段、ZK15＋242～ZK15＋287

图1　龙台山陵园下穿通道平面位置图

段设计为U形槽，ZK14＋783～ZK15＋123段设计为框架涵，具体基坑设计情况见表1。

表1　龙台山陵园下穿通道基坑设计情况表

序号	部　位	基坑长度/m	基坑深度/m	基坑面积/m²
1	ZK14＋505～ZK14＋620段L形挡墙	115	2～4.7	5635
2	ZK14＋620～ZK14＋712段U形槽	92	4.7～7.2	4122
3	ZK14＋712～ZK14＋783段U形槽	71	7.2～9.3	3088
4	ZK14＋783～ZK15＋123段框架涵	340	9.3～16	13838
5	ZK15＋123～ZK15＋242段U形槽	119	8.9～10.1	5296
6	ZK15＋242～ZK15＋287段U形槽	45	2～4.3	2003

3 复杂环境下深基坑施工安全风险分析

3.1 风险分析

3.1.1 风险分析方法

风险分析是一种常用的风险评估方法，它将风险的可能性和影响程度分别定量化，并以矩阵的形式展现出来，以帮助决策者更好地理解和处理风险。在复杂环境下深基坑施工安全风险分析中，风险矩阵分析可以帮助确定哪些风险最为严重，从而制定相应的应对策略。

以下是风险矩阵分析的具体应用和计算过程。

（1）确定可能性（L）和影响程度（S）的等级划分。首先，需要确定可能性和影响程度的等级划分，通常采用 1～5 等级划分方式。可能性可以根据事件发生的概率或频率来划分，影响程度则可以根据事件发生后的损失严重程度来划分。

（2）制定风险矩阵。根据确定的可能性和影响程度等级划分，制定一个矩阵，将可能性和影响程度的等级组合在一起，形成不同的风险等级。通常，可能性位于矩阵的行，影响程度位于矩阵的列，交叉处即为相应的风险等级。风险矩阵见图 2。

风险等级		损失等级			
		A.灾难性的	B.非常严重的	C.严重的	D.需要考虑的	E.可忽略的
可能性等级	1：频繁的	I级	I级	I级	II级	III级
	2：可能的	I级	I级	II级	III级	III级
	3：偶尔的	I级	II级	III级	III级	IV级
	4：罕见的	II级	III级	III级	IV级	IV级
	5：不可能的	III级	III级	IV级	IV级	IV级

图 2　风险矩阵图

（3）识别和评估风险。识别出的潜在风险，将它们分别对应到风险矩阵中的相应位置，确定它们的可能性和影响程度等级。

（4）计算风险度（R）。风险度通常是可能性和影响程度的乘积，即 $R=LS$。在风险矩阵中，将每个风险的可能性和影响程度对应的等级相乘，得到风险度。

（5）制定应对策略。根据计算得到的风险优先级，确定哪些风险是最需要关注和应对的。对于高优先级的风险，需要制定相应的应对策略和措施，以降低其发生的可能性或减轻其影响程度。

3.1.2　风险分析方法运用

根据综合项目施工环境、气候条件、地质勘测报告、基坑开挖方法、基坑支护设计等识别出基坑存在的主要安全风险，这些安全风险有基坑坍塌、周边建筑物及管线变形、倾斜、沉降、围护结构失稳、高处坠落。针对识别出的风险，逐一评估该项风险可能性（L）和影响程度（S），并将之放置在预先制定的风险矩阵图内，即可得到龙台山下穿通道基坑风险等级图，如图 3 所示。

3.2　基坑坍塌

在深基坑施工中坍塌可能主要由以下因素引起：

（1）土层的稳定性不足可能是导致土方坍塌的主要

风险等级		损失等级			
		A.灾难性的	B.非常严重的	C.严重的	D.需要考虑的	E.可忽略的
可能性等级	1：频繁的			高处坠落		
	2：可能的	坍塌	倾斜、沉降	周边建筑物及管线变形		
	3：偶尔的		围护结构失稳			
	4：罕见的					
	5：不可能的					

Ⅰ级风险　　Ⅱ级风险　　Ⅲ级风险　　Ⅳ级风险

图 3　龙台山下穿通道基坑风险等级图

原因之一，土层的强度不足、含水量过高、土质松散等情况都可能导致土方坍塌。

（2）施工过程中挖掘速度过快、挖掘机械过大、挖掘角度过陡、一次性开挖过长等操作不当都可能导致土方坍塌。

（3）基坑排水不畅，基底长时间泡水，导致基底土层松软坍塌。

（4）外部因素如降雨、地震等也可能对土方稳定性造成影响，进而引发坍塌事故。

（5）基坑周围堆放荷载导致基坑坍塌。

3.3　周边建筑物及管线变形

龙台山陵园下穿通道沿线有 10kV 电力田堂线、10kV 电力田石线、$DN100$ 及 $DN200$ 自来水管线、鱼塘、正达护栏厂、宽胜科技公司、$DN108$ 燃气管线、居民区、陵园大门、风水池及导改道路等构造物，周边环境复杂。周边建筑物及管线变形风险的形成主要原因包括两方面：①基坑挖掘会改变周边土体的受力状态，可能导致周边建筑物的地基沉降，从而引起建筑物的变形；②地表变形可能会对地下管线施加变形和位移，造成管线的破坏，进而引发泄漏等问题。

3.4　倾斜、沉降

在复杂环境下进行深基坑施工，地基条件可能较差，存在如软土层、潮湿土壤、地下水位较高等多种地质问题，这些地质条件对基坑施工造成了挑战，容易导致倾斜和沉降问题。在复杂地质条件下，地基承载力若是不足以支撑基坑周围的土层和建筑物荷载，就会导致地基沉降或倾斜，特别是在软土层或高地下水位区域，地基容易发生挤压变形，使得基坑周围土体不稳定，进一步引发倾斜和沉降问题。

施工过程中的过度挖掘也是造成倾斜和沉降的重要原因，有时候为了满足基坑施工的需要，可能需要进行大规模的土方开挖，如果没有科学合理的支护措施，会导致周围土体失稳，产生沉降和倾斜现象，特别是在邻近建筑物或交通要道的情况下，过度挖掘可能会引发地面下沉，影响周边建筑物的安全性。

3.5 围护结构失稳

围护结构失稳是深基坑施工中的另一个重要安全隐患，围护结构设计不当或不符合实际施工条件可能导致围护结构在施工过程中失稳，或者支护结构本身施工质量不高或设计缺陷也可能使围护结构失稳。

3.6 高处坠落

深基坑本身的特点决定了施工人员需要在较高的高度进行作业，如围护桩钻孔、搭设支撑结构、清理土方、浇筑混凝土等。这就使得施工现场存在着较大的高处坠落风险，而导致高处坠落事件形成的原因包括：①如果施工现场缺乏必要的安全设施如护栏、安全绳索等，就容易导致作业人员从高处坠落；②作业人员在高处作业时如果没有正确使用安全设备或按规定操作，也会增加高处坠落的风险。

4 复杂环境下深基坑施工安全控制技术

4.1 地质勘察与评价

在复杂环境下的地质勘察中，需要特别关注以下几个方面：

（1）地下水位的高低、水位波动情况以及地下水对工程的潜在影响，包括地下水涌入和季节性变化等。

（2）地质断层对地下岩土稳定性的影响、可能引发的地质灾害风险、地层变化带来的土体差异性等。

（3）了解地下岩土层的力学性质，包括承载力、变形特性、抗剪强度等，评估基坑开挖和支护设计的合理性。

（4）对周边建筑物、地下管线等的位置、性质及受力情况进行评估，预判施工可能引发的影响和措施。

根据地勘资料显示，基坑范围内无泥石流、崩塌、地面塌陷等其他不良地质作用，该区域主要为人工填土、粉质黏土、块石土。地下水的富水性受地形地貌、岩性及裂隙发育程度控制，主要为大气降水及地下排水管线渗漏补给，水文地质条件较复杂。

4.2 基坑降排水

由于龙台山陵园下穿通道基坑线路长，受雨面宽；施工周期长，基坑排水不仅关系施工进度，更是基坑安全的重要保障。根据前期地勘资料显示，龙台山陵园下穿通道基坑涌水量估算值为 357m³/d，基坑静止水位为 296.65m。基坑地下水位相对关系如图 4 所示。

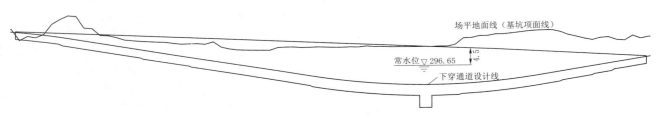

图 4　基坑地下水位相对关系图（单位：m）

为避免地表水汇集对基坑浸泡，减少对周边土体扰动，根据现场情况，采用分段开挖基坑的方式施工。在基坑成槽期间，基坑顶两侧设置、坑底两侧、两级放坡开挖平台处均设置砖砌排水沟，基坑顶、底两侧排水沟每隔 40m 设一处集水井；采用抽水泵抽水，将水位降至基底以下 0.5~1m，地下水位监测通过孔内设置水位管，采用水位计等方法进行测量。

基坑开挖尽量避免在雨季开挖，集水井抽排的水经三级沉淀池沉淀后排入附近既有水沟。施工现场做好现场防汛物资储备（柴油发电机、水泵、水管等抽排水设备）。

为保证施工安全，基坑降水考虑人工降水。水泵电机功率计算公式为

$$P = Qhg \div 3600 \div i \div \delta$$

式中：Q 为设计流量，m³/h；h 为扬程，根据基坑深度最深按 16m 计算，取 $h=16$m；g 为重力加速度，m/s²；

i 为效率，取 0.75；δ 为电机安全系数，取 1.2。

则 $P = 14.875 \times 16 \times 9.8 \div 3600 \div 0.75 \div 1.2 = 0.72$（kW）

龙台山陵园下穿通道基坑配置 4 台 2kW 水泵（扬程 20m），满足抽水需要。

4.3 基坑支护设计

地质条件不稳定的区域可能存在滑坡、地层塌陷等问题，如果没有有效的支护措施，基坑可能会发生坍塌，危及周围环境和人员安全。在设计深基坑支护方案时，需要充分考虑周围环境、地质条件、地下水位等因素，制定合理有效的支护措施。

该工程基坑围护结构主要形式包括钻孔灌注桩＋锚索、锚喷放坡、锚喷放坡＋土钉墙。

（1）钻孔灌注桩是一种常用的基坑支护结构，通过在地下逐个打孔、灌注混凝土的方式构建起整个基坑围护结构。钻孔灌注桩具有承载力大、施工灵活、适应性

强等优点。在部分土质较松散或者水土条件较差的区域，还需要设置锚索来增加整体的稳定性。锚索可以有效地抵御土体的水平位移，确保基坑围护结构的整体稳定性。

（2）锚喷放坡通过在坡面上设置锚杆，然后利用喷射混凝土或者快干混凝土等材料，形成一个稳定的坡面。

（3）锚喷放坡＋土钉墙适用于比较复杂的地质环境或者需要更强围护能力的情况下，锚喷放坡用于固定坡面，在此基础上再设置土钉墙，通过土钉墙的张力抵御土体的滑动和位移，进一步增强整体的抗滑稳定能力。

4.4 分层土方开挖

分层土方开挖是一种有效地控制深基坑安全风险的手段，通过合理规划和实施分层开挖方案，可以降低基坑开挖过程中的土体变形、位移、地质灾害等安全风险。

4.4.1 土石方开挖原则

该工程基坑开挖过程中遵循"分段、分层、对称、平衡、限时"的原则，基坑开挖深度较大，会引起土体过大变形，动力作用下土体强度极易降低，因此在开挖过程中尽量减少对土体的扰动，尽可能减少基坑开挖面上围护结构的无防护暴露时间及变形，基坑开挖严格按照规范执行，遵循"先围护后挖、分段分层、严禁超挖"的原则，保证施工安全，基坑坑顶2m范围内严禁堆载及行车，2m外考虑施工荷载20kPa，施工过程中

基坑周边施工材料设备或者车辆荷载严禁超过设计要求的地面限制。

4.4.2 土石方开挖流程

基坑放坡开挖支护工艺流程如图5所示。

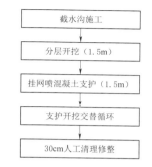

截水沟施工

↓

分层开挖（1.5m）

↓

挂网喷混凝土支护（1.5m）

↓

支护开挖交替循环

↓

30cm人工清理修整

图5 基坑放坡开挖支护工艺流程图

4.4.3 土石方开挖方法

（1）纵向段开挖。纵向基坑以 ZK14＋980 为起点，分别向两端同步进行 ZK14＋980～ZK15＋100、ZK14＋980～ZK14＋860 段框架涵基坑开挖支护。

（2）竖向开挖。基坑竖向分层开挖，第1层开挖至冠梁底部；第2层开挖至第一道锚索底部50cm，吊车配合人工安装锚索，依次向下开挖支护，开挖至距离基坑底部30cm处，人工配合清底。开挖过程中根据地质情况及投入机械情况等，再分小块厚度开挖。竖向逐层开挖（分层厚度不超过1.5m），逐层支护，严禁超挖，如图6所示。

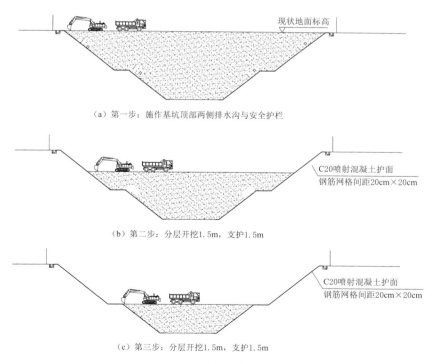

（a）第一步：施作基坑顶部两侧排水沟与安全护栏

（b）第二步：分层开挖1.5m，支护1.5m

（c）第三步：分层开挖1.5m，支护1.5m

图6（一） 放坡开挖段分层开挖示意图

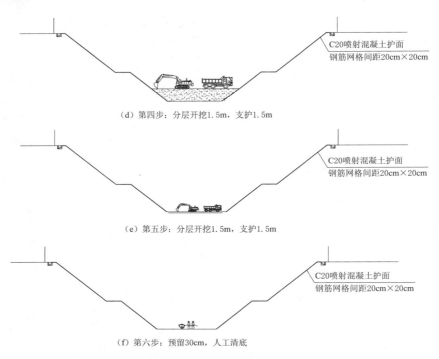

（d）第四步：分层开挖1.5m，支护1.5m

（e）第五步：分层开挖1.5m，支护1.5m

（f）第六步：预留30cm，人工清底

图6（二）　放坡开挖段分层开挖示意图

（3）土石方开挖。土方开挖第一阶段采用"基坑中部两侧拉槽1.5m深、6m宽基坑支护通道，预留核心土逐层开挖"的方式进行，从上至下的分层开挖过程中逐渐在基坑内形成不大于12%的纵坡，渣土车进入基坑，挖掘机挖装，渣土车直接装土外运。基坑开挖出渣见图7、图8。

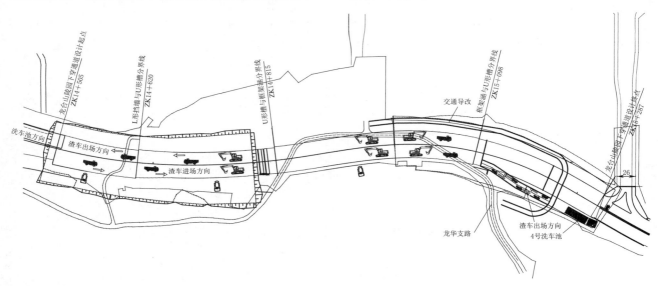

图7　基坑开挖出渣平面示意图

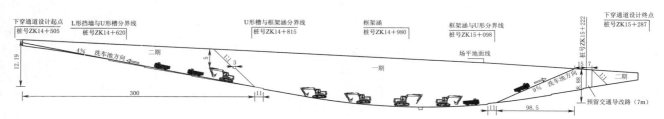

图8　基坑开挖出渣纵断面示意图（单位：m）

当土方开挖至基坑内纵向坡度大于12%，不能满足渣土车直接从基坑外运条件时，采用台阶法接力开挖。最底下一台阶反铲挖掘机置于基坑底开挖面上一定高度台阶，挖掘该台阶以下土体，挖土甩放在该层台阶后部，由上一层台阶反铲挖掘机接力，每层台阶的挖掘机负责该台阶面到下一台阶面的土方，地面上的挖掘机负责装车。

石方开挖采用"水磨钻机＋液压破碎锤"开挖，挖掘机装料。

基坑底部开挖遇到坚硬岩石时，周边先采用水磨钻机咬合开挖，使岩体与基坑周边分离，减小开挖扰动对基坑稳定的影响，然后采用液压破碎锤开挖，挖机配合自卸车装运至指定渣场。

4.5 周边环境保护措施

该工程周围涉及陵园、居民区、工厂、交通道路、燃气管道、高压线等，环境复杂，基坑工程实施前对施工影响范围内构筑物、设施进行迁改或拆除。同时，为尽量减少施工对陵园造成的影响，局部施工段采取围护桩加长2m，取消放坡开挖方式对陵园既有构筑物采取支护措施进行保护施工。

基坑周围设置连续施工围挡，即施工作业控制区周围除留有必要的施工人员、施工车辆进出口通道外，设置连续封闭的围板、路栏或锥形交通路标等设施，行人通行区域设置通透型围挡。

在施工前进行详细的安全技术交底，使现场管理人员、作业人员熟悉周围构筑物、地线管线、管网分布，基坑开挖过程安排专人监护，同步做好施工安全监测，若遇紧急情况，及时联系相关单位处理，防止事态扩大。

4.6 高处坠落预防措施

本基坑施工过程中，主要从以下四方面做好高处坠落风险防控。

(1) 围护桩成孔后孔口使用钢筋网片遮盖，孔口四周设置防护栏杆，挂设安全警示标牌、反光条，防止人员掉入桩孔内。

(2) 通过竖向逐层开挖（分层厚度不超过1.5m），逐层支护，严禁超挖。合理控制分层厚度，减少高处作业。

(3) 基坑顶部搭设一圈标准防护栏杆进行防护，防护栏杆高度不低于1.2m，立杆间距不大于2m，踢脚板高度不低于180mm，设置斜杆进行支撑，栏杆刷黄黑相间油漆，挂设安全警示标牌，安全防护栏杆搭设稳固，防护栏杆任何部位应能承受1kN的外力，并且不会变形或断裂。安全防护设施每日检查、维护，不得随意拆除。

(4) 凡在距坠落高度基准面2m及其以上作业时，结合现场实际采取设置作业平台、设置生命线＋全身式安全带配套使用等形式进行安全防护。

5 基坑施工安全风险控制措施实施效果

5.1 施工工期及施工效率

(1) 龙台山下穿通道基坑施工工期：2022年12月28日至2024年2月20日。

(2) 施工中主要投入2台旋挖钻机、2台25t汽吊车、1台钩机、2台反铲。基坑围护桩共484根（每根平均17m），2台旋挖钻机每台班约3.5根，完成旋挖成孔需要70d。土石方挖方约33万m³，平均开挖强度2台挖机每月5万m³（考虑渣土外运、雨天影响及外部环境影响），完成土方开挖需要198d，施工投入能满足现场施工进度。

5.2 基坑稳定性监测

该基坑施工过程中共布设37个监测点，监测频率按照1次/1d执行。设计累计变化控制值为30mm，变化速率控制值为3mm/d。其中水平累计变化值最大的点为ZQSLT-02号点，累计变化值为18.29mm，变化速率为1.90mm/d，见表2。竖向累计变化值最大的点为ZQCLT-17号点，累计变化值为20.3mm，变化速率为1.30mm/d，见表3。施工过程中，所有监测点累计变化值、变化速率均在控制范围内，基坑稳定。

表2 龙台山陵园下穿通道基坑水平位移监测表

| 测点点号 | 初始坐标/m | | 本次坐标/m | | 水平累计值/mm | 变化速率/(mm/d) | 控制值 | | 预警等级 |
	X坐标	Y坐标	X坐标	Y坐标			累计值/mm	速率/(mm/d)	
ZQSLT-02	64941.3787	46221.1714	64941.3681	46221.1565	18.29	1.90	±30	3	正常

注 表中位移值"＋""－"只代表方向。

表3 龙台山陵园下穿通道基坑竖向位移监测表

| 测点点号 | 初始高程/m | 本次高程/m | 累计变化值/mm | 变化速率/(mm/d) | 控制值 | | 预警等级 |
					累计值/mm	速率/(mm/d)	
ZQCLT-17	301.9395	301.9192	－20.3	1.30	±30	3	正常

注 表中位移值"＋"表示上抬，"－"表示下沉。

5.3 安全成效

通过分析龙台山下穿通道基坑存在的施工安全风险并从基坑支护设计、土石方开挖、周边环境保护、高处坠落预防等方面制定风险管控措施,有效地控制了施工过程中存在的安全风险。基坑监测稳定,施工过程中未发生生产安全事故,达到了既定的安全目标。

6 结语

深基坑安全事故发生会导致工期延误、工程停工等问题,影响工程进度和造成额外的投入,增加建设成本。本文以复杂环境下深基坑施工为背景,对复杂环境下深基坑施工安全风险、控制措施进行了阐述,通过从地质勘探、基坑降排水、基坑支护设计、分层土方开挖等多个环节制定风险防控措施,有效控制了周边复杂环境及施工产生的安全风险,施工安全得到保障。

参考文献

[1] 苏交科集团股份有限公司. 沿山货运通道(新图大道)核心区一期工程第Ⅲ标段施工图设计. 第8册[R]. 南京:苏交科集团股份有限公司,2021.
[2] 张宁. 建筑深基坑工程施工技术及安全风险控制分析[J]. 安装,2022(11):86-88.
[3] 莫乃学,哈吉章,陈世胜,等. 基于蛛网模型的膨胀土地区深基坑施工安全风险分析[J]. 工程与建设,2023,37(4):1262-1266.
[4] 重庆市勘测院. 高新区沿山货运通道(新图大道)核心区一期工程地质勘察报告(详细勘察)[R]. 重庆:重庆市勘测院,2021.
[5] 王吉超,刘成龙. 建筑深基坑工程施工技术及安全风险控制分析[J]. 中文科技期刊数据库(全文版)工程技术,2022(12):4.
[6] 刘秀蕾. 分析公路桥梁深基坑施工安全风险管理及应对措施[J]. 中文科技期刊数据库(全文版)工程技术,2022(6):4.

审稿人：陈建苏

水利水电工程建设中社会影响评估与管理

李　焯　张强强　徐　峰/中国水利水电第十四工程局有限公司

【摘　要】　本文研究了水利水电工程对社会的影响，探讨了有效的社会影响评估与管理方法。通过评估方法论述和案例分析，揭示了工程在环境、经济和社会公平方面的影响，提出了合理的社会责任政策、沟通和负面影响缓解措施，以促进可持续发展。通过案例研究，为未来水利水电工程的社会影响管理提供了有益的经验和启示。

【关键词】　水利水电工程　社会影响评估　环境影响　社会责任政策

1　引言

水利水电工程作为基础设施建设的重要组成部分，在推动社会经济发展的同时，也不可避免地对周边社会产生广泛的影响。随着全社会对可持续发展和环境保护的日益增强，对水利水电工程社会影响的评估和管理变得尤为重要。本文旨在深入探讨水利水电工程建设中的社会影响，并通过系统的研究，揭示其在环境、经济和社会公平等方面的潜在影响因素。通过此研究，为制定有效的社会影响管理策略提供理论支持，促进水利水电工程的可持续发展。

2　概述

2.1　水利水电工程的定义与分类

水利水电工程是指利用水资源进行能源开发与利用的工程。这类工程包括但不限于水电站、水库、引水渠道、灌溉系统等。水利水电工程在社会经济发展中发挥着重要作用，为能源供应、农业灌溉、防洪减灾等提供支持。

在水利水电工程的分类中，主要可以分为小型、中型、大型及灌溉工程等。每类工程都涉及不同的社会影响，因此需要有针对性的社会影响评估与管理。

2.2　全球水利水电工程发展概况

全球范围内，水利水电工程的建设呈现多样化的发展模式。一些国家在水电能源方面投入较大，建设了一系列大型水电站以满足日益增长的能源需求。同时，一些地区的灌溉工程也在提高农业产量和改善水资源利用方面发挥着关键作用。

然而，全球水利水电工程的发展也伴随着一系列社会问题，包括土地占用、生态环境破坏、社区迁移等。这些问题使得社会影响评估成为水利水电工程不可或缺的一部分。

2.3　社会影响评估在水利水电工程中的作用

社会影响评估是一种系统性的方法，用于识别、评估和管理工程项目对社会的影响。在水利水电工程中，社会影响评估有助于预测和理解具体工程项目可能引发的社会变化，从而制定合适的管理策略。

3　社会影响评估方法

3.1　定量评估方法

3.1.1　统计数据分析

定量评估的一种重要方法是通过统计数据分析来量

化水利水电工程对社会的影响。这包括对就业、收入、人口迁移等方面的数据进行详尽的统计分析。通过比较工程前后的数据，可以客观评估工程对社会经济结构的影响，并为后续管理提供数据支持。

3.1.2 社会经济影响评估工具

社会经济影响评估工具包括经济效益分析和社会成本分析等，引入评估工具有助于综合考量水利水电工程的经济效益和社会成本。这些评估能够衡量不同社会影响因素的货币价值，为决策者提供全面的信息，帮助其做出可持续发展的决策。

3.2 定性评估方法

3.2.1 参与式观察和访谈

定性评估方法通过参与式观察和访谈，获取利益相关者的直接反馈和体验。这有助于深入了解社区居民、环保组织和其他利益相关者对水利水电工程的感受和期望。通过收集社会参与者的意见，可以更全面地评估工程对社会的潜在影响。

3.2.2 利益相关者分析

利益相关者分析旨在识别并理解所有可能受到水利水电工程影响的利益相关者。通过分析不同利益相关者的期望、关切和权益，可以制定更有针对性的社会影响管理策略。这种定性方法有助于建立更加包容和可持续的社会影响管理框架。

通过综合运用定量和定性评估方法，可以更全面、多维度地评估水利水电工程的社会影响，为有效的社会影响管理提供深入的理论支持。

4 水利水电工程的社会影响

4.1 环境影响

生态系统破坏：水利水电工程可能导致周边生态系统的破坏，包括湿地消失、水生物栖息地变化等，对生态平衡造成潜在的影响。

水质变化：工程建设和运行过程中，水体受到污染的风险增加，可能对饮用水和农业用水产生负面影响。

4.2 经济影响

就业机会：水利水电工程的建设阶段通常能提供大量的就业机会，但这些就业机会可能随着工程完工而减少。

收入增长：工程建设带动了当地经济的发展，但也可能导致贫富差距扩大，需谨慎评估和管理经济影响。

4.3 社会公平和公正性

水资源分配：工程对水资源的利用可能引发社区内外的水资源分配争议，需要公正的资源管理机制。

基础设施不平等：有可能导致基础设施不平等问题，即一些社区享有更多的便利，而其他社区可能感受到资源不足。

通过深入研究水利水电工程的社会影响，能更好地理解其潜在问题，为后续的社会影响管理提供依据。在管理中需平衡各方利益，确保工程对社会产生积极、可持续的影响。

5 社会影响管理策略

5.1 制定合理的社会责任政策

制定社会责任准则：明确水利水电工程的社会责任准则，包括对环境、社区和利益相关者的关注和承诺。

立即响应社会问题：建立迅速响应社会问题的机制，确保在问题出现时及时采取纠正和改进措施。

5.2 加强与利益相关者的沟通

透明沟通：与当地社区、政府、环保组织等利益相关者进行透明、及时的沟通，共享信息、解释工程影响，提高社会参与度。

制订沟通计划：在工程前期制订详细的沟通计划，明确沟通方式、频率和内容，确保信息的准确传递和理解。

5.3 制定应对负面影响的措施

生态修复计划：建立并实施生态修复计划，将对生态系统的负面影响减至最小，包括植被恢复、水质改善等。

社会福利项目：通过投资社区福利项目，如教育、医疗、基础设施建设等，回馈社区，确保社会资源的公平分配。

创造就业机会：制订计划确保在工程周期内，提供可持续的就业机会，以缓解可能出现的就业不稳定问题。

通过综合采取上述管理策略，可以有效应对水利水电工程可能带来的不利社会影响，促使工程的可持续发展，达到经济、社会和环境的平衡。

6 案例分析——三峡工程

在水利水电工程建设中，社会影响评估与管理是一项至关重要的任务。以三峡工程为例，这一大型水利水电工程的建设不仅在经济上产生了巨大的效益，同时也对社会、生态和文化等方面产生了深远的影响。

从社会影响的角度来看，三峡工程的建设涉及大量的土地征用和人口迁移。据统计，三峡工程库区的淹没影响涉及湖北省和重庆市的多个县市，受影响的人口数量庞大。为了妥善安置这些受影响的居民，政府投入了大量的资金和人力，进行了广泛的搬迁安置工作。此外，三峡工程的建设也对当地居民的就业和生活方式产生了影响，需要政府和社会各界共同努力来应对。

在生态影响方面，三峡工程的建设对长江的生态环境产生了显著的影响。一方面，三峡水库的形成改变了长江的水流速度和水质，对水生生物的生长和繁殖产生了影响；另一方面，三峡工程的建设也对长江两岸的植被和土壤产生了影响，需要采取有效的生态保护和修复措施来减少负面影响。

在文化影响方面，三峡工程的建设涉及许多历史文化遗产的保护问题。库区内有大量的文物古迹和历史建筑，需要在工程建设过程中进行妥善保护。同时，三峡工程的建设也促进了当地的文化交流和传播，为当地的文化发展带来了新的机遇。

在管理方面，三峡工程的建设过程中实行了严格的社会影响评估和管理制度。在工程建设前，进行了全面的社会影响评估，预测了可能产生的社会影响并制定了相应的应对措施。在工程建设过程中，加强了对社会影响的监测和评估，及时发现并解决了可能出现的问题。同时，政府也加强了对三峡工程的监管和管理，确保工程建设符合法律法规和社会利益。

以下数据可更具体地展示三峡工程的社会影响评估与管理情况。

（1）根据相关统计，三峡工程库区受淹没影响的人口共计 84.62 万人，搬迁安置的人口达到 113 万人。政府投入大量资金用于搬迁安置工作，确保了受影响居民的基本生活需求。

（2）在生态保护方面，三峡工程实施了一系列生态保护和修复措施。例如，通过建设生态屏障和植被恢复工程，减少了水土流失和生态破坏。此外，三峡水库还实施了定期的水质监测和治理措施，确保水质符合相关标准。

（3）在文化保护方面，三峡工程在建设和运行过程中注重对历史文化遗产的保护。通过考古发掘和文物保护工作，许多珍贵的文物得以保存和展示。同时，三峡工程也促进了当地的文化交流和旅游发展，为当地文化产业的繁荣奠定了基础。

这些实际数据展示了三峡工程在社会影响评估与管理方面的具体实践和成效。然而，人们也应该认识到社会影响评估与管理是一个持续的过程，需要不断总结经验教训并加以改进。未来，在水利水电工程建设中应更加注重社会影响评估与管理工作的科学性和有效性，以实现经济、社会和生态的可持续发展。

7 结语

在水利水电工程建设中，社会影响管理至关重要。本文通过深入案例分析和理论研究，提出了制定社会责任政策、强化沟通与参与、应对负面影响等综合有效的管理策略。以三峡工程等实例揭示大型水利水电工程可能引发的生态破坏和社会不公问题。未来需关注全球化和气候变化对工程的影响，促进国际合作与经验分享。社会影响管理不仅是技术挑战，更是可持续发展的承诺，共同努力实现水利水电工程的平衡和谐可持续发展。

参考文献

[1] 刘洋，王晓燕．基于生态服务价值评估的水利水电工程社会影响研究［J］．自然资源学报，2023（2）：233-240．

[2] 李婷婷，陈晓红．水利水电工程社会影响评估指标体系构建研究［J］．社会科学研究，2023（1）：88-94．

[3] 张瑞敏，李建国．水利水电工程社会影响管理策略研究［J］．中国水利，2023（4）：56-62．

[4] 高翔，王丽娟．基于利益相关者理论的水利水电工程社会影响评估研究［J］．中国土地科学，2023（3）：74-80．

[5] 陈明，李华．水利水电工程建设中的社会影响评估方法研究［J］．水利科技与经济，2022（1）：56-60．

[6] 张伟，王艳．水利水电工程建设社会影响管理实践与启示［J］．水利建设与管理，2022（2）：78-82．

[7] 刘强，杨明．水利水电工程建设中的社会影响评价标准体系研究［J］．水利工程科学，2022（3）：45-49．

[8] 李军，王强．水利水电工程建设中社会影响评估与管理的关键技术研究［J］．水利建设与管理，2022（5）：36-40．

浅析 TBM 工程施工设备物资管理

李露江　秦元斌　何大福／中国水利水电第十四工程局有限公司

【摘　要】　本文以滇中引水工程大理Ⅰ段施工2标香炉山隧洞TBMa-1段工程施工设备物资管理为例，阐释了TBM施工中设备物资管理的重要性，分析了TBM工程施工设备物资管理存在的主要问题，并提出了优化措施，为不断提高TBM工程施工中的设备物资管理水平积累了经验。

【关键词】　TBM　施工　设备物资管理

1　工程概况

滇中引水工程大理Ⅰ段施工2标位于大理Ⅰ段首部的香炉山隧洞中部，长约22.9km，包括8.2km钻爆段和14.7km采用全断面岩石隧道掘进机（简称TBM）的TBM施工段。TBM段包括TBMa-1段和TBMa-2段，其中TBMa-1段6675m。TBMa-1段施工中所用TBM是中铁装备生产的直径9.84m、长245m的最大的敞开式TBM。TBM从长1432m、坡度14.3°的3-1号支洞运至首次组装洞内组装，从2022年7月5日进场组装至2022年9月20日历时46d完成组装始发，截至2024年3月11日该TBM掘进进尺2031m。

2　设备物资管理情况

该项目为TBM施工项目，设备物资管理工作以TBM为中心，根据各个施工工序配备所需设备，配合TBM掘进施工，并根据TBM施工需要采购相应物资。工作内容主要分为设备管理和物资管理两部分。

2.1　设备管理情况

TBM施工项目是以TBM为施工主体设备，皮带机、内燃机车编组、混凝土罐车、风机、变压器、门式起重机、桥式起重机、拌和楼等为TBM施工后配套设备，发电机、提升机、水泵等为TBM施工辅助设备。设备管理是包含计划、采购、进场、验收、领用、运行、维护、保养、检查、退场等在内的全流程设备管理。设备的进场确定了TBM施工的开工时间；设备的性能决定着TBM施工的效率；设备的调度影响着TBM施工日常进度。

2.2　物资管理情况

该项目物资包含砂石料、水泥、减水剂、钢材、粉煤灰等TBM施工所需主要材料，以及风水管线、电器配件、设备配件等TBM施工所需辅助材料。物资管理是包含计划、采购、验收、入库、出库、现场储存、消耗、退库、废旧物资处置到核销等在内的全流程物资管理。物资的及时供应制约着TBM施工进度质量；物资的质量限制着TBM的施工质量以及安全；物资的合理调配、综合利用影响着TBM施工成本。

3　存在主要问题

TBM施工一般用于引水工程，施工地点位于山川之下，普遍存在施工位置偏僻、交通不方便等不利因素。相较于常规施工工程，TBM施工过程中设备物资管理出现问题对工程施工影响更大。

3.1　采购计划

采购计划分为周期性采购和临时采购。其中，周期性采购计划包括项目施工整体计划、年度计划、月度计划、主材采购计划等；临时采购计划包括零星采购计划、紧急采购计划等。计划报送过程中出现的常规问题有：①周期性采购计划与TBM实际施工匹配度存在偏差，前瞻性不足，可参考性差，导致采购设备物资过多或不足，设备物资采购过多增加工程施工成本，设备物资采购不足影响工程施工进度及工程质量。②临时采购计划报送频繁，导致同种物资小批量多频次采购，增加审计风险与采购成本。③设备配件采购计划填报时缺少主要指标、参数，以至于采购时缺少关键指标及参数，采购物资与需求物资不匹配，需重新采购，增加采购周

3.2 采购方式

采购方式包括线上采购和线下采购。线上采购有招标、竞标、竞争性谈判、邀请招标、单一来源、公开询比价等方式；线下采购有单一来源、询比价等方式。存在的问题有：①TBM 施工所需物资与常规施工所需设备物资不同，因 TBM 设备庞大，性能参数复杂，配件繁多，部分配件至今未能完成国产化，采购周期长。②采购人员对 TBM 性能参数掌握不到位，导致采购 TBM 配件滞后或有偏差。③对所需设备物资的采购选用"谁价格低，谁供应"的规则，导致采购的设备物资性能不满足需求，质量参差不齐，加大了设备物资进场验收工作难度与工作量。

3.3 物资存储

物资存储有室内存储和室外存储两种形式。室内存储主要存放在项目部和协作单位仓库，室外存储主要是仓库旁露天、施工现场露天等部位。存在的问题有：①由于 TBM 施工地点特殊，导致场地短缺，仓库不足。②室内存储存在摆放混乱、标识不清等现象，造成材料出库时不能及时准确地找出需要物资，且增加月度盘点的工作难度。③室外存储无上盖及下垫的情况时有发生，由于室外储存物资多数为钢材加工件，不进行上盖及下垫防护，导致钢材锈蚀报废，增加了工程施工的成本。

3.4 材料核销

材料核销的目的是及时、系统、准确地反映工程施工物资材料的供应和消耗状况，控制施工成本。材料核销过程中存在的主要问题有：①出库方式错误，物资出库有领用以及调拨出库两种形式，应该调拨出库的物资成为领用出库，以至于原本应该由协作单位承担的物资成本，实际由项目部承担，增加了项目部的物资成本。②出库物资未标明施工部位、使用桩号，出库物资数量大于 TBM 施工所需数量时，由于物资出库时未标注清晰使用部位、使用桩号，导致核销过程中增加超耗物资核实工作量，核销困难。

3.5 设备维保

项目部设备的运行、维护、保养工作遵循"谁领用谁使用、谁使用谁负责"的原则。由于多数设备的使用运行单位为协作单位，但设备提供单位为项目部，部分责任心不强或能力不足的单位对项目部提供的设备存在暴力操作、维护不用心、不遵循使用手册按时保养等现象，导致设备性能下滑、机况时好时坏，影响 TBM 施工进度。

4 优化措施

针对 TBM 施工过程中设备物资管理存在的问题，根据 TBMa-1 段施工过程中的具体情况，并结合过往设备物资管理的工作实践以及总结的经验，提出以下针对性的优化措施，以改进后续 TBM 施工中的设备物资管理工作，提高设备物资管理水平。

4.1 采购计划

采购计划报送过程中出现的问题，主要原因为计划报送人员经验不够，对项目施工进度掌握不足，对设备物资性能参数了解不够清晰。优化措施：①以项目部为整体，加大 TBM 施工相关技术培训的力度，同时增加邀请设备物资供应厂家技术人员培训相关专业知识的频次，缩短前期经验积累的周期。②增加采购计划审核人员，实施逐级审核，以部门厂队负责人、分管领导、技术负责人、项目负责人等为审核人员逐级审核，为计划报送人员托底，增加报送计划与实际施工的匹配度、可靠性与计划质量。实例：某计划填报申请过程中，采购计划申请人填报工 25A 工字钢数量为 60t，部门厂队负责人审批通过后提交至分管领导，该分管领导发现工字钢计划数量不满足施工现场使用需求，该分管领导与技术负责人协商后把计划数量更改至 200t，以保障施工现场使用需求。

4.2 采购

针对采购过程中出现的问题，优化措施有：①之前 TBM 采购时供应单位提供的随机资料有产品说明书、操作说明书、电器原理图、元器件使用说明书等，未提供 TBM 设备设施整机零部件的细部图纸。后续 TBM 采购时，应要求供应单位提供 TBM 设备设施整机的细部图纸，根据细部图纸对施工影响大、周期长的配件进行提前储备，减少采购周期长对 TBM 施工的影响。②TBM 组装时长是以月为单位的，组装过程中要求设备物资管理人员全程参与，以熟悉 TBM 设备设施性能参数，提升对设备的了解掌握程度，装机期间项目部牵头，由 TBM 供应厂家技术人员进行设备设施电气部分、液压部分、机械部分以及设备设施性能参数的指导培训。③建立供应商考核制度。根据项目相关规定和物资使用标准建立供应商考察制度，定期对项目部供应商进行实况考察，形成考察报告，将符合要求的供应商纳入合格供应商名录，不符合要求的供应商列入黑名单。有制度和考核，才能使采购业务高效流转和运作，并以此来保障供应商所供应设备物资的性能与质量。实例：滇中引水工程大理Ⅰ段施工 2 标在 TBM 设备进场后，要求 TBM 设备供应单位提供 TBM 设备设施整机零部件的细部图纸，根据其中锚杆钻的图纸对其易损配件水封、O 型圈等进行提前采购，保证设备配件损坏时及时修复，保障 TBM 施工进度。

4.3 物资存储

在该项目《物资管理办法》中对室内、室外物资存储的方法、要求以及标准都有明确规定。例如室内储存的要求：在物资保管期内须做到把供货方提供的质量保证文件资料随同对应的物资一同保管，按物资种类分类存放，并作出明显标识，做到库、区、架、层"四号定位"，使物资存放井然有序（标识牌内容为产品品种、规格、等级、来源、到货时期、生产日期、批号等）。在有明确要求的情况下仍然出现存储不当的相关问题，优化措施有：①增加过程监管力度，项目部在进行日常、月度、专项设备物资检查时加强对物资仓储的检查频次，发现问题立即限期整改。②在《物资管理办法》中增加因物资存储不当造成损失的相关惩罚措施。实例：2023 年雨季物资部日常巡查时发现，一现场工作面储存的钢筋加工件未进行上盖下垫。由于雨季时钢材露天储存不进行上盖下垫极易锈蚀影响施工质量，设备物资部要求负责厂队当天完成钢筋加工件上盖下垫储存整改，并对整改完成情况进行验证，避免因钢材锈蚀影响施工质量。

4.4 材料核销

针对材料核销过程中出现的问题，优化措施有：①物资出库方式错误，是由于出库人员对项目部与协作单位签订合同条款中物资领用与调拨出库的界定条款认知不清导致的，所以在项目部与协作单位签订合同后，对出库人员进行合同条款的交底、培训，解决出库方式错误的问题。②在物资材料领用/调拨单上增加施工部位、使用桩号栏，以此为材料核销提供真实、准确的信息。③协作单位根据施工现场的使用需求填写材料领用单，需经过工程管理部审批数量后到仓管部办理出库流程，采取限额领料的方式从源头上杜绝材料超耗的发生。

4.5 设备维保

因为 TBM 设备庞大，附带设备设施种类繁多，完成整个 TBM 施工设备的运行、维护、保养工作对一个班组来说要求极高，很难完成满足 TBM 整体施工的运行、维护、保养需求的全部工作。为满足 TBM 施工设备运行、维护、保养需求，项目部根据 TBM 设备的各个功能，成立独立针对各个 TBM 施工板块设备设施的

运行班组，如掘进班、皮带班、运输班等，强化独立班组的针对性、功能性，解决了一个班组难以完成的困境。如今独立班组正以其针对性强、效率高的特点服务于整个 TBM 施工的各个环节中，保障着 TBM 设备的平稳顺利运行。实例：TBM 为洞内施工，为减少上班通勤时间对 TBM 施工的影响，TBM 施工设置有 3 个掘进班，以两班倒的运作模式保障 TBM 掘进施工不间断地进行；为保障 TBM 正常出渣，设有 5 个皮带班（洞外 2 个，洞内 3 个）保障 TBM 皮带运输系统正常运行，配合 TBM 掘进施工。

针对责任心不强的设备运行队伍，项目部向其发放设备运行、维护、保养记录手册。设备运行、维护、保养记录手册要求填写使用单位、使用时间、工作内容、设备运行参数、运行时间等设备运行情况，并附有根据设备使用手册编制的设备维护、保养要求。要求设备运行队伍根据设备运行、维护、保养记录的填写要求据实填写设备的运行情况，并根据维护、保养要求对设备进行维护、保养并记录在册。工程管理部根据 TBM 日常施工情况配合管理，保证设备运行队伍记录填写的真实性，设备物资部根据设备运行、维护、保养记录中发现的问题，对设备运行单位提出整改要求并监督整改完成，保障 TBM 日常施工的正常开展。

5 结语

设备物资管理的本质就是过程管理，在 TBM 工程项目施工过程中，设备物资管理工作必须持续跟进，不断提升，设备物资管理人员要及时总结相关经验，以便不断优化后续工作，从而保障设备物资管理对 TBM 工程施工进度、成本、质量、安全的正向影响。

参考文献

[1] 苏刚. 工程项目物资管理存在的问题与对策分析 [J]. 企业改革与管理，2018 (1)：12 - 13.

[2] 刘宇翔. 现代施工企业物资设备管理问题探究 [J]. 中国新技术新产品，2016 (23)：129.

[3] 杨颖. 谈施工企业物资设备的集中采购管理 [J]. 交通企业管理，2022，37 (1)：79 - 81.

[4] 于良. 浅谈电力物资的保管与验收 [J]. 科技信息，2012 (30)：467 - 468.

[5] 冯晓博. 敞开式 TBM 施工材料核销控制与管理 [J]. 云南水力发电，2016，32 (1)：107 - 109.

强化项目交底工作，提升施工管理绩效

侯世磊/中国水利水电第十四工程局有限公司

【摘　要】 交底，是指在某一项工作开始前，由主管负责人向参与人员进行的技术性交待，包括合同、技术管理层面交底，也包括安全、质量、环保等风险控制交底。本文结合项目交底的现状，探讨交底的本质和内容，明确交底的目的是使所有参与人员对所要进行的工作从合同履约、工作特点、技术质量要求、风险控制及应急管理等方面要求有较详细的了解，以利于科学地组织施工、规避风险，保障履约和提高施工管理绩效。

【关键词】 合同交底　技术交底　专项交底　现状和对策

1 引言

目前，因人员年轻化、工作经验不足等因素，在施工项目合同交底工作中或多或少存在合同类交底照念合同文本，不总结说明要点、应对方法和责任义务等重要管理内容；技术类交底措施或方案、"三级交底"记录内容相同或空洞，没有管控重点；交底对象的需求不明确，交底形式化，应付了事，形成交底工作对项目管理实际意义不大，重视程度不够。交底的本质和作用实际是指在某一项工作（多指合同、技术、管理活动）开始前，由策划或是主管人员向参与的全体人员，采用分级或分专业等组织进行的全方位交底，满足项目施工管理和作业活动按策划要求开展，实现项目合同履约最终目标。

针对目前对交底工作认识不足的问题，本文从招投标至项目管理过程中的交底工作全面探讨交底工作的本质和内容，增强有需求的同事了解交底工作。项目交底主要有合同、技术和专项交底。合同交底工作包括了从招标文件、编标和投标文件评审交底，项目中标合同交底、过程中与供货商和协作队伍签订合同后进行的合同交底，同时在招标文件、投标文件和项目中标合同交底还包括技术、商务内容的交底。技术交底主要针对项目履约中接受设计意图交底，施工组织设计和内部编制技术方案/措施时组织的"三级技术"交底。专项交底主要有风险识别和控制/措施交底、各类管理文件制定后的交底、"五新技术"应用前的交底、应急管理的交底等，侧重点不同，交底的内容不同。

2 交底工作的本质和内容

2.1 交底的本质

（1）开展交底工作是帮助某一事件的管理和作业人员了解、理解合同以及产品实现的需要。合同是正确履行责任义务、保护自身合法利益的依据。合同交底是让全体参与人员通过交底，明确、熟悉合同意图、合同关系、合同基本内容、业务工作的合同约定和要求等内容，对合同条款有一个统一的理解和认识，以避免不了解或对合同理解不一致带来工作上的失误。同时，充分了解合同履行中经营、技术等方面的重点、难点、特点，有针对性地制定应对措施管理，有利于合同风险的事前控制。

（2）开展交底工作是规范事件的管理和作业人员工作的需要，让全体参与人员充分了解、理解采用的技术、管理手段的需要。交底是规范各项工程活动，提醒全体成员注意执行各项工程活动的依据和法律后果，以使在工程实施中进行有效的控制和处理，是合同履约的基本内容之一，也是规范项目工作所必需的。

（3）开展交底工作有利于事件的管理和作业人员及时发现问题，事前预防、消除风险、事后检查总结或完善。交底就是主要负责人员向项目某一事件的管理和作业人员，分层级介绍合同履约意图、各类合同的关系、产品实现控制的基本内容、各类业务工作的约定和要求等内容。它包括风险分析、法规义务、合同内容、控制对象提出问题、再分析、再交底的过程等。

（4）开展交底工作有利于提高施工的管理和作业人员履约管理意识，使管理和作业的程序、制度及保障体系落到实处。具体工作包括建立项目管理体系，实施施工组织的技术策划方案或措施，建立管理程序、工作程序（制度）等内容，其中比较重要的是施工组织策划，管理程序、工作程序的建立，诸如文件和记录管理、过程跟踪和监控检查管理、考核和评价管理、变更和索赔管理、争议处理等，其执行过程是一个随着实施情况变化的动态管理过程，也是施工管理和作业人员有序参与实施的过程。

2.2 交底分类和合同交底的要点

2.2.1 交底分类

交底工作一般分三类。从项目实施来说，有合同类交底，包括招投标文件评审交底、中标合同交底，分包采购合同交底；技术交底，包括设计图纸交底、施工设计交底、施工方案"三级交底"；专项交底，包括安全、质量、环保风险控制交底，"五新技术"应用交底，各类规章制度实施交底。

2.2.2 合同交底的要点

（1）招标文件评审讨论交底是明确本单位的优势和劣势，有否实力履约，通过交底讨论方式商定，确定或报批是否承建此项工程或参与投标，主要是上级主管部门或事项经办人员汇报招标文件的条件，也称招标文件评审，相关部门及相关人员参与，主要以讨论的形式开展，形成结论报主管领导决策是否投标。

（2）投标文件交底评审是决定投标后，通过项目踏勘、市场行情了解，针对招标文件的应对响应，主要由上级主管部门或事项经办人员、编制投标文件的成员讨论投标文件，也称投标文件评审，讨论后对文件内容进行修订。

（3）中标交底是签订合同后，项目履约交底的重要一环，主要由上级主管部门或事项经办人员交底，主要针对招标文件响应，投标文件和合同签订协商一致中考虑的经营重点、方向和控制标准等，技术上的重点、难点、特点和应对措施，项目履约大环境方面考虑的交底，目的是帮助项目实施人员全面理解中标项目在投标过程的考虑因素，对症下药，有针对性地制定各项对策，顺利开展项目履约活动。

（4）分包和采购合同交底，主要由项目事项主管部门交底，目的是让项目各专业管理人员了解分包、采购合同的控制点、风险点及管理的重点内容，明确或界定分包商、供应商和项目管理方面的责任和义务，有利于项目过程管理。

2.2.3 技术交底的要点

技术交底主要依据有关工程建设标准、规范、规程、招投标和设计文件，为保证工程施工质量、进度、职业健康安全与环境保护等满足合同要求，策划制定的施工组织总设计、单位工程施工组织设计、施工技术方案或质量、安全和环保管理风险控制专项施工技术方案，向施工管理和作业人进行的技术交底。

2.2.4 专项交底的要点

专项交底主要依据专项管理活动展开，如质量、安全、环保风险和灾害排查和预防、应急控制措施、方案的交底；采用新技术、新工艺、新材料、新流程、新设备的专项交底；施工管理制度或标准交底：侧重于针对上述技术方案或措施实施所采取的管理手段。

2.3 交底的内容

交底是以分析为基础、以合同内容为核心的交底工作，因此涉及合同的全部内容，特别是关系到合同能否顺利实施的核心条款。满足法律法规和技术规范、标准要求，适应施工作业的知识、方法的应用。交底的目的是将合同目标和责任具体落实到各级人员的管理活动、施工作业过程中，并指导全体成员以合同、法律法规和技术规范标准作为行为准则。交底主要是通过层层交底，充分说明合同和施工作业的风险，以及应对的"思路、方法和做法"，为合同履约服务。

2.3.1 合同交底主要内容（不限于）

（1）工程概况及合同工作范围。

（2）合同关系及合同涉及各方之间的权利、义务与责任。

（3）同工期控制总目标及阶段控制目标，目标控制的网络表示及关键线路说明。

（4）合同质量控制目标及合同规定执行的规范、标准和验收程序。

（5）施工作业的重点、难点、特点，施工作业方法的应用。

（6）合同对本工程的材料、设备采购、验收的规定。

（7）投资及成本控制目标，特别是合同价款的支付及调整的条件、方式和程序。

（8）合同双方争议问题的处理方式、程序和要求。

（9）合同双方的违约责任。

（10）合同风险、风险的识别评价及防范措施。

（11）索赔的机会和处理策略。

（12）合同进展文档管理的要求。

2.3.2 技术交底主要内容

技术交底一般分为"三级交底"。

（1）一级交底内容（不限于）。

1）工程概况、工期要求。

2）施工现场调查情况。

3）实施性施工组织设计，施工顺序，关键线路、主要节点进度，阶段性控制目标。

4）施工方案及施工方法，技术标准及质量安全要求，重要工程及采用新技术新材料等的分部分项工程。

5）工序交叉配合要求、各部门的配合要求。

6）主要材料、设备、劳动力安排及资金需求。

7）项目质量计划、成本目标。

8）设计变更内容。

（2）二级交底内容（不限于）。

1）施工详图和构件加工图，材料试验参数及配合比。

2）现场测量控制网、监控量测方法和要求。

3）重大施工方案措施、关键工序、特殊工序施工方案及具体要求。

4）施工进度要求和相关施工工序配合要求。

5）重大危险源应急救援措施。

6）不利季节施工应采取的技术措施；正常情况下的半成品及成品保护措施。

7）采用的技术标准、规范、规程的名称，施工质量标准和实现创优目标的具体措施，质量检查项目及其要求。

8）主要材料规格性能、试验要求；施工机械设备及劳动力的配备。

9）安全文明施工及环境保护要求。

（3）三级交底内容（不限于）。

1）施工图纸细部讲解，采用的施工工艺、操作方法及注意事项。

2）分项工程质量标准、交接程序及验收方式，成品保护注意事项。

3）易出现质量通病的工序及相应技术措施、预防办法。

4）工期要求及保证措施。

5）设计变更情况。

6）降低成本措施。

7）现场安全文明施工要求。

8）现场应急救援措施、紧急逃生措施等。

2.3.3 专项交底的内容（不限于）

（1）某一事项管理的目的、范围；如针对质量、安全、环保风险控制；采用"五新技术"的控制；灾害排查和预防、文明施工和季节性施工的交底；施工管理制度或标准的交底。

（2）建立管理程序的依据。

（3）管理的重要风险点、部位、工序、工艺、活动等风险源点。

（4）管理控制的主要工作程序、主要控制方法、工艺流程等。

（5）管理开展过程发生风险的应急管理等。

（6）管理活动开展的注意事项、记录要求等。

3 技术交底

技术交底是把设计意图、施工措施贯穿到项目管理、作业各层级的有效方法，是技术管理中的重要环节。在项目施工中，技术交底一般包括图纸交底、施工技术措施交底及安全技术、质量控制、环境管理等交底。在项目履约中的每一单位、单项和分部分项工程开始前，均应进行技术交底工作。按照施工图、施工组织设计、施工验收规范、操作规程、HSE 法规和规程的有关技术规定组织施工作业交底。

3.1 设计交底

设计交底，即设计图纸交底。这是在建设单位主持下，由设计单位向各施工单位（土建施工单位与各设备专业施工单位）进行的交底，主要交待建筑物的功能与特点、设计意图与要求等。一般以会议形式交底，交底内容应形成记录。

3.2 项目"三级"技术交底

项目"三级"技术交底是施工作业的重要保障，是项目交底工作的重中之重。一般由施工单位组织，在接受设计或管理单位专业工程师交底的前提下，主要介绍施工中可能遇到的问题，以及容易或经常性可能出现错误的部位、工序、活动，促使施工、管理人员明白该怎么做，规范上是如何规定等，交底组织和主要内容如下。

（1）施工组织设计、措施方案编制交底，即一级交底。由项目技术负责人（如总工程师）组织，如针对施工组织设计的编制，项目技术负责人在接受设计交底后，充分理解设计意图前提下，制定具体施工组织设计方案前，组织职能部门及有关厂、队技术负责人交底，一般结合方案讨论展开，为方案、措施编制提供指导，交待施工作业的"思路"。

（2）通过施工组织设计编制、审批，由项目技术部门负责人或是方案、措施主要编制负责人组织交底，即二级交底。是项目施工组织、管理、实施的总纲或具体方法，参加人员为项目领导、管理部门、作业厂/队管理和技术负责人参加，交底内容为施工重点、难点或是施工中存在风险点，以及风险应对的方法和注意事项，即交底应对的"方法"，交底可通过召集会议形式进行，并应形成会议纪要归档。

（3）施工作业的具体做法交底，即三级交底。由工程管理作业层（厂/队技术负责人）或班组长，按技术部门编制的作业方案/措施要求，结合交底说明，主要是说明施工的具体要求，工序、工艺施工作业执行标准，QHSE 风险和应急控制等，组织施工现场管理、作业人员交待具体的"做法"。一般以会议或现场形式交底（结合具体做法，直观明确具体作业和验收标准、工序工艺要求细节等），交底内容、接受交底人员签名等应有记录。

（4）技术交底应注意事项

1）突出指导性、针对性、可行性及可操作性，提出具体、足够细化的操作及控制要求。

2）与相应的施工技术方案保持一致，满足质量验收规范与技术标准。

3）使用标准化的技术用语和专业术语，使用国际制计量单位，并使用统一的计量单位，确保语言通俗易懂，必要时辅助插图或模型等措施。

4）确保与某分部或分项工程有关的全部人员都接受交底，并形成记录。

5）技术交底记录应妥善保存，作为竣工技术文件的一部分。

6）以施工图纸、施工组织设计、施工技术方案、相关规范和技术标准、施工技术操作规程、安全法规及相关标准为准。

3.3 专项交底

专项交底一般涉及专项安全、环保、质量控制交底，"五新技术"应用交底，管理文件执行前交底，风险识别评价后的风险告知交底，应急措施执行交底，法规、标准学习、变更后组织的再学习等交底。专项交底的目的和作用是使全体管理和作业人员清楚各项管理、作业和风险控制的内容。专项交底是合同和技术交底的补充细化和延伸，因在技术交底环节已明确了相应要求，而专项交底强化规则、细节和系统管理。确保各项管理标准明确、协作高效、过程受控。交底一般以会议、培训等形式开展，交底重要内容应形成记录。

上述各专业技术管理人员应通过书面、视频、样板/模型、图示等形式，配以现场口头讲授的方式进行技术交底，交底的内容应单独形成交底记录，应包括交底的要点、日期、交底人、接收人签字等。

4 结语

交底工作的目的是把各项要求在事前和过程中对管理、操作人员讲清楚，避免产生误解，产生错误施工或者达不到合同、标准的要求，同时留下记录便于追溯、总结和改进。交底工作一般以书面为主，口头为辅。书面交底应以要点为导向，抓住关键，抓住要害，不拘泥于全面和形式。口头交底是根据具体情况进行的补充和延伸。要想到可能出现的后遗症，有针对性地预防。所以，交底工作应贯穿于施工全过程，要应用好这个有效的方法，开展好这项活动，以提升管理绩效。

参考文献

[1] 中华人民共和国住房和城乡建设部，中华人民共和国国家质量监督检验检疫总局．工程建设施工企业质量管理规范：GB/T 50430—2017［S］．北京：中国建筑工业出版社，2017．

[2] 中国水利水电第十四工程局有限公司．产品和服务要求的确定控制程序：FCB/QHSE19—2022［S］，2022．

[3] 中国水利水电第十四工程局有限公司．土木工程施工过程控制程序：FCB/QHSE20—2022［S］，2022．

[4] 中国水利水电第十四工程局有限公司．技术交底管理：Q‐ZSD14Y 201802.2—2017［S］，2017．

征 稿 启 事

各网员单位、联络员：

广大热心作者、读者：

《水利水电施工》是全国水利水电施工技术信息网的网刊，是全国水利水电施工行业内刊载水利水电工程施工前沿技术、创新科技成果、科技情报资讯和工程建设管理经验的综合性技术刊物。本刊宗旨是：总结水利水电工程前沿施工技术，推广应用创新科技成果，促进科技情报交流，推动中国水电施工技术和品牌走向世界。《水利水电施工》编辑部于 2008 年 1 月从宜昌迁入北京后，由中国电力建设集团有限公司、中国水力发电工程学会施工专业委员会和全国水利水电施工技术信息网联合主办，并在北京以双月刊出版、发行。截至 2023 年年底，已累计发行 96 期（其中正刊 60 期，增刊和专辑 35 期）。

自 2023 年以来，本刊发行数量调整至 1500 册，发行和交流范围现已扩大到 120 多个单位，深受行业内广大工程技术人员特别是青年工程技术人员的欢迎和有关部门的认可。为进一步增强刊物的学术性、可读性、价值性，自 2017 年起，对刊物进行了版式调整，由杂志型调整为丛书型。调整后的刊物继承和保留了原刊物国际流行大 16 开本，每辑刊载精美彩页 6～12 页，内文黑白印刷的原貌。本刊真诚欢迎广大读者、作者踊跃投稿；真诚欢迎企业管理人员、行业内知名专家和高级工程技术人员撰写文章，深度解析企业经营与项目管理方略、介绍水利水电前沿施工技术和创新科技成果，同时也热烈欢迎各网员单位、联络员积极为本刊组织和选送优质稿件。

投稿要求和注意事项如下：

（1）文章标题力求简洁、题意确切，言简意赅，字数不超过 20 字。标题下列作者姓名与所在单位名称。

（2）文章篇幅一般以 3000～5000 字为宜（特殊情况除外）。论文需论点明确，逻辑严密，文字精练，数据准确；论文内容不得涉及国家秘密或泄露企业商业秘密，文责自负。

（3）文章应附 150 字以内的摘要，3～5 个关键词。

（4）文章体例要求如下：

正文采用西式体例，即例"1""1.1""1.1.1"，并一律左顶格。如文章层次较多，在"1.1.1"下，条目内容可依次用"（1）""①"连续编号。

（5）正文采用宋体、五号字、Word 文档录入，1.5倍行距，单栏排版。

（6）文章须采用法定计量单位，并符合国家标准《量和单位》的相关规定。

（7）图、表设置应简明、清晰，每篇文章以不超过 8 幅插图为宜。插图用 CAD 绘制时，要求线条、文字清楚，图中单位、数字标注规范。

（8）来稿请注明作者姓名、职称、工作单位、邮政编码、联系电话、电子邮箱等信息。

（9）所投稿件排版格式必须符合《水利水电施工》杂志排版格式要求。

（10）本刊发表的文章均被录入《中国知识资源总库》和《中文科技期刊数据库》。文章一经采用严禁他投或重复投稿。为此，《水利水电施工》编委会办公室慎重敬告作者：为强化对学术不端行为的抑制，中国学术期刊（光盘版）电子杂志社设立了"学术不端文献检测中心"。该中心将采用"学术不端文献检测系统"（简称 AMLC）对本刊发表的科技论文和有关文献资料进行全文比对检测。凡未能通过该系统检测的文章，录入《中国知识资源总库》的资格将被自动取消；作者除文责自负、承担与之相关联的民事责任外，还应在本刊载文向社会公众致歉。

（11）发表在企业内部刊物上的优秀文章，欢迎推荐本刊选用。

来稿请按以下地址和方式联系。

联系地址：北京市海淀区车公庄西路 22 号 A 座

投稿单位：《水利水电施工》编委会办公室

邮编：100048

编委会办公室：吴鹤鹤

E-mail：kanwu201506@powerchina.cn 或电建通

《水利水电施工》编委会办公室

2024 年 6 月 30 日